駿台

京大入試詳解 25年

数学 文系

第2版

2022~1998

JN114690

問題編

駿台文庫

京大入試詳解 25年

数学 文系 第2版

2022~1998

問題編

駿台文庫

※2022年9月現在, 2025年度以降の京都大学入学試験の出題範囲は未公表のため,「目次」および「出題分析と入試対策」における出題範囲外の表記については, 2024年度までの入学試験の出題範囲で表しています. なお, 2025年度以降の京都大学入学試験の出題範囲に対応した「目次」および「出題分析と入試対策」については, 京都大学からの公表後に駿台文庫Webサイト内の本書紹介ページに掲載いたします.

駿台文庫Webサイト　https://www.sundaibunko.jp

▶ 目次 

◆年度別

( )内は2024年度までの入試で範囲外の問題番号

◆分野別（年度順）

( )内は解答・解説編のページ番号

範囲外 は2024年度までの入試では出題範囲外

●数と式

●２次関数

●場合の数と確率

●平面図形

●整　数

●図形と方程式

●三角関数

●複素数平面 範囲外

●行列・１次変換 範囲外

●確率分布 範囲外

●微分・積分（Ⅲ） 範囲外

◆分野別（難易度順）

（ ）内は解答・解説編のページ番号

範囲外 は 2024 年度までの入試では出題範囲外

●数と式

●２次関数

●場合の数と確率

●平面図形

●整　数

●図形と方程式

●三角関数

●指数・対数

●微分・積分

●数　列

●平面ベクトル

●空間図形

2022年

解答時間：120分
配　　点：150点

1

(30点)

$5.4 < \log_4 2022 < 5.5$ であることを示せ．ただし，$0.301 < \log_{10} 2 < 0.3011$ であることは用いてよい．

2

(30点)

下図の三角柱 ABC–DEF において，A を始点として，辺に沿って頂点を n 回移動する．すなわち，この移動経路

$$P_0 \to P_1 \to P_2 \to \cdots \to P_{n-1} \to P_n \qquad (\text{ただし } P_0 = A)$$

において，P_0P_1，P_1P_2，…，$P_{n-1}P_n$ はすべて辺であるとする．また，同じ頂点を何度通ってもよいものとする．このような移動経路で，終点 P_n が A，B，C のいずれかとなるものの総数 a_n を求めよ．

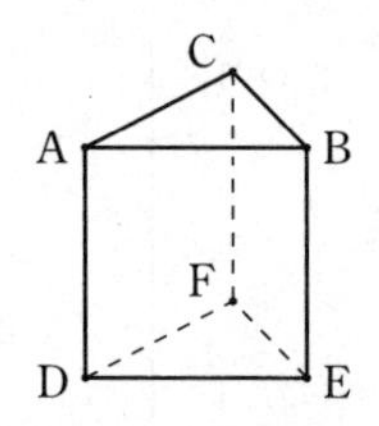

3

(30点)

xy 平面上の2直線 L_1, L_2 は直交し，交点の x 座標は $\frac{3}{2}$ である．また，L_1, L_2 はともに曲線 $C: y=\frac{x^2}{4}$ に接している．このとき，L_1, L_2 および C で囲まれる図形の面積を求めよ．

4

(30点)

a, b を正の実数とする．直線 $L: ax+by=1$ と曲線 $y=-\frac{1}{x}$ との2つの交点のうち，y 座標が正のものをP，負のものをQとする．また，L と x 軸との交点をRとし，L と y 軸との交点をSとする．a, b が条件

$$\frac{\mathrm{PQ}}{\mathrm{RS}}=\sqrt{2}$$

を満たしながら動くとき，線分PQの中点の軌跡を求めよ．

5

(30点)

四面体OABCが

$$\mathrm{OA}=4, \qquad \mathrm{OB}=\mathrm{AB}=\mathrm{BC}=3, \qquad \mathrm{OC}=\mathrm{AC}=2\sqrt{3}$$

を満たしているとする．Pを辺BC上の点とし，△OAPの重心をGとする．このとき，次の各問に答えよ．

(1) $\overrightarrow{\mathrm{PG}} \perp \overrightarrow{\mathrm{OA}}$ を示せ．

(2) Pが辺BC上を動くとき，PGの最小値を求めよ．

2021年

解答時間：120分
配　点：150点

1

(30点)

次の各問に答えよ.

問1　10進法で表された数6.75を2進法で表せ．また，この数と2進法で表された数101.0101との積として与えられる数を2進法および4進法で表せ.

問2　△OABにおいて$\mathrm{OA}=3$，$\mathrm{OB}=2$，$\angle\mathrm{AOB}=60^\circ$とする．△OABの垂心をHとするとき，$\overrightarrow{\mathrm{OH}}$を$\overrightarrow{\mathrm{OA}}$と$\overrightarrow{\mathrm{OB}}$を用いて表せ.

2

(30　点)

定積分$\displaystyle\int_{-1}^{1}\left|x^2-\frac{1}{2}x-\frac{1}{2}\right|dx$を求めよ.

3

(30　点)

nを2以上の整数とする．1からnまでの番号が付いたn個の箱があり，それぞれの箱には赤玉と白玉が1個ずつ入っている．このとき操作(＊)を$k=1,\ \cdots,\ n-1$に対して，kが小さい方から順に1回ずつ行う.

(＊)番号kの箱から玉を1個取り出し，番号$k+1$の箱に入れてよくかきまぜる.

一連の操作がすべて終了した後，番号nの箱から玉を1個取り出し，番号1の箱に入れる．このとき番号1の箱に赤玉と白玉が1個ずつ入っている確率を求めよ.

4　(30点)

空間の8点

$$O(0,0,0),\ A(1,0,0),\ B(1,2,0),\ C(0,2,0),$$
$$D(0,0,3),\ E(1,0,3),\ F(1,2,3),\ G(0,2,3)$$

を頂点とする直方体OABC—DEFGを考える．点O，点F，辺AE上の点P，および辺CG上の点Qの4点が同一平面上にあるとする．このとき，四角形OPFQの面積Sを最小にするような点Pおよび点Qの座標を求めよ．また，そのときのSの値を求めよ．

5　(30点)

pが素数ならばp^4+14は素数でないことを示せ．

2020年

解答時間：120分
配　　点：150点

1

(30点)

a を負の実数とする．xy 平面上で曲線 $C: y = |x|x - 3x + 1$ と直線 $\ell: y = x + a$ のグラフが接するときの a の値を求めよ．このとき，C と ℓ で囲まれた部分の面積を求めよ．

2

(30点)

x の2次関数で，そのグラフが $y = x^2$ のグラフと2点で直交するようなものをすべて求めよ．ただし，2つの関数のグラフがある点で直交するとは，その点が2つのグラフの共有点であり，かつ接線どうしが直交することをいう．

3

(30点)

a を奇数とし，整数 m, n に対して，

$$f(m, n) = mn^2 + am^2 + n^2 + 8$$

とおく．$f(m, n)$ が16で割り切れるような整数の組 (m, n) が存在するための a の条件を求めよ．

4

(30 点)

k を正の実数とする．座標空間において，原点 O を中心とする半径 1 の球面上の 4 点 A, B, C, D が次の関係式を満たしている．

$$\overrightarrow{OA}\cdot\overrightarrow{OB}=\overrightarrow{OC}\cdot\overrightarrow{OD}=\frac{1}{2},$$
$$\overrightarrow{OA}\cdot\overrightarrow{OC}=\overrightarrow{OB}\cdot\overrightarrow{OC}=-\frac{\sqrt{6}}{4},$$
$$\overrightarrow{OA}\cdot\overrightarrow{OD}=\overrightarrow{OB}\cdot\overrightarrow{OD}=k.$$

このとき，k の値を求めよ．ただし，座標空間の点 X, Y に対して，$\overrightarrow{OX}\cdot\overrightarrow{OY}$ は，$\overrightarrow{OX}$ と $\overrightarrow{OY}$ の内積を表す．

5

(30 点)

縦 4 個，横 4 個のマス目のそれぞれに 1，2，3，4 の数字を入れていく．このマス目の横の並びを行といい，縦の並びを列という．どの行にも，どの列にも同じ数字が 1 回しか現れない入れ方は何通りあるか求めよ．下図はこのような入れ方の 1 例である．

1	2	3	4
3	4	1	2
4	1	2	3
2	3	4	1

2019年

解答時間：120分
配　　点：150点

（注）解答に際して常用対数の値が必要なときは，常用対数表を利用すること。

1

（30点）

次の各問に答えよ。

問1　aは実数とする。xに関する整式$x^5+2x^4+ax^3+3x^2+3x+2$を整式x^3+x^2+x+1で割ったときの商を$Q(x)$，余りを$R(x)$とする。$R(x)$のxの1次の項の係数が1のとき，aの値を定め，さらに$Q(x)$と$R(x)$を求めよ。

問2　8.94^{18}の整数部分は何桁か。また最高位からの2桁の数字を求めよ。例えば，12345.6789の最高位からの2桁は12を指す。

2

（30点）

aは実数とし，bは正の定数とする。xの関数$f(x)=x^2+2(ax+b|x|)$の最小値mを求めよ。さらに，aの値が変化するとき，aの値を横軸に，mの値を縦軸にとってmのグラフをかけ。

3

(30点)

a，b，cは実数とする。次の命題が成立するための，aとcがみたすべき必要十分条件を求めよ。さらに，この$(a,\ c)$の範囲を図示せよ。

命題：すべての実数bに対して，ある実数xが不等式$ax^2 + bx + c < 0$をみたす。

4

(30点)

1つのさいころをn回続けて投げ，出た目を順に$X_1, X_2, \cdots, X_n$とする。このとき次の条件をみたす確率をnを用いて表せ。ただし$X_0 = 0$としておく。

条件：$1 \leqq k \leqq n$をみたすkのうち，$X_{k-1} \leqq 4$かつ$X_k \geqq 5$が成立するようなkの値はただ1つである。

5

(30点)

半径1の球面上の5点$\mathrm{A}, \mathrm{B}_1, \mathrm{B}_2, \mathrm{B}_3, \mathrm{B}_4$は，正方形$\mathrm{B}_1\mathrm{B}_2\mathrm{B}_3\mathrm{B}_4$を底面とする四角錐をなしている。この5点が球面上を動くとき，四角錐$\mathrm{AB}_1\mathrm{B}_2\mathrm{B}_3\mathrm{B}_4$の体積の最大値を求めよ。

常用対数表(一)

数	0	1	2	3	4	5	6	7	8	9
1.0	.0000	.0043	.0086	.0128	.0170	.0212	.0253	.0294	.0334	.0374
1.1	.0414	.0453	.0492	.0531	.0569	.0607	.0645	.0682	.0719	.0755
1.2	.0792	.0828	.0864	.0899	.0934	.0969	.1004	.1038	.1072	.1106
1.3	.1139	.1173	.1206	.1239	.1271	.1303	.1335	.1367	.1399	.1430
1.4	.1461	.1492	.1523	.1553	.1584	.1614	.1644	.1673	.1703	.1732
1.5	.1761	.1790	.1818	.1847	.1875	.1903	.1931	.1959	.1987	.2014
1.6	.2041	.2068	.2095	.2122	.2148	.2175	.2201	.2227	.2253	.2279
1.7	.2304	.2330	.2355	.2380	.2405	.2430	.2455	.2480	.2504	.2529
1.8	.2553	.2577	.2601	.2625	.2648	.2672	.2695	.2718	.2742	.2765
1.9	.2788	.2810	.2833	.2856	.2878	.2900	.2923	.2945	.2967	.2989
2.0	.3010	.3032	.3054	.3075	.3096	.3118	.3139	.3160	.3181	.3201
2.1	.3222	.3243	.3263	.3284	.3304	.3324	.3345	.3365	.3385	.3404
2.2	.3424	.3444	.3464	.3483	.3502	.3522	.3541	.3560	.3579	.3598
2.3	.3617	.3636	.3655	.3674	.3692	.3711	.3729	.3747	.3766	.3784
2.4	.3802	.3820	.3838	.3856	.3874	.3892	.3909	.3927	.3945	.3962
2.5	.3979	.3997	.4014	.4031	.4048	.4065	.4082	.4099	.4116	.4133
2.6	.4150	.4166	.4183	.4200	.4216	.4232	.4249	.4265	.4281	.4298
2.7	.4314	.4330	.4346	.4362	.4378	.4393	.4409	.4425	.4440	.4456
2.8	.4472	.4487	.4502	.4518	.4533	.4548	.4564	.4579	.4594	.4609
2.9	.4624	.4639	.4654	.4669	.4683	.4698	.4713	.4728	.4742	.4757
3.0	.4771	.4786	.4800	.4814	.4829	.4843	.4857	.4871	.4886	.4900
3.1	.4914	.4928	.4942	.4955	.4969	.4983	.4997	.5011	.5024	.5038
3.2	.5051	.5065	.5079	.5092	.5105	.5119	.5132	.5145	.5159	.5172
3.3	.5185	.5198	.5211	.5224	.5237	.5250	.5263	.5276	.5289	.5302
3.4	.5315	.5328	.5340	.5353	.5366	.5378	.5391	.5403	.5416	.5428
3.5	.5441	.5453	.5465	.5478	.5490	.5502	.5514	.5527	.5539	.5551
3.6	.5563	.5575	.5587	.5599	.5611	.5623	.5635	.5647	.5658	.5670
3.7	.5682	.5694	.5705	.5717	.5729	.5740	.5752	.5763	.5775	.5786
3.8	.5798	.5809	.5821	.5832	.5843	.5855	.5866	.5877	.5888	.5899
3.9	.5911	.5922	.5933	.5944	.5955	.5966	.5977	.5988	.5999	.6010
4.0	.6021	.6031	.6042	.6053	.6064	.6075	.6085	.6096	.6107	.6117
4.1	.6128	.6138	.6149	.6160	.6170	.6180	.6191	.6201	.6212	.6222
4.2	.6232	.6243	.6253	.6263	.6274	.6284	.6294	.6304	.6314	.6325
4.3	.6335	.6345	.6355	.6365	.6375	.6385	.6395	.6405	.6415	.6425
4.4	.6435	.6444	.6454	.6464	.6474	.6484	.6493	.6503	.6513	.6522
4.5	.6532	.6542	.6551	.6561	.6571	.6580	.6590	.6599	.6609	.6618
4.6	.6628	.6637	.6646	.6656	.6665	.6675	.6684	.6693	.6702	.6712
4.7	.6721	.6730	.6739	.6749	.6758	.6767	.6776	.6785	.6794	.6803
4.8	.6812	.6821	.6830	.6839	.6848	.6857	.6866	.6875	.6884	.6893
4.9	.6902	.6911	.6920	.6928	.6937	.6946	.6955	.6964	.6972	.6981
5.0	.6990	.6998	.7007	.7016	.7024	.7033	.7042	.7050	.7059	.7067
5.1	.7076	.7084	.7093	.7101	.7110	.7118	.7126	.7135	.7143	.7152
5.2	.7160	.7168	.7177	.7185	.7193	.7202	.7210	.7218	.7226	.7235
5.3	.7243	.7251	.7259	.7267	.7275	.7284	.7292	.7300	.7308	.7316
5.4	.7324	.7332	.7340	.7348	.7356	.7364	.7372	.7380	.7388	.7396

小数第5位を四捨五入し，小数第4位まで掲載している。

常用対数表(二)

数	0	1	2	3	4	5	6	7	8	9
5.5	.7404	.7412	.7419	.7427	.7435	.7443	.7451	.7459	.7466	.7474
5.6	.7482	.7490	.7497	.7505	.7513	.7520	.7528	.7536	.7543	.7551
5.7	.7559	.7566	.7574	.7582	.7589	.7597	.7604	.7612	.7619	.7627
5.8	.7634	.7642	.7649	.7657	.7664	.7672	.7679	.7686	.7694	.7701
5.9	.7709	.7716	.7723	.7731	.7738	.7745	.7752	.7760	.7767	.7774
6.0	.7782	.7789	.7796	.7803	.7810	.7818	.7825	.7832	.7839	.7846
6.1	.7853	.7860	.7868	.7875	.7882	.7889	.7896	.7903	.7910	.7917
6.2	.7924	.7931	.7938	.7945	.7952	.7959	.7966	.7973	.7980	.7987
6.3	.7993	.8000	.8007	.8014	.8021	.8028	.8035	.8041	.8048	.8055
6.4	.8062	.8069	.8075	.8082	.8089	.8096	.8102	.8109	.8116	.8122
6.5	.8129	.8136	.8142	.8149	.8156	.8162	.8169	.8176	.8182	.8189
6.6	.8195	.8202	.8209	.8215	.8222	.8228	.8235	.8241	.8248	.8254
6.7	.8261	.8267	.8274	.8280	.8287	.8293	.8299	.8306	.8312	.8319
6.8	.8325	.8331	.8338	.8344	.8351	.8357	.8363	.8370	.8376	.8382
6.9	.8388	.8395	.8401	.8407	.8414	.8420	.8426	.8432	.8439	.8445
7.0	.8451	.8457	.8463	.8470	.8476	.8482	.8488	.8494	.8500	.8506
7.1	.8513	.8519	.8525	.8531	.8537	.8543	.8549	.8555	.8561	.8567
7.2	.8573	.8579	.8585	.8591	.8597	.8603	.8609	.8615	.8621	.8627
7.3	.8633	.8639	.8645	.8651	.8657	.8663	.8669	.8675	.8681	.8686
7.4	.8692	.8698	.8704	.8710	.8716	.8722	.8727	.8733	.8739	.8745
7.5	.8751	.8756	.8762	.8768	.8774	.8779	.8785	.8791	.8797	.8802
7.6	.8808	.8814	.8820	.8825	.8831	.8837	.8842	.8848	.8854	.8859
7.7	.8865	.8871	.8876	.8882	.8887	.8893	.8899	.8904	.8910	.8915
7.8	.8921	.8927	.8932	.8938	.8943	.8949	.8954	.8960	.8965	.8971
7.9	.8976	.8982	.8987	.8993	.8998	.9004	.9009	.9015	.9020	.9025
8.0	.9031	.9036	.9042	.9047	.9053	.9058	.9063	.9069	.9074	.9079
8.1	.9085	.9090	.9096	.9101	.9106	.9112	.9117	.9122	.9128	.9133
8.2	.9138	.9143	.9149	.9154	.9159	.9165	.9170	.9175	.9180	.9186
8.3	.9191	.9196	.9201	.9206	.9212	.9217	.9222	.9227	.9232	.9238
8.4	.9243	.9248	.9253	.9258	.9263	.9269	.9274	.9279	.9284	.9289
8.5	.9294	.9299	.9304	.9309	.9315	.9320	.9325	.9330	.9335	.9340
8.6	.9345	.9350	.9355	.9360	.9365	.9370	.9375	.9380	.9385	.9390
8.7	.9395	.9400	.9405	.9410	.9415	.9420	.9425	.9430	.9435	.9440
8.8	.9445	.9450	.9455	.9460	.9465	.9469	.9474	.9479	.9484	.9489
8.9	.9494	.9499	.9504	.9509	.9513	.9518	.9523	.9528	.9533	.9538
9.0	.9542	.9547	.9552	.9557	.9562	.9566	.9571	.9576	.9581	.9586
9.1	.9590	.9595	.9600	.9605	.9609	.9614	.9619	.9624	.9628	.9633
9.2	.9638	.9643	.9647	.9652	.9657	.9661	.9666	.9671	.9675	.9680
9.3	.9685	.9689	.9694	.9699	.9703	.9708	.9713	.9717	.9722	.9727
9.4	.9731	.9736	.9741	.9745	.9750	.9754	.9759	.9763	.9768	.9773
9.5	.9777	.9782	.9786	.9791	.9795	.9800	.9805	.9809	.9814	.9818
9.6	.9823	.9827	.9832	.9836	.9841	.9845	.9850	.9854	.9859	.9863
9.7	.9868	.9872	.9877	.9881	.9886	.9890	.9894	.9899	.9903	.9908
9.8	.9912	.9917	.9921	.9926	.9930	.9934	.9939	.9943	.9948	.9952
9.9	.9956	.9961	.9965	.9969	.9974	.9978	.9983	.9987	.9991	.9996

小数第5位を四捨五入し，小数第4位まで掲載している。

2018年

解答時間：120分
配　　点：150点

1

(30点)

a は正の実数とし，座標平面内の点 $(x_0,\ y_0)$ は2つの曲線

$$C_1 : y = |x^2 - 1|,\quad C_2 : y = x^2 - 2ax + 2$$

の共有点であり，$|x_0| \neq 1$ を満たすとする．C_1 と C_2 が $(x_0,\ y_0)$ で共通の接線をもつとき，C_1 と C_2 で囲まれる部分の面積を求めよ．

2

(30点)

1辺の長さが1の正方形ABCDにおいて，辺BC上にBとは異なる点Pを取り，線分APの垂直2等分線が辺AB，辺ADまたはその延長と交わる点をそれぞれQ，Rとする．

(1) 線分QRの長さを $\sin\angle\mathrm{BAP}$ を用いて表せ．

(2) 点Pが動くときの線分QRの長さの最小値を求めよ．

3

(30点)

$n^3 - 7n + 9$ が素数となるような整数 n をすべて求めよ．

4

(30点)

四面体ABCDはAC = BD, AD = BCを満たすとし，辺ABの中点をP, 辺CDの中点をQとする.

(1) 辺ABと線分PQは垂直であることを示せ.

(2) 線分PQを含む平面αで四面体ABCDを切って2つの部分に分ける. このとき，2つの部分の体積は等しいことを示せ.

5

(30点)

整数が書かれている球がいくつか入っている袋に対して，次の一連の操作を考える. ただし各球に書かれている整数は1つのみとする.

(i) 袋から無作為に球を1個取り出し，その球に書かれている整数をkとする.

(ii) $k \neq 0$の場合，整数kが書かれた球を1個新たに用意し，取り出した球とともに袋に戻す.

(iii) $k = 0$の場合，袋の中にあった球に書かれていた数の最大値より1大きい整数が書かれた球を1個新たに用意し，取り出した球とともに袋に戻す.

整数0が書かれている球が1個入っており他の球が入っていない袋を用意する. この袋に上の一連の操作を繰り返しn回行った後に，袋の中にある球に書かれている数の合計をX_nとする. 例えばX_1は常に1である. 以下$n \geqq 2$として次の問に答えよ.

(1) $X_n \geqq \dfrac{(n+2)(n-1)}{2}$である確率を求めよ.

(2) $X_n \leqq n+1$である確率を求めよ.

2017年

解答時間：120分
配　　点：150点

1

(30点)

曲線 $y = x^3 - 4x + 1$ を C とする．直線 l は C の接線であり，点 $\mathrm{P}(3, 0)$ を通るものとする．また，l の傾きは負であるとする．このとき，C と l で囲まれた部分の面積 S を求めよ．

2

(30点)

次の問に答えよ．ただし，$0.3010 < \log_{10} 2 < 0.3011$ であることは用いてよい．

(1) 100桁以下の自然数で，2以外の素因数を持たないものの個数を求めよ．

(2) 100桁の自然数で，2と5以外の素因数を持たないものの個数を求めよ．

3

(30点)

座標空間において原点 O と点 $\mathrm{A}(0, -1, 1)$ を通る直線を l とし，点 $\mathrm{B}(0, 2, 1)$ と点 $\mathrm{C}(-2, 2, -3)$ を通る直線を m とする．l 上の2点 P, Q と，m 上の点 R を $\triangle\mathrm{PQR}$ が正三角形となるようにとる．このとき，$\triangle\mathrm{PQR}$ の面積が最小となるような P, Q, R の座標を求めよ．

4

(30点)

p, q を自然数，α, β を

$$\tan\alpha = \frac{1}{p}, \qquad \tan\beta = \frac{1}{q}$$

を満たす実数とする．このとき，次の問に答えよ．

(1) 次の条件

$$\text{(A)} \qquad \tan(\alpha + 2\beta) = 2$$

を満たす p, q の組 (p, q) のうち，$q \leqq 3$ であるものをすべて求めよ．

(2) 条件 (A) を満たす p, q の組 (p, q) で，$q > 3$ であるものは存在しないことを示せ．

5

(30点)

n を2以上の自然数とする．さいころを n 回振り，出た目の最大値 M と最小値 L の差 $M - L$ を X とする．

(1) $X = 1$ である確率を求めよ．

(2) $X = 5$ である確率を求めよ．

2016年

解答時間：120分
配　　点：150点

1

(30点)

xy 平面内の領域

$$x^2 + y^2 \leqq 2, \qquad |x| \leqq 1$$

で，曲線 C : $y = x^3 + x^2 - x$ の上側にある部分の面積を求めよ．

2

(30点)

ボタンを押すと「あたり」か「はずれ」のいずれかが表示される装置がある．「あたり」の表示される確率は毎回同じであるとする．この装置のボタンを20回押したとき，1回以上「あたり」の出る確率は36%である．1回以上「あたり」の出る確率が90%以上となるためには，この装置のボタンを最低何回押せばよいか．必要なら $0.3010 < \log_{10} 2 < 0.3011$ を用いてよい．

3

(30点)

n を4以上の自然数とする．数2，12，1331がすべて n 進法で表記されているとして，

$$2^{12} = 1331$$

が成り立っている．このとき n はいくつか．十進法で答えよ．

4

(30点)

四面体 OABC が次の条件を満たすならば，それは正四面体であることを示せ.

条件：頂点 A,B,C からそれぞれの対面を含む平面へ下ろした垂線は

対面の重心を通る.

ただし，四面体のある頂点の対面とは，その頂点を除く他の３つの頂点がなす三角形のことをいう.

5

(30点)

実数を係数とする３次式 $f(x)=x^3+ax^2+bx+c$ に対し，次の条件を考える.

（イ） 方程式 $f(x)=0$ の解であるすべての複素数 α に対し，α^3 もまた $f(x)=0$ の解である.

（ロ） 方程式 $f(x)=0$ は虚数解を少なくとも１つもつ.

この２つの条件（イ），（ロ）を同時に満たす３次式をすべて求めよ.

2015年

解答時間：120分
配　　点：150点

1

(30点)

直線 $y=px+q$ が，$y=x^2-x$ のグラフとは交わるが，$y=|x|+|x-1|+1$ のグラフとは交わらないような (p,q) の範囲を図示し，その面積を求めよ．

2

(30点)

次の2つの条件を同時に満たす四角形のうち面積が最小のものの面積を求めよ．

(a) 少なくとも2つの内角は 90° である．

(b) 半径1の円が内接する．ただし，円が四角形に内接するとは，円が四角形の4つの辺すべてに接することをいう．

3

(30点)

6個の点 A, B, C, D, E, F が下図のように長さ1の線分で結ばれているとする．各線分をそれぞれ独立に確率 $\frac{1}{2}$ で赤または黒で塗る．赤く塗られた線分だけを通って点 A から点 E に至る経路がある場合はそのうちで最短のものの長さを X とする．そのような経路がない場合は X を 0 とする．このとき，$n=0,2,4$ について，$X=n$ となる確率を求めよ．

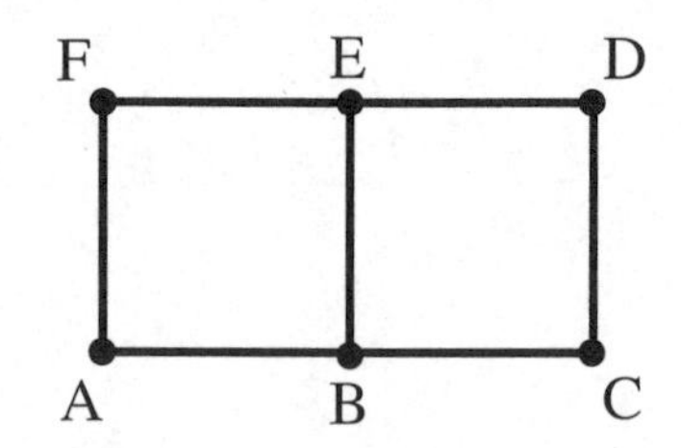

4

(30点)

xyz 空間の中で，$(0,0,1)$ を中心とする半径 1 の球面 S を考える．点 Q が $(0,0,2)$ 以外の S 上の点を動くとき，点 Q と点 P$(1,0,2)$ の 2 点を通る直線 ℓ と平面 $z=0$ との交点を R とおく．R の動く範囲を求め，図示せよ．

5

(30点)

a,b,c,d,e を正の有理数として整式

$$f(x)=ax^2+bx+c$$
$$g(x)=dx+e$$

を考える．すべての正の整数 n に対して $\dfrac{f(n)}{g(n)}$ は整数であるとする．このとき，$f(x)$ は $g(x)$ で割り切れることを示せ．

2014年

解答時間：120分
配　　点：150点

1

(30点)

$0 \leqq \theta < 90^\circ$ とする．x についての4次方程式

$$\{x^2 - 2(\cos\theta)x - \cos\theta + 1\}\{x^2 + 2(\tan\theta)x + 3\} = 0$$

は虚数解を少なくとも1つ持つことを示せ．

2

(30点)

t を実数とする．$y = x^3 - x$ のグラフ C へ点 $\mathrm{P}(1, t)$ から接線を引く．

(1)　接線がちょうど1本だけ引けるような t の範囲を求めよ．

(2)　t が (1) で求めた範囲を動くとき，$\mathrm{P}(1, t)$ から C へ引いた接線と C で囲まれた部分の面積を $S(t)$ とする．$S(t)$ の取りうる値の範囲を求めよ．

3

(30点)

座標空間における次の3つの直線 l, m, n を考える：

l は点 $\mathrm{A}(1, 0, -2)$ を通り，ベクトル $\vec{u} = (2, 1, -1)$ に平行な直線である．
m は点 $\mathrm{B}(1, 2, -3)$ を通り，ベクトル $\vec{v} = (1, -1, 1)$ に平行な直線である．
n は点 $\mathrm{C}(1, -1, 0)$ を通り，ベクトル $\vec{w} = (1, 2, 1)$ に平行な直線である．

P を l 上の点として，P から m, n へ下ろした垂線の足をそれぞれ Q, R とする．このとき，$\mathrm{PQ}^2 + \mathrm{PR}^2$ を最小にするような P と，そのときの $\mathrm{PQ}^2 + \mathrm{PR}^2$ を求めよ．

4

(30 点)

次の式

$$a_1 = 2, \quad a_{n+1} = 2a_n - 1 \qquad (n = 1, 2, 3, \cdots)$$

で定められる数列 $\{a_n\}$ を考える．

(1)　数列 $\{a_n\}$ の一般項を求めよ．

(2)　次の不等式

$$a_n{}^2 - 2a_n > 10^{15}$$

を満たす最小の自然数 n を求めよ．ただし，$0.3010 < \log_{10} 2 < 0.3011$ であることは用いてよい．

5

(30 点)

1 から 20 までの目がふられた正 20 面体のサイコロがあり，それぞれの目が出る確率は等しいものとする．A，B の 2 人がこのサイコロをそれぞれ一回ずつ投げ，大きな目を出した方はその目を得点とし，小さな目を出した方は得点を 0 とする．また同じ目が出た場合は，A，B ともに得点を 0 とする．このとき，A の得点の期待値を求めよ．

2013年

解答時間：120分
配　　点：150点

1

(30点)

a を2以上の実数とし，$f(x)=(x+a)(x+2)$ とする．このとき $f(f(x))>0$ がすべての実数 x に対して成り立つような a の範囲を求めよ．

2

(30点)

平行四辺形ABCDにおいて，辺ABを1：1に内分する点をE，辺BCを2：1に内分する点をF，辺CDを3：1に内分する点をGとする．線分CEと線分FGの交点をPとし，線分APを延長した直線と辺BCの交点をQとするとき，比AP：PQを求めよ．

3

(30点)

n と k を自然数とし，整式 x^n を整式 $(x-k)(x-k-1)$ で割った余りを $ax+b$ とする．

(1) a と b は整数であることを示せ．

(2) a と b をともに割り切る素数は存在しないことを示せ．

4

(30点)

α，βを実数とする．xy平面内で，点$(0,\ 3)$を中心とする円Cと放物線

$$y=-\frac{x^2}{3}+\alpha x-\beta$$

が点$\mathrm{P}(\sqrt{3},\ 0)$を共有し，さらにPにおける接線が一致している．このとき以下の問に答えよ．

(1) α，βの値を求めよ．

(2) 円C，放物線$y=-\dfrac{x^2}{3}+\alpha x-\beta$および$y$軸で囲まれた部分の面積を求めよ．

5

(30点)

投げたとき表が出る確率と裏が出る確率が等しい硬貨を用意する．数直線上に石を置き，この硬貨を投げて表が出れば数直線上で原点に関して対称な点に石を移動し，裏が出れば数直線上で座標1の点に関して対称な点に石を移動する．

(1) 石が座標xの点にあるとする．2回硬貨を投げたとき，石が座標xの点にある確率を求めよ．

(2) 石が原点にあるとする．nを自然数とし，$2n$回硬貨を投げたとき，石が座標$2n$の点にある確率を求めよ．

2012年

解答時間：120分
配　　点：150点

1

(30点)

次の各問に答えよ.

(1)　2つの曲線 $y = x^4$ と $y = x^2 + 2$ とによって囲まれる図形の面積を求めよ.

(2)　n を3以上の整数とする．1から n までの番号をつけた n 枚の札の組が2つある．これら $2n$ 枚の札をよく混ぜ合わせて，札を1枚ずつ3回取り出し，取り出した順にその番号を X_1，X_2，X_3 とする．$X_1 < X_2 < X_3$ となる確率を求めよ．ただし一度取り出した札は元に戻さないものとする.

2

(30点)

正四面体OABCにおいて，点P，Q，Rをそれぞれ辺OA，OB，OC上にとる．ただしP，Q，Rは四面体OABCの頂点とは異なるとする．△PQRが正三角形ならば，3辺PQ，QR，RPはそれぞれ3辺AB，BC，CAに平行であることを証明せよ.

3

(30点)

実数 x，y が条件 $x^2 + xy + y^2 = 6$ を満たしながら動くとき

$$x^2y + xy^2 - x^2 - 2xy - y^2 + x + y$$

がとりうる値の範囲を求めよ.

4

(30点)

次の命題(p)，(q)のそれぞれについて，正しいかどうか答えよ．正しければ証明し，正しくなければ反例を挙げて正しくないことを説明せよ．

(p)　正n角形の頂点から3点を選んで内角の1つが$60°$である三角形を作ることができるならば，nは3の倍数である．

(q)　$\triangle ABC$と$\triangle A'B'C'$において，$AB = A'B'$，$BC = B'C'$，$\angle A = \angle A'$ならば，これら2つの三角形は合同である．

5

(30点)

次の条件(*)を満たす正の実数の組$(a,\ b)$の範囲を求め，座標平面上に図示せよ．

(*)　$\cos a\theta = \cos b\theta$ かつ $0 < \theta \leqq \pi$ となるθがちょうど1つある．

2011年

解答時間：120分
配　　点：150点

1

(30点)

次の各問に答えよ.

(1) 辺AB, 辺BC, 辺CAの長さがそれぞれ12, 11, 10の三角形ABCを考える. ∠Aの2等分線と辺BCの交点をDとするとき, 線分ADの長さを求めよ.

(2) 箱の中に, 1から9までの番号を1つずつ書いた9枚のカードが入っている. ただし, 異なるカードには異なる番号が書かれているものとする. この箱から2枚のカードを同時に選び, 小さいほうの数をXとする. これらのカードを箱に戻して, 再び2枚のカードを同時に選び, 小さいほうの数をYとする. $X=Y$である確率を求めよ.

2

(30点)

四面体OABCにおいて, 点Oから3点A, B, Cを含む平面に下ろした垂線とその平面の交点をHとする. $\overrightarrow{OA} \perp \overrightarrow{BC}$, $\overrightarrow{OB} \perp \overrightarrow{OC}$, $|\overrightarrow{OA}|=2$, $|\overrightarrow{OB}|=|\overrightarrow{OC}|=3$, $|\overrightarrow{AB}|=\sqrt{7}$のとき, $|\overrightarrow{OH}|$を求めよ.

3

(30点)

実数aが変化するとき, 3次関数$y=x^3-4x^2+6x$と直線$y=x+a$のグラフの交点の個数はどのように変化するか. aの値によって分類せよ.

4

(30点)

xy 平面上で，連立不等式

$$\begin{cases} |x| \leqq 2 \\ y \geqq x, \\ y \leqq \left|\dfrac{3}{4}x^2 - 3\right| - 2 \end{cases}$$

を満たす領域の面積を求めよ.

5

(30点)

0以上の整数を10進法で表すとき，次の問いに答えよ．ただし，0は0桁の数と考えることにする．また n は正の整数とする.

(1) 各桁の数が1または2である n 桁の整数を考える．それらすべての整数の総和を T_n とする．T_n を n を用いて表せ.

(2) 各桁の数が0，1，2のいずれかである n 桁以下の整数を考える．それらすべての整数の総和を S_n とする．S_n が T_n の15倍以上になるのは，n がいくつ以上のときか．必要があれば，$0.301 < \log_{10} 2 < 0.302$ および $0.477 < \log_{10} 3 < 0.478$ を用いてもよい.

2010年

解答時間：120分
配　　点：150点

1

(30点)

次の各問に答えよ.

(1) 座標平面上で，点$(1,\ 2)$を通り傾きaの直線と放物線$y=x^2$によって囲まれる部分の面積を$S(a)$とする．aが$0 \leqq a \leqq 6$の範囲を変化するとき，$S(a)$を最小にするようなaの値を求めよ.

(2) $\triangle$ABCにおいてAB$=2$，AC$=1$とする．$\angle$BACの二等分線と辺BCの交点をDとする．AD$=$BDとなるとき，$\triangle$ABCの面積を求めよ.

2

(30点)

座標平面上の点$\mathrm{P}(x,\ y)$が$4x+y \leqq 9$，$x+2y \geqq 4$，$2x-3y \geqq -6$の範囲を動くとき，$2x+y$，x^2+y^2のそれぞれの最大値と最小値を求めよ.

3

(30点)

1から5までの自然数を1列に並べる．どの並べかたも同様の確からしさで起こるものとする．このとき1番目と2番目と3番目の数の和と，3番目と4番目と5番目の数の和が等しくなる確率を求めよ．ただし，各並べかたにおいて，それぞれの数字は重複なく1度ずつ用いるものとする.

4

(30点)

点Oを中心とする正十角形において，A，Bを隣接する2つの頂点とする．線分OB上に$OP^2 = OB \cdot PB$を満たす点Pをとるとき，$OP = AB$が成立することを示せ．

5

(30点)

座標空間内で，O(0，0，0)，A(1，0，0)，B(1，1，0)，C(0，1，0)，D(0，0，1)，E(1，0，1)，F(1，1，1)，G(0，1，1)を頂点にもつ立方体を考える．

(1) 頂点Aから対角線OFに下ろした垂線の長さを求めよ．

(2) この立方体を対角線OFを軸にして回転させて得られる回転体の体積を求めよ．

2009年

解答時間：120分
配　　点：150点

1

(30点)

次の各問にそれぞれ答えよ.

問 1 xyz 空間上の2点A$(-3,\ -1,\ 1)$, B$(-1,\ 0,\ 0)$を通る直線ℓに点C$(2,\ 3,\ 3)$から下ろした垂線の足Hの座標を求めよ.

問 2 白球と赤球の入った袋から2個の球を同時に取り出すゲームを考える. 取り出した2球がともに白球ならば「成功」でゲームを終了し, そうでないときは「失敗」とし, 取り出した2球に赤球を1個加えた3個の球を袋にもどしてゲームを続けるものとする. 最初に白球が2個, 赤球が1個袋に入っていたとき, $n-1$回まで失敗しn回目に成功する確率を求めよ. ただし$n \geqq 2$とする.

2

(30点)

整式$f(x)$と実数Cが

$$\int_0^x f(y)\,dy + \int_0^1 (x+y)^2 f(y)\,dy = x^2 + C$$

をみたすとき, この$f(x)$とCを求めよ.

3

(30点)

x，y は $x \neq 1$，$y \neq 1$ をみたす正の数で，不等式

$$\log_x y + \log_y x > 2 + (\log_x 2)(\log_y 2)$$

をみたすとする．このとき x，y の組 $(x,\ y)$ の範囲を座標平面上に図示せよ．

4

(30点)

平面上で，鋭角三角形△OABを辺OBに関して折り返して得られる三角形を△OBC，△OBCを辺OCに関して折り返して得られる三角形を△OCD，△OCDを辺ODに関して折り返して得られる三角形を△ODEとする．△OABと△OBEの面積比が2：3のとき，$\sin \angle AOB$ の値を求めよ．

5

(30点)

p を素数，n を正の整数とするとき，$(p^n)!$ は p で何回割り切れるか．

2008年

解答時間：120分
配　　点：150点

1

(30点)

実数 a, b, c に対して $f(x) = ax^2 + bx + c$ とする．このとき

$$\int_{-1}^{1}(1 - x^2)\{f'(x)\}^2\,dx \leqq 6\int_{-1}^{1}\{f(x)\}^2\,dx$$

であることを示せ．

2

(30点)

AB = ACである二等辺三角形ABCを考える．辺ABの中点をMとし，辺ABを延長した直線上に点Nを，AN : NB = 2 : 1となるようにとる．このとき $\angle$BCM = $\angle$BCNとなることを示せ．

ただし，点Nは辺AB上にはないものとする．

3

(30点)

定数 a は実数であるとする．方程式

$$(x^2 + ax + 1)(3x^2 + ax - 3) = 0$$

を満たす実数 x はいくつあるか．a の値によって分類せよ．

4

(30点)

$0 \leqq x < 2\pi$ のとき，方程式

$$2\sqrt{2}\,(\sin^3 x + \cos^3 x) + 3\sin x\cos x = 0$$

を満たす x の個数を求めよ．

5

(30点)

正 n 角形とその外接円を合わせた図形を F とする．F 上の点Pに対して，始点と終点がともにPであるような，図形 F の一筆がきの経路の数を $N(\mathrm{P})$ で表す．正 n 角形の頂点をひとつとってAとし，$a = N(\mathrm{A})$ とおく．また正 n 角形の辺をひとつとってその中点をBとし，$b = N(\mathrm{B})$ とおく．このとき a と b を求めよ．

注：一筆がきとは，図形を，かき始めから終わりまで，筆を紙からはなさず，また同じ線上を通らずにかくことである．

2007年

解答時間：120分
配　　点：150点

1

(30点)

以下の各問にそれぞれ答えよ。

問 1. $A=\begin{pmatrix} 2 & 4 \\ -1 & -1 \end{pmatrix}$，$E=\begin{pmatrix} 1 & 0 \\ 0 & 1 \end{pmatrix}$ とするとき，

$A^6+2A^4+2A^3+2A^2+2A+3E$ を求めよ。

問 2. 四角形ABCDを底面とする四角錐OABCDを考える。点Pは時刻0では頂点Oにあり，1秒ごとに次の規則に従ってこの四角錐の5つの頂点のいずれかに移動する。

規則：点Pのあった頂点と1つの辺によって結ばれる頂点の1つに，等しい確率で移動する。

このとき，n 秒後に点Pが頂点Oにある確率を求めよ。

2

(30点)

3次関数 $y=x^3-2x^2-x+2$ のグラフ上の点(1, 0)における接線を ℓ とする。この3次関数のグラフと接線 ℓ で囲まれた部分を x 軸の周りに回転して立体を作る。その立体の体積を求めよ。

3

(35点)

p を3以上の素数とする。4個の整数 a, b, c, d が次の3条件

$$a+b+c+d=0,\ ad-bc+p=0,\ a \geqq b \geqq c \geqq d$$

を満たすとき, a, b, c, d を p を用いて表せ。

4

(30点)

座標空間で点(3, 4, 0)を通りベクトル $\overrightarrow{a}=(1,\ 1,\ 1)$ に平行な直線を ℓ, 点(2, -1, 0)を通りベクトル $\overrightarrow{b}=(1,\ -2,\ 0)$ に平行な直線を m とする。点Pは直線 ℓ 上を, 点Qは直線 m 上をそれぞれ勝手に動くとき, 線分PQの長さの最小値を求めよ。

5

(25点)

n を1以上の整数とするとき, 次の2つの命題はそれぞれ正しいか。正しいときは証明し, 正しくないときはその理由を述べよ。

命題 $\boldsymbol{p}$：ある n に対して, $\sqrt{n}$ と $\sqrt{n+1}$ は共に有理数である。

命題 $\boldsymbol{q}$：すべての n に対して, $\sqrt{n+1}-\sqrt{n}$ は無理数である。

2006年

解答時間：120分
配　　点：150点

1

(30点)

放物線 $C: y = x^2$ と2直線 $l_1: y = px - 1$，$l_2: y = -x - p + 4$ は1点で交わるという．このとき実数 p の値を求めよ．

2

(30点)

座標空間に4点A(2，1，0)，B(1，0，1)，C(0，1，2)，D(1，3，7)がある．3点A，B，Cを通る平面に関して点Dと対称な点をEとするとき，点Eの座標を求めよ．

3

(30点)

$Q(x)$ を2次式とする．整式 $P(x)$ は $Q(x)$ では割り切れないが，$\{P(x)\}^2$ は $Q(x)$ で割り切れるという．このとき2次方程式 $Q(x) = 0$ は重解を持つことを示せ．

4

(30点)

関数 $y=f(x)$ のグラフは，座標平面で原点に関して点対称である．さらにこのグラフの $x \leqq 0$ の部分は，軸が y 軸に平行で，点 $\left(-\frac{1}{2},\ \frac{1}{4}\right)$ を頂点とし，原点を通る放物線と一致している．このとき $x=-1$ におけるこの関数のグラフの接線とこの関数のグラフによって囲まれる図形の面積を求めよ．

5

(30点)

n，k は自然数で $k \leqq n$ とする．穴のあいた $2k$ 個の白玉と $2n-2k$ 個の黒玉にひもを通して輪を作る．このとき適当な2箇所でひもを切って n 個ずつの2組に分け，どちらの組も白玉 k 個，黒玉 $n-k$ 個からなるようにできることを示せ．

2005年

解答時間：120分
配　　点：150点

1

(30点)

xy 平面上の原点と点$(1,\ 2)$を結ぶ線分(両端を含む)を L とする．曲線 $y=x^2+ax+b$ が L と共有点を持つような実数の組$(a,\ b)$の集合を ab 平面上に図示せよ．

2

(30点)

$2^{10}<\left(\frac{5}{4}\right)^n<2^{20}$ を満たす自然数 n は何個あるか．
ただし，$0.301<\log_{10}2<0.3011$ である．

3

(30点)

α，β は0でない相異なる複素数で，

$$\frac{\alpha}{\beta}+\frac{\overline{\alpha}}{\overline{\beta}}=2$$

を満たすとする．このとき，0，α，β の表す複素平面上の3点を結んで得られる三角形はどのような三角形か．(ただし，複素数 z に対し，$\overline{z}$ は z に共役な複素数である．また，複素平面を複素数平面ともいう．)

4

(30点)

$a^3-b^3=65$ を満たす整数の組$(a,\ b)$をすべて求めよ.

5

(30点)

1から n までの番号のついた n 枚の札が袋に入っている. ただし $n \geqq 3$ とし, 同じ番号の札はないとする. この袋から3枚の札を取り出して, 札の番号を大きさの順に並べるとき, 等差数列になっている確率を求めよ.

2004年

解答時間：120分
配　　点：150点

1

(30点)

$$f(\theta)=\cos 4\theta-4\sin^2\theta$$

とする．$0^\circ \leqq \theta \leqq 90^\circ$ における $f(\theta)$ の最大値および最小値を求めよ．

2

(30点)

区間 $-1 \leqq x \leqq 1$ で定義された関数 $f(x)$ が，

$$f(-1)=f(0)=1,\ f(1)=-2$$

を満たし，またそのグラフが下図のようになっているという．

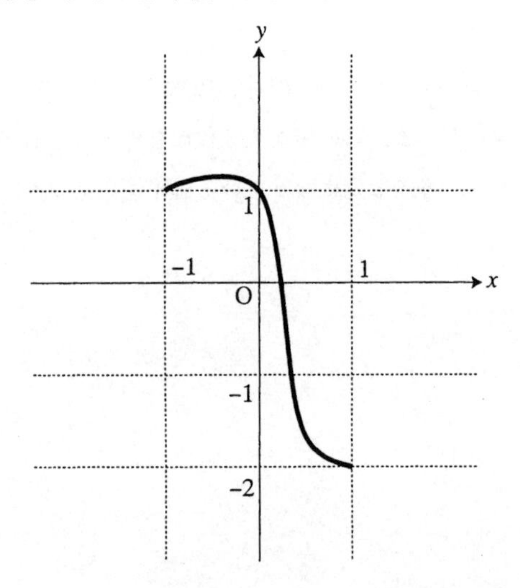

このとき，

$$\int_{-1}^{1} f(x)\,dx \geqq -1$$

を示せ．

3

(30点)

$\triangle$OABにおいて，$\vec{a}=\overrightarrow{OA}$，$\vec{b}=\overrightarrow{OB}$とする．

$$|\vec{a}|=3,\quad |\vec{b}|=5,\ \cos(\angle AOB)=\frac{3}{5}$$

とする．このとき，$\angle$AOBの2等分線と，Bを中心とする半径$\sqrt{10}$の円との交点の，Oを原点とする位置ベクトルを，$\vec{a}$，$\vec{b}$を用いてあらわせ．

4

(30点)

cを実数とする．xについての2次方程式

$$x^2+(3-2c)x+c^2+5=0$$

が2つの解α,βを持つとする．複素平面上の3点α,β,c^2が3角形の3頂点になり，その3角形の重心は0であるという．cを求めよ．

(**編集注**：複素平面のことを複素数平面ともいう。)

5

(30点)

n,a,bを0以上の整数とする．a,bを未知数とする方程式

(＊)　$$a^2+b^2=2^n$$

を考える．

(1)　$n\geqq 2$とする．a,bが方程式(＊)を満たすならば，a,bはともに偶数であることを証明せよ．(ただし，0は偶数に含める．)

(2)　0以上の整数nに対して，方程式(＊)を満たす0以上の整数の組(a,b)をすべて求めよ．

2003年

解答時間：120分
配　　点：150点

1

(30点)

$\dfrac{23}{111}$ を $0.a_1a_2a_3a_4\cdots$ のように小数で表す．すなわち小数第 k 位の数を a_k とする．このとき $\displaystyle\sum_{k=1}^{n}\frac{a_k}{3^k}$ を求めよ．

2

(30点)

xy 平面上で，放物線 $C：y=x^2+x$ と，直線 $l：y=kx+k-1$ を考える．このとき次の問に答えよ．

(1) 放物線 C と直線 l が相異なる2点で交わるような k の範囲を求めよ．

(2) 放物線 C と直線 l の2つの交点をP，Qとし，線分PQの長さを L，線分PQと放物線とで囲まれる部分の面積を S とする．k が(1)で定まる範囲を動くとき，$\dfrac{S}{L^3}$ の値のとりうる範囲を求めよ．

3

(30点)

四面体OABCは次の2つの条件

(i) $\overrightarrow{\mathrm{OA}}\perp\overrightarrow{\mathrm{BC}}$，$\overrightarrow{\mathrm{OB}}\perp\overrightarrow{\mathrm{AC}}$，$\overrightarrow{\mathrm{OC}}\perp\overrightarrow{\mathrm{AB}}$

(ii) 4つの面の面積がすべて等しい

をみたしている．このとき，この四面体は正四面体であることを示せ．

4

(30点)

pは3以上の素数であり，x，yは$0 \leqq x \leqq p$，$0 \leqq y \leqq p$をみたす整数であるとする．このときx^2を$2p$で割った余りと，y^2を$2p$で割った余りが等しければ，$x=y$であることを示せ．

5

(30点)

4チームがリーグ戦を行う．すなわち，各チームは他のすべてのチームとそれぞれ1回ずつ対戦する．引き分けはないものとし，勝つ確率はすべて$\frac{1}{2}$で，各回の勝敗は独立に決まるものとする．勝ち数の多い順に順位をつけ，勝ち数が同じであればそれらは同順位とする．1位のチーム数の期待値を求めよ．

2002年

解答時間：120分
配　　点：150点

1

(30点)

数列$\{a_n\}$の初項a_1から第n項a_nまでの和をS_nと表す．この数列が
$a_1=0$，$a_2=1$，$(n-1)^2a_n=S_n$ $(n\geqq 1)$を満たすとき，一般項a_nを求めよ．

2

(30点)

四角形ABCDを底面とする四角錐OABCDは$\overrightarrow{OA}+\overrightarrow{OC}=\overrightarrow{OB}+\overrightarrow{OD}$を満たしており，0と異なる4つの実数$p$，$q$，$r$，$s$に対して4点P，Q，R，Sを

$$\overrightarrow{OP}=p\,\overrightarrow{OA},\quad \overrightarrow{OQ}=q\,\overrightarrow{OB},\quad \overrightarrow{OR}=r\,\overrightarrow{OC},\quad \overrightarrow{OS}=s\,\overrightarrow{OD}$$

によって定める．このときP，Q，R，Sが同一平面上にあれば
$\dfrac{1}{p}+\dfrac{1}{r}=\dfrac{1}{q}+\dfrac{1}{s}$が成立することを示せ．

3

(30点)

$f(x)=x^4+ax^3+bx^2+cx+1$は整数を係数とするxの4次式とする．4次方程式$f(x)=0$の重複も込めた4つの解のうち，2つは整数で残りの2つは虚数であるという．このときa，b，cの値を求めよ．

4　(30点)

$0 \leqq \theta < 360$ とし，a は定数とする．

$$\cos 3\theta^\circ - \cos 2\theta^\circ + 3\cos\theta^\circ - 1 = a$$

を満たす θ の値はいくつあるか．a の値によって分類せよ．

5　(30点)

4個の整数 1，a，b，c は $1 < a < b < c$ を満たしている。これらの中から相異なる2個を取り出して和を作ると，$1 + a$ から $b + c$ までのすべての整数の値が得られるという．a，b，c の値を求めよ．

2001年

解答時間：120分
配　　点：150点

1

(30点)

未知数 x に関する方程式

$$x^4 - x^3 + x^2 - (a+2)x - a - 3 = 0$$

が，虚軸上の複素数を解に持つような実数 a をすべて求めよ．

2

(30点)

xy 平面内の相異なる4点 P_1，P_2，P_3，P_4 とベクトル $\overrightarrow{v}$ に対し，$k \neq m$ のとき $\overrightarrow{P_kP_m} \cdot \overrightarrow{v} \neq 0$ が成り立っているとする．このとき，k と異なるすべての m に対し

$$\overrightarrow{P_kP_m} \cdot \overrightarrow{v} < 0$$

が成り立つような点 P_k が存在することを示せ．

3

(30点)

任意の整数 n に対し，$n^9 - n^3$ は9で割り切れることを示せ．

4

(30点)

nを2以上の整数とする．実数a_1，a_2，…，a_nに対し，

$$S = a_1 + a_2 + \cdots + a_n$$

とおく．$k = 1, 2, \ldots, n$について，不等式$-1 < S - a_k < 1$が成り立っているとする．

$$a_1 \leqq a_2 \leqq \cdots \leqq a_n$$

のとき，すべてのkについて$|a_k| < 2$が成り立つことを示せ．

5

(30点)

xy平面内の$-1 \leqq y \leqq 1$で定められる領域Dと，中心がPで原点Oを通る円Cを考える．CがDに含まれるという条件のもとで，Pが動きうる範囲を図示し，その面積を求めよ．

2000年

解答時間：120分
配　　点：150点

1

（30点）

円に内接する四角形 ABPC は次の条件(イ), (ロ)を満たすとする．

(イ)　三角形 ABC は正三角形である．

(ロ)　AP と BC の交点は線分 BC を $p : 1-p$ $(0 < p < 1)$ の比に内分する．

このときベクトル $\overrightarrow{\mathrm{AP}}$ を $\overrightarrow{\mathrm{AB}}$，$\overrightarrow{\mathrm{AC}}$，$p$ を用いて表せ．

2

（30点）

実数 x_1，$\cdots$，x_n $(n \geqq 3)$ が条件

$$x_{k-1} - 2x_k + x_{k+1} > 0 \ (2 \leqq k \leqq n-1)$$

を満たすとし，x_1，$\cdots$，x_n の最小値を m とする．このとき，$x_l = m$ となる l $(1 \leqq l \leqq n)$ の個数は1または2であることを示せ．

3

（30点）

$\overrightarrow{a} = (1,\ 0,\ 0)$，$\overrightarrow{b} = (\cos 60^\circ,\ \sin 60^\circ,\ 0)$ とする．

(1)　長さ1の空間ベクトル $\overrightarrow{c}$ に対し

$$\cos\alpha = \overrightarrow{a} \cdot \overrightarrow{c}, \qquad \cos\beta = \overrightarrow{b} \cdot \overrightarrow{c}$$

とおく．このとき次の不等式（＊）が成り立つことを示せ．

$$(*) \quad \cos^2\alpha - \cos\alpha\cos\beta + \cos^2\beta \leqq \frac{3}{4}$$

(2)　不等式（＊）を満たす $(\alpha,\ \beta)$ $(0^\circ \leqq \alpha \leqq 180^\circ,\ 0^\circ \leqq \beta \leqq 180^\circ)$ の範囲を図示せよ．

4

（30点）

三角形ABCにおいて辺BC，CA，ABの長さをそれぞれa，b，cとする．この三角形ABCは次の条件(イ)，(ロ)，(ハ)を満たすとする．

(イ)　ともに2以上である自然数pとqが存在して，

$$a = p + q,\ b = pq + p,\ c = pq + 1$$

となる．

(ロ)　自然数nが存在してa，b，cのいずれかは2^nである．

(ハ)　∠A，∠B，∠Cのいずれかは60°である．

このとき次の問に答えよ．

(1)　∠A，∠B，∠Cを大きさの順に並べよ．

(2)　a，b，cを求めよ．

5

（30点）

aを実数とする．xの2次方程式

$$x^2 - ax = 2\int_0^1 |t^2 - at|\,dt$$

は$0 \leqq x \leqq 1$の範囲にいくつの解をもつか．

1999年

解答時間：120分
配　　点：150点

1

（30点）

鋭角三角形 △ABC において，辺 BC の中点を M，A から辺 BC にひいた垂線を AH とする．点 P を線分 MH 上に取るとき，

$$AB^2 + AC^2 \geqq 2\,AP^2 + BP^2 + CP^2$$

となることを示せ．

2

（30点）

放物線 $y = x^2$ の上を動く 2 点 P，Q があって，この放物線と線分 PQ が囲む部分の面積が常に 1 であるとき，PQ の中点 R が描く図形の方程式を求めよ．

3

（30点）

0 以上の整数 x に対して，$C(x)$ で x の下 2 桁を表すことにする．たとえば，$C(12578) = 78$，$C(6) = 6$ である．n を 2 でも 5 でも割り切れない正の整数とする．

(1) x，y が 0 以上の整数のとき，$C(nx) = C(ny)$ ならば，$C(x) = C(y)$ であることを示せ．

(2) $C(nx) = 1$ となる 0 以上の整数 x が存在することを示せ．

4

（30点）

相異なる4つの複素数 z_1, z_2, z_3, z_4 に対して

$$w=\frac{(z_1-z_3)(z_2-z_4)}{(z_1-z_4)(z_2-z_3)}$$

と置く．このとき，以下を証明せよ．

(1) 複素数 z が単位円上にあるための必要十分条件は

$$\bar{z}=\frac{1}{z}$$

である．

(2) z_1, z_2, z_3, z_4 が単位円上にあるとき，w は実数である．

(3) z_1, z_2, z_3 が単位円上にあり，w が実数であれば，z_4 は単位円上にある．

5

（30点）

n, k は自然数で，$n \geqq 3$, $k \geqq 2$ を満たすものとする．いま，n 角柱の $n+2$ 個の面に1から $n+2$ までの番号が書いてあるものとする．この $n+2$ 個の面に1面ずつ，異なる k 色の中から1色ずつ選んでは塗っていく．このとき，どの隣り合う面の組も同一色では塗られない塗り方の数を P_k で表す．

(1) P_2 と P_3 を求めよ．

(2) $n=7$ のとき，P_4 を求めよ．

1998年

解答時間：120分
配　　点：150点

1

（30点）

直角三角形に半径 r の円が内接していて，三角形の3辺の長さの和と円の直径との和が2となっている．このとき以下の問に答えよ．

(1) この三角形の斜辺の長さを r で表せ．

(2) r の値が問題の条件を満たしながら変化するとき，この三角形の面積の最大値を求めよ．

2

（30点）

一辺の長さが1の正四面体OABCの辺BC上に点Pをとり，線分BPの長さを x とする．

(1) 三角形OAPの面積を x で表せ．

(2) Pが辺BC上を動くとき三角形OAPの面積の最小値を求めよ．

3

（30点）

a，b は実数で $a \neq b$，$ab \neq 0$ とする．このとき不等式

$$\frac{x-b}{x+a}-\frac{x-a}{x+b}>\frac{x+a}{x-b}-\frac{x+b}{x-a}$$

を満たす実数 x の範囲を求めよ．

4

（30点）

xy 平面上で放物線 $y = x^2$ 上に2点 $\mathrm{A}(a, a^2)$，$\mathrm{B}(b, b^2)$（$a < b$）をとり，線分ABと放物線で囲まれた図形の面積を s とする．点 $\mathrm{P}(t, t^2)$ を放物線上にとり，三角形ABPの面積を $S(\mathrm{P})$ とする．t が $a < t < b$ の範囲を動くときの $S(\mathrm{P})$ の最大値を S とするとき，s と S の比を求めよ．

5

（30点）

袋の中に青色，赤色，白色の形の同じ玉がそれぞれ3個ずつ入っている．各色の3個の玉にはそれぞれ1，2，3の番号がついている．これら9個の玉をよくかきまぜて袋から同時に3個の玉を取り出す．取り出した3個のうちに同色のものが他になく，同番号のものも他にない玉の個数を得点とする．たとえば，青1番，赤1番，白3番を取り出したときの得点は1で，青2番，赤2番，赤3番を取り出したときの得点は0である．このとき以下の問に答えよ．

(1) 得点が n になるような取り出し方の数を $A(n)$ とするとき，
$A(0)$，$A(1)$，$A(2)$，$A(3)$ を求めよ．

(2) 得点の期待値を求めよ．

京大入試詳解

数学 文系

第2版

2022~1998

解答・解説編

駿台文庫

はじめに

京都大学は建学以来「自由の学風」を標榜しており，中央の喧噪から離れて研究に没頭できる風土が醸成されている。卒業式での仮装が風物詩になるなど，京大生は一風変わっていると評されることも多々あるが，その自由闊達で独創的な発想による研究は次々と実を結び，湯川秀樹を嚆矢として数多くのノーベル賞受賞者を輩出している。

さて，京都大学では，「入学者受け入れの方針」（アドミッション・ポリシー）の中で，教育に関する基本理念として「対話を根幹とした自学自習」を，また，優れた研究が「確固たる基礎的学識」の上に成り立つことを挙げている。京都大学が求めるのは，自由な学風の中で，そこに集う多くの人々との交流を通じて主体的意欲的に課題に取り組み成長していくことができ，そしてそのための基礎的な学力 ―― 高校の教育課程で学んだことを分析・俯瞰し活用する力 ―― を備えている人物である。

この，基礎学力をもとに意欲をもって主体的に学ぶ人に入学してほしいという大学のメッセージは，入試問題によく表れている。本書に掲載された過去の入試問題とその解答・解説をよく研究すれば，京都大学が求める人物像を読み取ることができ，入試対策の指針が見えてくるだろう。

本書が，自由な学問を究めるための第一歩を歩み出す一助となれば幸いである。

駿台文庫 編集部

本書の使い方

本書は，京大の過去問を題材に勉強したい人を対象とした問題集です．受験生の中にはいろいろニーズがあると思います．

A 時間を計ってワンセットで予行演習をしたい．

B 特定の問題だけをさかのぼってやりたい．

C 難易度別に学習したい．

A のタイプの受験生というのは，ある程度数学の力が完成してきたので力試しをしたいという状況でしょう．**B** のタイプの受験生というのは，京大の頻出の分野を強化したい，普段使っている問題集では物足りない分野を補いたいという状況でしょう．**C** のタイプの受験生というのは，本番で確実に完答したい問題だけでも優先して学習したいという状況でしょう．各自のレベルに合わせて，勉強の進捗状況からどういう使い方をしてもいいと思います．そこでどのタイプの受験生にも対応できるように編集しました．

どのタイプの利用方法を行うにしても**現行課程出題範囲外**※のやらなくてもいい問題を確認することと，解答・解説を読んだ後，**【出題分析と入試対策】**の〔**過去25年間の講評**〕で各年のコメントを読んで総括をすることは共通です．

A 現行課程出題範囲外※の問題を除いて，時間を24分×問題数として実施して下さい．その後，**【出題分析と入試対策】**の〔**過去25年間の出題内容と難易度**〕を見て，自分が感じた難易度と実際の評価が正しいかどうか確認して下さい．120分の中で解ける問題を解き切り，難しい問題を捨てると判断することも大切です．その作戦を立てる練習をすることがワンセットでやることのメリットです．

B **【出題分析と入試対策】**の〔**過去25年間の出題分類一覧**〕を見て，頻出の分野，強化したい分野を決め，問題編の目次［**分野別(難易度順)**］により，各分野の「易」の問題から始め，「標準」の問題へと進んで下さい．この先の「やや難」「難」は各自のレベルに合わせて進めてもらえたらと思います．受験生にとって本番の試験では捨てると判断するような問題なので，合格点に到達することを目的にする人は保留にしておいてもいいでしょう．なお，進度が目に見えるように，□に ✓ を入れていけばいいでしょう．

C **【出題分析と入試対策】**の〔**過去25年間の出題内容と難易度**〕の「易」「やや易」，「標準」，「やや難」「難」の順にやってください．このとき進度が目に見えるように，□に ✓ を入れていけばいいでしょう．

※2022年9月現在，2025年度以降の京都大学入学試験の出題範囲は未公表のため，「目次」「出題分析と入試対策」における出題範囲外の表記については，2024年度までの入学試験の出題範囲で表しています．

▶ 目次 ◀

※本書の「解答・解説」は出題当時の内容であり，現在の学習指導要領や科目等と異なる場合があります。

出題分析と入試対策

◇過去25年間の出題内容と難易度◇　※網掛部は2024年度までの入試では出題範囲外

年度	問題	形式	内容・分野	難易度
22	1	証明	対数の評価	□やや易
	2	計算	場合の数，漸化式	□標準
	3	計算	定積分，面積	□標準
	4	計算	軌跡	□標準
	5	計算	空間図形	□標準
21	1 問1	計算	整数	□易
	1 問2	計算	平面ベクトル	□易
	2	計算	積分	□易
	3	計算	確率，数列	□やや難
	4	計算	空間ベクトル	□やや難
	5	証明	整数	□やや難
20	1	計算	定積分，面積	□標準
	2	計算	微分，2次方程式	□やや難
	3	計算	整数	□難
	4	計算	空間ベクトルの内積	□難
	5	計算	場合の数	□標準
19	1 問1	計算	整式の割り算	□易
	1 問2	計算	常用対数，無理数の評価	□やや難
	2	計算	絶対値付き2次関数の最小値	□やや易
	3	計算	不等式の成立条件	□やや難
	4	計算	反復試行の確率，数列の和	□難
	5	計算	球に内接する四角錐の体積	□標準

出題分析と入試対策

年度	問題	形式	内容・分野	難易度
18	1	計算	微分・積分，面積，2曲線が接する条件	□標準
	2	計算	平面図形，三角比，微分	□標準
	3	計算	整数	□やや易
	4	証明	空間図形，ベクトル	□難
	5	計算	確率，乗法定理	□難
17	1	計算	微分・積分，面積，接線	□やや易
	2	計算	常用対数，集合の要素の個数	□難
	3	計算	空間図形，ベクトル	□標準
	4	証明	整数，三角関数	□やや難
	5	計算	確率	□易
16	1	計算	微分・積分，面積	□標準
	2	計算	確率，常用対数	□標準
	3	計算	整数，n 進法	□難
	4	証明	空間図形，ベクトル	□やや難
	5	証明	高次方程式，複素数	□難
15	1	計算	微分・積分，面積	□標準
	2	計算	平面図形，相加相乗平均の関係	□やや難
	3	計算	確率	□易
	4	計算	空間図形，ベクトル，軌跡	□やや難
	5	証明	整式の除法，分数関数の値域	□難
14	1	証明	2次方程式，三角関数，不等式	□やや易
	2	計算	微分・積分，3次関数の接線，面積	□やや難
	3	計算	空間図形，ベクトル	□標準
	4	計算	数列，対数，無理数の評価	□やや難
	5	計算	確率分布，期待値	□易
13	1	計算	2次不等式	□標準
	2	計算	平面ベクトル	□やや易
	3	証明	整数，整式の除法	□難
	4	計算	微分・積分，放物線と円で囲まれた面積	□標準
	5	計算	確率，反復試行	□標準

出題分析と入試対策

年度	問題	形式	内容・分野	難易度
12	1(1)	計算	微分・積分，面積	□易
	1(2)	計算	確率	□やや易
	2	証明	空間図形，ベクトル	□標準
	3	計算	数と式，対称式	□標準
	4	証明	命題，平面幾何	□標準
	5	計算	三角関数，領域	□難
11	1(1)	計算	平面図形，三角比	□易
	1(2)	計算	確率	□易
	2	計算	空間図形，ベクトル	□標準
	3	計算	微分・積分，3次方程式の解の個数	□易
	4	計算	微分・積分，放物線と直線で囲まれた面積	□易
	5	計算	対数，数列の和，無理数の評価	□難
10	1(1)	計算	微分・積分，面積	□易
	1(2)	計算	平面図形，三角比	□易
	2	計算	図形と方程式，領域と式の値域	□易
	3	計算	確率	□易
	4	証明	平面図形，三角関数	□やや難
	5	計算	体積，回転体の体積，平面の方程式	□難
09	1 問1	計算	空間図形，ベクトル	□易
	1 問2	計算	確率，乗法定理	□標準
	2	計算	微分・積分，積分方程式	□標準
	3	計算	対数，分数不等式，領域	□やや易
	4	計算	三角関数，三角形の面積	□標準
	5	計算	場合の数，整数，素因数分解	□標準
08	1	証明	微分・積分，定積分，不等式の証明	□易
	2	証明	平面図形，三角形の相似，角の二等分線	□易
	3	計算	2次方程式，共通解，判別式	□標準
	4	計算	三角関数，3次方程式の解	□標準
	5	計算	場合の数	□難

出題分析と入試対策

年度	問題	形式	内容・分野	難易度
07	1 問1	計算	行列，CH 定理	□易
	1 問2	計算	確率，漸化式	□易
	2	計算	積分(Ⅲ)，回転体の体積	□易
	3	計算	整数，素数	□標準
	4	計算	空間図形，ベクトル	□標準
	5	証明	有理数・無理数，命題，背理法	□やや難
06	1	計算	連立方程式	□易
	2	計算	空間図形，ベクトル	□標準
	3	証明	整式の割り算，因数定理	□やや易
	4	計算	微分・積分，放物線と直線で囲まれた面積	□易
	5	証明	整数変数の関数の増減	□難
05	1	計算	2次方程式，解の配置問題	□やや易
	2	計算	対数，無理数の評価	□やや易
	3	計算	複素数平面，三角形の形状	□やや易
	4	計算	整数，不定方程式	□標準
	5	計算	確率，等差中項	□やや難
04	1	計算	三角関数	□易
	2	証明	微分・積分，定積分，面積	□やや易
	3	計算	平面ベクトル，円と直線の交点	□標準
	4	計算	複素数平面，2次方程式	□易
	5	証明	整数，平方剰余	□やや難
03	1	計算	数列，周期数列の和	□標準
	2	計算	微分・積分，分数関数	□やや易
	3	証明	空間図形，ベクトル	□やや難
	4	証明	整数，素数	□標準
	5	計算	確率分布，期待値	□標準

出題分析と入試対策

年度	問題	形式	内容・分野	難易度
02	1	計算	数列，漸化式	□やや易
	2	証明	空間図形，平面のベクトル方程式	□標準
	3	計算	高次方程式，整数，判別式	□標準
	4	計算	三角関数，方程式の解，微分	□やや易
	5	計算	整数	□やや難
01	1	計算	複素数平面，高次方程式	□易
	2	証明	空間ベクトル，内積	□やや難
	3	証明	整数，立法剰余	□標準
	4	証明	不等式，数列	□難
	5	計算	図形と方程式，軌跡，微分・積分	□標準
00	1	計算	平面ベクトル，ベクトル方程式	□やや易
	2	証明	数列，整数変数の関数の増減	□やや難
	3	計算	三角関数，空間ベクトル	□やや難
	4	計算	整数，三角比	□やや難
	5	計算	2次方程式，解の配置，定積分	□やや難
99	1	証明	図形と方程式，座標の図形への応用	□やや易
	2	計算	微分・積分，軌跡	□やや易
	3	証明	整数，剰余，合同式	□やや難
	4	証明	複素数平面，絶対値	□標準
	5	計算	場合の数，樹形図	□やや易
98	1	計算	平面図形，対称式，内接円の半径	□標準
	2	計算	空間図形，ベクトル，三角形の面積	□易
	3	計算	不等式	□やや難
	4	計算	微分・積分，面積	□標準
	5	計算	確率分布，期待値	□やや易

出題分析と対策

◆分量◆

120分5題．これは25年間変化なし．

◆形式◆

全問記述式．誘導の小問がほとんどつかない出題が多い．

◆傾向◆

例年ほぼ，基本的な問題2問，標準的な問題2問，難しい問題1問という構成である．どの学部も150点満点中90点前後が合格者の平均的な得点である．頻出の分野は，場合の数・確率，整数，微分・積分，平面・空間図形である．

◆過去25年間の講評◆

この講評の部分は，問題を解き，解答を見て，答え合わせをした後に読んでもらいたい．当時の青本には掲載していなかった別解等も書いてあるので参考にして欲しい．

【2022年度】

1 底を10に変換するところまではできるだろうが，$2000 < 2022 < 2 \cdot 2^{10}$ に気がつくかどうかである．これを乗り切れば，解答はほぼ一本道である．ただ注意するところは与えられた不等式を利用するときに，$\log_{10} 2$ を大きく見積もれば全体的に大きくなるのか小さくなるのかというところである．それが分かるように式変形するか，きちんと説明をしないと減点となる．今回は不等式の左側の証明で $\log_{10} 2$ の右側の不等式を利用したので，不等式の右側の証明で $\log_{10} 2$ の左側の不等式を用いるのではないかと勝手な想像をした受験生もいたかもしれない．それは過去の無理数の評価の出題は，利用する側の不等式しか与えていないことが多かったので，それにつられたのであろう．余談であるが，年号(2022)を用いた出題は京大では珍しい．

2 状態が遷移する場合の数・確率の問題であるから，漸化式の利用に気がついて欲しい．2021年度は確率漸化式であったので，2年連続で同一テーマからの出題である．過去問を研究した受験生にとっては，解きやすかったに違いない．ただ余事象の確率は $1-p_n$ とできるが，余事象の場合の数は全事象の場合の数を求めておく必要がある．

3 「接線は接点から」という標語が定着している受験生が多いであろうから無理なくスタートが切れたはずである．直交条件と交点の x 座標から接点の座標が決まれば，後は簡単な定積分を行うだけである．これは是非とも完答してもらいたい．

4　受験生が苦手としている軌跡に関する問題である．まず曲線と直線の式を連立して交点の x 座標を求めるのだが，簡単に因数分解ができない方程式が得られる．そこで解が求まらないと思い立ち止まる人もいる．もちろん解と係数の関係や出所の式を利用すると簡単に解けることもあるが，解の公式で解が求められるのだから立ち止まってはいけない．また辺の長さの比を求める際に，辺の長さは必要ではない．この問題を難しくしてしまっている人は，ここが原因であろう．2点間の距離公式を用いて，2文字が含まれる根号の式を扱うと式が膨らんで計算の見通しが悪くなる．傾きが m である線分の長さは直角三角形を書けば分かるが $\sqrt{m^2+1}$ $\times$(x 座標の差) である．つまり傾きが同じであれば x 座標の差だけで線分の長さの比が求まる．後は中点を $(X,\ Y)$ と宣言し，これを a，b で表し，うまくできなくてもかまわないので，文字消去を1文字ずつ2回繰り返せば軌跡の式が得られる．

5　2年連続の空間図形の問題である．問題文にベクトルがあるのでベクトルで計算を行えばよい．ただ，内容は幾何的に示すことができ，ベクトルは不要である．問題文の表記にベクトルを使っているのは，おそらく図形的に解けない場合はベクトルで淡々と計算してもできるよという出題者の配慮かもしれない．この問題は時間さえあれば完答可能である．

【2021 年度】

1　**問1**　受験生にとって対策が手薄になっている分野かもしれない．京大の先生の話に，「教科書内容を網羅するような出題を心がける．これは1年だけでは無理だが，数年をまとめてみれば網羅できるようにしたい」とあった．過去には常用対数表や「三角比表」などを用いる問題も出題された．本問のような問題は教科書傍用問題集などによくあるものである．高校3年間きちんと教科書をベースとした勉強ができているかどうかを問う出題である．

1　**問2**　ベクトルまたは幾何による解法で完答可能であろう．垂心，外心は内積や大きさの条件を扱うことになるので，$\overrightarrow{\mathrm{OH}}=x\overrightarrow{\mathrm{OA}}+y\overrightarrow{\mathrm{OB}}$ とおくことがポイントとなる．垂直条件を内積 $=0$ で立式した後，その式を動かすためには，$\overrightarrow{\mathrm{OH}}$ の形を設定しなければならない．

2　絶対値内の符号で積分区間を分けて計算するだけである．解法の上手い下手に関係なく，必ず正解にたどりついてもらいたい問題である．このような問題は all or nothing の採点になるであろうから，慎重に計算を進めるべきである．京大の場合何らかの形で場合分けをする問題が毎年出題される．

③ 状態が遷移する問題であり，直接求めることが難しいと感じるので，漸化式の立式を考える．そのときに難しいのは，誘導形式の小問がないところである．これが京大の特徴の1つである．他大学ではどのような事象の確率をp_nなどにおくのか，さらにp_{n+1}をp_nで表すような誘導が与えられていることが多い．この2つの誘導がないので，受験生にとっては難しい問題である．

④ 四角形OPFQが平行四辺形であることに気がつくことがポイントである．これは図をかいている段階で「平行四辺形かな」と推測できるから，その裏付けを取ろうと考察を進めるのである．何も感じないなら証明しようとも思わないので，題意を把握するために図をかいているときが最初の勝負ポイントとなる．次のポイントは変数の設定である．Sが最小となるP，Qの座標を求めるので，問題文通りに流れを受け取ればP，Qの座標が変数になると考えられる．P，Qは連動するので，一方の座標で他方が表せる．四角形OPFQが平行四辺形になる条件を用いて1変数化できれば，実質的には△OPQの面積の最小を考える問題になる．

⑤ 2021年度唯一の論証問題である．近年は求値問題でも論証の要素が強く，「論証の京大」の雰囲気を残していた．しかし，本年度はこの問題だけで少し寂しい感じがする．素数であることが条件で，素数でないことを証明する問題は，「素数は2と奇数だけ」，「素数は3と3で割りきれない数」などを利用し，「2より大きい偶数は素数でない」，「3より大きい3の倍数は素数でない」などを用いることが多い．本問もその典型問題で，経験している受験生がほとんどであろう．見る目の素数を2，3，5，……と探していくとすぐに糸口が見つかる．

【2020年度】

① しっかりと時間をかけて，上手な方法でなくてもよいので答えを合わせてもらいたい．絶対値がついているので場合分けしてグラフをかく．直線のy切片aが負であることとこのグラフから，直線がどの放物線と接するかが分かる．連立して判別式をとればaの値も接点も求まる．残りの放物線との交点を求め，$x \leqq 0$の部分と$x \geqq 0$の部分に分けて定積分を立式する．後は腕力で乗り切ればよい．他の問題は難しいので時間をこの問題に回し，十分な時間をかけて完答してもらいたい．何度も検算をして確実に30点を確保することが大切である．

② 放物線の方程式を設定するところからスタートする．京大の場合，変数の設定であるとか，曲線の方程式の設定などは自ら行わないといけない．それができれば2つの放物線の方程式を連立して2交点をもつ条件を求める．その解を求めるのは厳しいので，解を設定して接線の傾きの条件を立式する．ここまでは何とかできて

欲しい．この先はα，βが求まる2次方程式とα，βがみたす2次式から，2つの2次方程式が一致する条件を求めればよいと気がつくかがポイントになる．もしくは，解と係数の関係を利用したいと考え，α，βがみたす2次式を加減できるかがポイントになる．最後までたどり着いたとしても，最初に確認した2交点をもつ条件をチェックしないといけない．きちんと完答するのは厳しいかもしれない．

3　論証の要素が高い問題で，「存在するための条件」というのは受験生にとって敷居が高いようである．「常に」というのは扱いやすいが「ある」となると難易度が上がる傾向が見られる．まず問題文の出だしが「aを奇数」とあり「24で割り切れる」とあるのでまず偶奇に注目してm，nを絞っていく．ここで大切なことは「偶数」と分かったら「偶数」と思うだけではダメで，それを式で表現して代入することである．論証の仕方も難しく息の長い議論だからきちんと完答するのは難しい．

4　図をかいても何から手をつけたらよいのか分からない人が多かったかもしれない．ベクトルの基本は平面は2つ，空間は3つの1次独立なベクトルで表して考えることである．これに従えば1つのベクトルは残りの3つのベクトルで表すべきだと気がつくはずである．図形的に把握しようとする場合は，まず内積の第一式から△OAB，△OCDが正三角形であることに気がつくこと，次に残りの2式の左辺に中辺を移項して$\overrightarrow{\mathrm{AB}}\cdot\overrightarrow{\mathrm{OC}}=0$，$\overrightarrow{\mathrm{AB}}\cdot\overrightarrow{\mathrm{OD}}=0$を導き，2つの正三角形が直交していることに気がつくことがポイントである．これで立体の様子をつかむことができ，対称面をもつことに気がつくだろうからこの平面の問題として考えていく．空間図形が苦手な受験生も多いので，厳しかったと思われる．

5　本問は書き出せばよい．いろんなタイプを書き出しているうちに，規則性や「同様に」とできる部分が見えてきて，答えの数字だけは求めることができる．このとき少ない実験で後は同様だと早とちりすると間違ってしまう．この「同様に」というのは，同様にやった経験がないと「同様に」とはできない．何度も同様にやるから「同様に」と自信を持って解答に書けるのである．

【2019年度】

1　**問1**　具体的な整式の割り算なので割り算を実行すればよい．これは確実に完答してもらいたい．

1　**問2**　$\bigcirc^{\triangle}$の桁数や最高位の数というのは経験があるだろうが，最高位から2桁というのは経験がなかったかもしれない．ありきたりの設定に少しの味付けで難問に変わるという京大らしい問題であった．

2　内容は難しくないし，具体的な数であれば簡単である．本問で行う作業は$b=1$

としても変わりない．bという文字が入るだけで迷彩がかかり難しく感じる受験生がいる．場合分け(絶対値内の符号，2次関数の軸の位置)があり，文字が2つ含まれるという設定なので，作業の割にはできはあまりよくなかったかもしれない．

3 「みたすべき必要十分条件を求めよ」「すべての実数bに対して」「ある実数xが」など，数学の文章を読み慣れていない人には敷居が高い問題といえる．さらに解答の中に「十分大きいxに対して」という表現が必要な部分があるが，これは数Ⅲの極限の感覚に近いので文系の受験生には解答が書きにくいと思われる．

4 難問である．解けなくても構わない．

5 図形の計量であるが，変数を問題文に与えていないところが京大らしい．自分で変数設定するところから数学の力をはかりたいらしい．変数は大雑把にいえば辺か角であろう．いろいろ試してみて関数が簡単になるものを選択すればよい．

【2018年度】

1 標準的であり「やや易」と判断してもよい問題である．2曲線が接する条件は接点のx座標を設定し，その点におけるy座標と接線の傾きが等しいという連立方程式を解けばよいのである．しかし，絶対値が入るグラフで場合分けが必要であったり，関数に文字が入っているとそれが決まるまでグラフがかけないのでイメージがつかめないということなどから難易度が上がるようである．さらに積分区間に分数や$\sqrt{\quad}$が入ると計算ミスが増えて結局完答できない受験生が多かったと予想できる．この問題にたっぷり時間をかけて緻密に計算して30点を確保してから続きを解いて欲しいものである．

2 まず求めたい長さを$\sin\angle \mathrm{BAP}$で表そうと思わないことである．とにかく$\angle \mathrm{BAP}$の三角比で表そうと考えることである．それができれば，その式を$\sin$だけの式に変形していけばよいのである．そこで利用して欲しいのは相似な直角三角形である．直角三角形の直角の頂点から斜辺に垂線を下ろすと，相似な三角形が3つできる．このような経験はあるはずである．これと同様な三角形の相似を利用すれば(1)を乗り越えることができる．(1)がクリアできればもれなく(2)の点数はついてくる．

3 多項式で表された式の値が素数となるという問題でよく経験するのが，その多項式が因数分解でき，そのうちの1つの因数が±1であることが必要として絞っていくタイプの問題であろう．この他は，いくつかの多項式がすべて素数となる条件を求めるときに，ある整数の剰余で分類して考えるタイプの問題である．このときに使う内容は，当たり前であるが，偶数の素数は2だけ，3で割り切れる素数は

3だけ，$\cdots$であったり，3以上の偶数は素数でない，4以上の3の倍数は素数でない，$\cdots$であったり，2より大きい素数は奇数，3より大きい素数を3で割った余りは1または2である，$\cdots$といったことである．もしこの問題の糸口が見えないときは，所詮この手の整数問題の答えが大きな数字であることは少ないので，0付近の数字を代入してみて特徴を観察してみるべきである．

4 難問である．(1)は垂直であることを示すのでベクトルを導入して説明すればよいが，それもそれほど易しくはない．これができなければ(1)を認めてそれを利用して(2)に挑戦してもよい．ここで大切なことは，例えば，条件に対称性があり，Aに注目してできたことは同様にB，C，$\cdots$についてもできることを意識することである．つまり$F(\mathrm{A})$という内容を証明させられたら，自力で「同様に$F(\mathrm{B})$，$\cdots$がいえる」と反応して欲しい．それができれば(2)のテーマである対称性が見えてくる．しかし，難易度が高いのはそのテーマに迷彩をかけて体積で問うているところである．これは捨てると判断できれば正解といえる．

5 京大らしいn絡みの確率・場合の数である．推移を追い，実験してから一般化しないと本問のルールが見えてこない．和が，(1)はある値以上，(2)はある値以下であるが，樹形図がどんどん広がっていく推移でその中央あたりの確率を求めることが我々にできるであろうか？　否である．このような設問は極端な状況であろうと予想して欲しい．つまり(1)は最大値付近，(2)は最小値付近であって欲しいと願いながら解けばよい．しかしこれも難問である．

【2017年度】

1 曲線外の点から接線を引く作業と，3次関数とその接線とで囲まれる面積である．曲線外の点から接線を引くときは，接点を設定し，接線の方程式を立て，通る点を代入し，接点の座標を求め，接線の方程式を求める．基本中の基本である．計算が面倒な部分があるが，合格したいのなら時間を割いて丁寧に計算し，正解を出さないといけない．$(x-\alpha)^2(x-\beta)$の定積分の計算は$(x-\alpha)$をカタマリとする式変形を行うと計算が楽である．

2 無理数を近似する場面がある．これは京大のこだわりであり何度も出題されている．決して$\fallingdotseq$で計算を行ってはいけない．他大学では「$\log_{10}2=0.3010$とする」と書いてあることが多いが，京大では評価という作業を行わせる．評価とは不等式で無理数を大きめに見つもったり小さめに見つもったりする作業である．これができれば(1)の完答が見えてくる．しかし(2)は難しい．ただ，京大では珍しく方向性を見せてくれているので，(1)の利用を考えることが糸口である．2^a5^b（a，b：自然数)の形は下何桁かは0が続くので，その0を外した数は100桁以下の2^kまたは5^kの形になる．だから(1)の2を5に変えた問題を同様の作業で解けばほぼ終了である．

③ 正三角形のサイズを小さくしようとすれば，ねじれの位置にある2直線の距離が最小となる付近で正三角形を構成すればよいという感覚．これは正三角形の高さが2直線間の距離の最小値となるように正三角形を配置することになる．Rを設定し，PQに垂線を下ろし，その垂線の長さの最小を考えることでゴールが見えてくる．

④ (1)は自然数で3以下とは$q=1$，2，3ということだから，代入して調べるだけである．ただし，$q=1$のときはβが決定することと$\tan 2\beta$が定義できないことに注意すること．(2)は難しいだろう．この問題で習得して欲しいことは，整数問題が定型の解法で解けないときの対処法である．それは小さい値を順に代入して何か規則を見つけたり解法の糸口を見つけたりする，または小さい値を順次代入してある程度答えを見つけ，ある値から解が出なくなったらそれ以降の値の時は不成立であることを示す，本問は後者の方針を誘導している．この部分は習得して欲しい．

⑤ 典型的な問題でコメントも不要であろう．せめて(2)は$X=4$にして欲しい．

【2016年度】

① きちんと図が書けるかどうかがポイントである．計算に難しいところはない．

② 前半の確率部分は何とか乗り切ってほしい．さて後半が山場である．過去問などで何度も解いたことがあるだろう．無理数の近似は不等式で与えるのが京大のこだわりである．「$\log_{10}2=0.3010$とする」というのは左辺が無理数，右辺が有理数だからそもそもおかしい！というのが京大の立場なのであろう．このことを分からず「=」のように計算して近似した答案には，例え答えがあっていたとしても点数はでない．逆に数字が間違っていてもきちんと不等式で評価していれば点数はでる．これは京大受験生には必須である．

③ n進法を十進法で表現できるかどうかがポイント．これはクリアしてほしい．この先はきちんと論証できなくても数値は見つけてほしい．小さい順に代入して答えは見つけ，これ以外に解が存在しないことを証明すると書いて以下白紙でもよい．

④ 作業は多いがやることに難しいところはない．しかし，自分で道具(ベクトル)を準備し，条件を式で表現し，「同様に」を用いて計算量を減らし，たくさんある条件式を整理し，結論に結び付けるという流れを滞りなく辿れるかが問題である．この問題には誘導形式の小問があってもよかった気がする．京大らしい問題である

が，受験生には難しいだろう．

5 厳密に分野を分類すれば，数Ⅲの複素数平面といえる．京大は極限の概念(2015年度の問題)など範囲を逸脱しているかどうか境界ライン上の出題がある．これもその1つである．文系の受験生には馴染みがない問題である．これは捨てると判断することが正解である．

【2015年度】

1 大半の受験生にとってはやや易という印象であろう．共有点をもつ条件のとらえ方が前半と後半では異なるので，後半のやり方を間違えるとやや難と感じる受験生もいたのではないか．総合すると標準というレベルである．

2 変数を与えず最大・最小を考えさせる問題で，京大らしい問題である．図形の計量の変数は大きく分けると「辺」か「角」である．本問は円が絡む図形なので角度で考えるのが一般的か．また京大の場合，問題文に図を与えることはしないので，図をかき間違えたりする受験生もいたのではないか．また，条件をみたす四角形は2タイプあるのに1タイプでしか考えていない，変数をとる場所が分からず面積が立式できない，立式できたとしても最大・最小の議論ができない，その議論の中で相加相乗平均の関係を利用するのであるが等号成立を調べていない，etc. いろいろ関門が多く差がついた問題であろう．やや難というレベルである．

3 2015年度一番の易しい問題である．これを完答しないと合格点に達するのは厳しくなる．この問題をとることが合格への必要条件となる．

4 軌跡の問題で一昔前の京大では頻出問題である．近年の入試ではあまり出題されておらず久しぶりの登場である．一般的に軌跡の問題を出題すると受験生にとっては難問になる．本問もおそらく難しいと感じたであろう．さらに本問の設定が理系の受験生なら経験のある円錐曲線の問題であるが，文系では馴染みがない．もちろん文系の範囲内で解答可能であるが，慣れていない作業であった．これもやや難というレベルである．

5 極限の概念(理系の範囲)が必要で，文系には厳しい出題である．これは2015年度一番の難問である．最後まで完答することは厳しいが，最初の設定までの方針点はもらいたい．つまり商と余りを設定して整式を表し，分数式を帯分数化するところまではできて欲しいものである．

【2014年度】

1 2次方程式2つの判別式を立てるところまでは大丈夫であろう．そこから2つの三角関数の不等式が得られるが，解けるほうから解くことがポイントになる．解けないほうは三角関数の最大値問題に変わる．

[2] (1)は接点設定，接線の方程式を立式，通る点を代入，接点の方程式の解の個数を調べるという定番の流れである．最後は定数分離をして議論するので難しくない．易しいといえる．しかし，(2)は面積を接点の座標で表す方針をとることができればよいが，わざわざ $S(t)$ と書いてあるところが難しくしている．3次関数とその接線で囲まれた領域の面積は，x^3 の係数の絶対値を a，接点と交点の x 座標の差を $\beta-\alpha$ とすると，面積は $\dfrac{a}{12}(\beta-\alpha)^4$ と表されることが知られている．

[3] 空間における直線の方程式を知らないから最初から捨ててしまったという受験生の感想も聞いた．これは教科書のいわゆる「はみ出し部分」の分野ではない．直線上の点を媒介変数表示し，垂直条件を内積で表現すると，考えるべき関数が1変数化できる．

[4] (1)は易しい問題である．(2)は結果を求めるのは何とかなるが，きちんとした解答を書くことは難しい．関所は2箇所である．まず -1 の処理．もう1つは無理数の近似である．後半を完答することは難しいと思われる．

[5] 例年なら n を絡めた出題になるが，具体的な数字を入れてある．計算に工夫する余地があるが，易しい問題である．

【2013年度】

[1] 方針は2通りであろう．$f(f(x))$ を作って考えるか，$f(x)$ の範囲に変えて考えるかのいずれかである．$f(f(x))$ を展開しては部分点も与えられない．

[2] 教科書の例題にもありそうな問題である．問題文の中にベクトルを用いる誘導はないが，ベクトルをもち出して解くところがポイントである．

[3] (1)は「示せ」という問題であるが，本質的には「a，b を求めよ」という問題である．逆にこれが求まったため，(2)では苦労した受験生も多かったようである．求めてしまうと逆に性質が見えない．a，b を求める途中経過の式を利用すると，よくある話に帰着できる．また，「a，b が互いに素であることを示せ」と書かないところが親切である．本問のような聞き方をすれば，「否定命題 ⇒ 背理法」という発想で手が動く受験生が多かったのではないか．本問は突き詰めると，連続する整数は互いに素ということが本質である．

[4] 2曲線が接する条件は，共有点の y 座標と接線の傾きの条件で議論する．領域の境界に円弧を含む面積は，その中心角が分からないと求まらない．図の中に有名角を探す．

[5] (1)において元に戻ることを，単純に表が2回，または裏が2回連続するときで

あるから，$\left(\frac{1}{2}\right)^2 \cdot 2 = \frac{1}{2}$ として答を求めた場合は(2)で苦労したかもしれない．(1)の誘導の意味は2回分の移動を考察せよということである．単純に元に戻ることだけを考えさせているわけではない．

【2012年度】

1 (1) グラフの交点を求める，グラフの上下関係を確認する，立式して計算するという流れであるが，グラフの上下関係を確認せずに面積を求めている受験生も多かったようだ．普段数IIでは，放物線と直線で囲まれた領域の面積しか経験しない．その場合はグラフの上下関係が自明である場合が多いが，一般の n 次関数まで出題する京大の場合は自明でない場合もあるので，確認する習慣をつけて欲しい．

1 (2) n 絡みの確率で京大らしい問題であるが簡単であろう．まず，すべての札を区別して全事象を定める．次に3数の組合せ（${}_n\mathrm{C}_3$ 通り）を決めて，その数の札を決める（2^3 通り）と考える．このときの 2^3 をかけ忘れる答案が多かったようだ．

2 結果は分かっているが，きちんと論証できているものは少なかったのではないか．まず道具（初等幾何またはベクトルまたは座標設定）と変数を決める．xyz 座標を設定する方法もあるが，手間がかかる割に特にメリットはない．

3 知ってる人には易，知らない人には難の問題．結局，間をとって標準と評価するべきかもしれないが，受験生には難しかったようだ．対称式の扱いの基本は，和と積で表すことである．$x+y=a$，$xy=b$ とおき，条件式と考える式を a，b の式で表す．このとき忘れてしまうのが x，y の実数条件を a，b に反映させることである．解と係数の関係で2次方程式を立式し，判別式をとる．定番の古典的な内容であるが，受験生にとってはメジャーな話ではなかったようだ．

4 難しかったようだ．「～を証明せよ」というのは，～は正しいはずだから，解答の道筋を立てやすいようである．しかし，自分で正しいかどうかを判断してから証明もしくは反証するというのは，自分の最初の見立てが間違っているかもしれないと不安になりながら考えるのでできなかった受験生が多かったようだ．

5 同年度のセンター数II・Bに，入り口が同テーマの問題があった．復習をして臨んだ人は θ の値まで出せたであろう．しかし一般的には難問である．

【2011年度】

1 (1) 2010年度 1 (2)と同じ構図．同じ場所で2回余弦定理を立てるだけ．

1 (2) k と $k+1$ 以上の2数を選ぶ確率 p_k を求め，$\displaystyle\sum_{k=1}^{8}(p_k)^2$ を計算する．

2 すべての条件を始点がOのベクトルの条件に書きかえ，点Hが平面ABC上にあることを媒介変数で表現し，$\overrightarrow{\mathrm{OH}}$ が平面ABCと垂直である条件を内積で表現すれば媒介変数が決定できる．後は$|\overrightarrow{\mathrm{OH}}|^2$ の計算を行う．

3 yを消去して定数分離するだけ．

4 $\dfrac{1}{6}(\beta-\alpha)^3$ の公式が利用できるように工夫する．

5 総和の求め方は，例えば1212を$1000+200+10+2$とバラし，桁数が等しいもの同士を加える．このとき200は何回加えられるのかを考える．それは□□$\cdots$□2□□とあるとき，□の数の決め方の場合の数だけである．最後は無理数の評価であるが，≒で計算することを許さないのが京大である．ここでは$n \geqq f(\log_{10}2,\ \log_{10}3)$と変形できた後，右辺を評価することがポイントである．仮に$0.301<x<0.302$，$0.477<y<0.478$において$f(x,\ y)$がxの増加関数，yの減少関数であれば，$f(0.301,\ 0.478)<(\text{右辺})<f(0.302,\ 0.477)$として近似する．

【2010年度】

1 (1) 放物線と直線の交点のx座標の差の最小値を求めればよい．

1 (2) $\mathrm{CD}=x$とおくと角の二等分線の性質より$\mathrm{AD}=\mathrm{BD}=2x$となる．$\triangle\mathrm{ABD}$，$\triangle\mathrm{ACD}$について余弦定理を用いると，$\cos\angle\mathrm{ADB}=-\cos\angle\mathrm{ADC}$より
$\dfrac{(2x)^2+(2x)^2-2^2}{2\cdot 2x\cdot 2x}=-\dfrac{(2x)^2+x^2-1^2}{2\cdot 2x\cdot x}$．これより$x=\dfrac{1}{\sqrt{3}}$となり$\mathrm{BC}=\sqrt{3}$となるので，$\triangle\mathrm{ACB}=90°$の三角形であることが分かる．

2 不等式の表す領域をかき，x^2+y^2は原点から領域内の点までの距離の平方とみて最大値・最小値を求める．他方は$2x+y=k$とおいてこの直線と領域が共有点をもつ条件で考える．

3 並べた数を順にa_1，a_2，$\cdots$，a_5とすると$1+2+\cdots+5$が奇数で，これが$2(a_1+a_2)+a_3$と等しいことからa_3が奇数と分かる．$a_3=1$，3，5と決めれば$(a_1,\ a_2)$，$(a_4,\ a_5)$の組合せが決まる．

4 $\theta=72°$に対する三角比を求めるときは$5\theta=360°$，つまり$2\theta=360°-3\theta$を用いて$\sin 2\theta=\sin(360°-3\theta)$とする．整理すると$2\sin\theta\cos\theta=-(3\sin\theta-4\sin^3\theta)$となり，辺々を$\sin\theta(\neq 0)$で割り，$\cos\theta(>0)$の2次方程式に書きかえ求めると$\cos\theta=\dfrac{-1+\sqrt{5}}{4}$となる．これを利用すると$\mathrm{AB}=2\mathrm{OB}\cos 72°$
$=\dfrac{-1+\sqrt{5}}{2}\mathrm{OB}$となる．OPの長さは与えられた方程式を解けば求まるので，こ

れで証明できる.

5 3線分OA, OC, ODが回転すると円錐ができる. それは△ACDの外接円が底面だから, その外心(重心)と原点との距離が高さ, 外心とAとの距離が半径である. 3線分FB, FE, FGが回転するのも合同である. 問題は6線分AE, AB, BC, CG, DG, DEの回転体である. まず回転する前に回転軸に垂直に切る. その切り口の回転軸から最も遠い点までの距離を半径とする円の面積を積分で集める. $\left(\frac{t}{\sqrt{3}},\ \frac{t}{\sqrt{3}},\ \frac{t}{\sqrt{3}}\right)$を通りOFに垂直な平面上の点$(x,\ y,\ z)$は
$\left(x-\frac{t}{\sqrt{3}},\ y-\frac{t}{\sqrt{3}},\ z-\frac{t}{\sqrt{3}}\right)\cdot(1,\ 1,\ 1)=0$より$x+y+z=\sqrt{3}t$をみたす.
これが平面の方程式である. これと6線分との交点を求めると$(0,\ 1,\ \sqrt{3}t-1)$の$x,\ y,\ z$成分の順序を入れ替えたものになる. 回転軸から最も遠い点までの距離は$\sqrt{\left(\frac{t}{\sqrt{3}}\right)^2+\left(\frac{t}{\sqrt{3}}-1\right)^2+\left(\frac{2t}{\sqrt{3}}-1\right)^2}$だから, これを半径とする円の面積を積分する.

【2009年度】

1 問1 直線AB上の点Hを媒介変数表示し, $\overrightarrow{\mathrm{CH}}\cdot\overrightarrow{\mathrm{AB}}=0$として媒介変数を決定.

1 問2 積$a_1a_2\cdots a_n$を$\prod_{k=1}^{n}a_k$と表記する. k回目に成功する確率が
$\frac{2}{(k+1)(k+2)}$, 失敗する確率が$\frac{k(k+3)}{(k+1)(k+2)}$だから, 求める確率は
$\left(\prod_{k=1}^{n-1}\frac{k(k+3)}{(k+1)(k+2)}\right)\cdot\frac{2}{(n+1)(n+2)}$となる. 積の部分は
$\prod_{k=1}^{n-1}\frac{k}{k+1}\cdot\prod_{k=1}^{n-1}\frac{k+3}{k+2}=\left(\frac{1}{2}\cdot\frac{2}{3}\cdot\cdots\cdot\frac{n-1}{n}\right)\cdot\left(\frac{4}{3}\cdot\frac{5}{4}\cdot\cdots\cdot\frac{n+2}{n+1}\right)=$
$\frac{1}{n}\cdot\frac{n+2}{3}$となる. 階差型の和を求めるのと同様.

2 計算できない定積分を含む等式条件の扱いは, まず積分区間にxが含まれるか否かによって方針が異なる. $\int_a^b f(t)dt$のときは$\int$内にxが含まれないことを確認して定数扱い($=C$とおく). $\int_a^x f(t)dt$のときは$x=a$を代入することと$\int$内

にxがないことを確認してxで微分する作業を行う．本問はこの2種類が混ざっている．dyとなっているので，$\int$内のxを$\int$の外に出してからこれらの作業を行う．この他，整式という条件を生かして，その次数を決定し，$f(x)$の形を設定し，等式に代入して両辺の係数比較を行うという方針も考えられる．

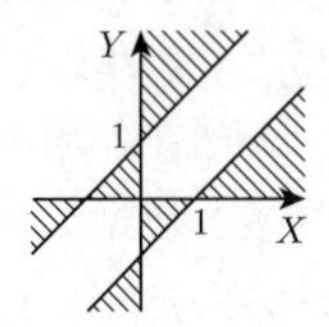

[3] 不等式$XY(Y-X-1)(Y-X+1)>0$の領域の境界は$X=0$，$Y=0$，$Y=X+1$，$Y=X-1$で$X>0$，$Y>0$，$Y>X+1$，$Y>X-1$の領域が不等式をみたし，そこから境界を線でまたぐたびに適，不適を繰り返すので右図のようになる．本問はここに$X=\log_2 x$，$Y=\log_2 y$を代入して$x>0$，$y>0$の範囲で同様にすればよい．

[4] $\angle \mathrm{AOB}=\theta$とおくと面積の条件は$\sin\theta : |\sin 3\theta| = 2:3$となる．これを場合分けして絶対値を外して計算するだけ．

[5] $(p^n)!$を素因数分解したときのpの指数を問うている．それは1，2，$\cdots$，p^nに含まれるpの倍数の個数，p^2の倍数の個数，$\cdots$，p^nの倍数の個数の和である．例えばp^2はpの倍数とp^2の倍数でダブルカウントする．p^3はp，p^2，p^3の倍数でトリプルカウントする．重複して数えることでpの指数をカウントすることになる．

【2008年度】

[1] (右辺) − (左辺)の計算をして平方完成するだけ．

[2] $\triangle\mathrm{ACM} \backsim \triangle\mathrm{ANC}$を示し，そこから$\mathrm{CM}:\mathrm{CN}=1:2$を示し，これが$\mathrm{MB}:\mathrm{BN}$と等しいことから証明できる．

[3] 与式を変形すると2次方程式が2つできる．判別式をとれば各々の異なる実数解の個数は分かる．共通解が含まれるときはその重複を引く必要があるのでそれを調べる．共通解問題でいずれか一方の方程式の解が求まらないときは，共通解をαとおいて，a，αの連立方程式を解けばよい．

[4] 対称式は基本対称式(和と積)で表せる．sin，cosの対称式は和で積を表すことができるので和だけで表せる．与式は$\sin x+\cos x=t$とおいて合成し，tの範囲とtとxの個数対応を確認し，t^2の式から$\sin x\cos x$をtで表し，与式をtの3次方程式に書きかえる．その3次方程式の解がtの定義域内にどのような解をもつかをグラフをかいて確認する．

[5] 非常に難しい問題である．まず正方形として実験していろいろなケースがあることを確認し，その場合の数を具体的に立式する．そしてその具体的な数をnに置

きかえるとどうなるか，どのようなモデルで説明するのかを考える．

【2007 年度】

1 問1　CH 定理で次数下げを行い，計算するだけ．

1 問2　n 絡みの確率で直接求めることができないので，漸化式の利用を考える．

2 回転体の公式を利用して計算するだけ．

3 素数の条件でいくつもの整数が決定できるというのは，(整数)(整数)$=p$ の形ができるのであろう．それを一文字消去して作れば，例えば b，c，d が a，p で表される．これを大小関係の式に代入すれば 3 以上の素数ということが効いてくる．素数は 2 と奇数である．なお，$a+b=-1$，$a+c=-p$ が不適というのは，$b=-a-1$，$c=-a-p$，$d=a+p+1$ として大小関係に代入すれば導ける．

4 2 直線の上の点を媒介変数表示し，2 点間の距離を立式し，平方完成するだけ．

5 命題 p は，まず $\sqrt{n}$ が有理数になるのは結局 n が平方数のときで，連続する整数 n，$n+1$ がともに平方数になるのは 0，1 のときだけであろうから正しくないと予想できる．これを論証する．命題 q は $\sqrt{n+1}-\sqrt{n}$ が有理数になるのは $\sqrt{n+1}$，$\sqrt{n}$ がともに有理数のときであろうと予想できる．それは命題 p が正しくないことから起こりえないので，命題 q は正しいことを論証する．後半は，ある自然数 n に対して $\sqrt{n+1}-\sqrt{n}$ が有理数になると仮定する．正の有理数 α を用いて $\sqrt{n+1}-\sqrt{n}=\alpha$ とかける．すると $(\sqrt{n+1}-\sqrt{n})(\sqrt{n+1}+\sqrt{n})=1$ より $\sqrt{n+1}-\sqrt{n}=\dfrac{1}{\alpha}$ とかける．これら 2 式より $\sqrt{n+1}=\dfrac{1}{2}\left(\alpha+\dfrac{1}{\alpha}\right)$，$\sqrt{n}=\dfrac{1}{2}\left(\alpha-\dfrac{1}{\alpha}\right)$ となる．これから $\sqrt{n+1}$，$\sqrt{n}$ がともに有理数となるので命題 p が正しくないことに反す．

【2006 年度】

1 l_1，l_2 の交点を求め，C の方程式に代入するだけ．

2 基本的に平面 ABC に点 D から下ろした垂線の足 H を求める問題である．H の座標が求まれば $\dfrac{\overrightarrow{\mathrm{OD}}+\overrightarrow{\mathrm{OE}}}{2}=\overrightarrow{\mathrm{OH}}$ から E の座標が求まる．$\overrightarrow{\mathrm{OH}}=\alpha\overrightarrow{\mathrm{OA}}+\beta\overrightarrow{\mathrm{OB}}+\gamma\overrightarrow{\mathrm{OC}}$，$\alpha+\beta+\gamma=1$ と設定し，$\overrightarrow{\mathrm{DH}}\cdot\overrightarrow{\mathrm{AB}}=0$，$\overrightarrow{\mathrm{DH}}\cdot\overrightarrow{\mathrm{AC}}=0$ と連立すれば H の座標は決定できる．

3 本問の例は $P(x)=(x-1)(x-2)(x-3)$，$Q(x)=(x-1)^2$ というもの．このとき $P(x)$ は $Q(x)$ で割り切れないが，$\{P(x)\}^2=(x-1)^2(x-2)^2(x-3)^2$ は $Q(x)$ で割り切れる．証明は因数定理を用いるだけである．$Q(x)=k(x-\alpha)$

$(x-\beta)$とおくと条件より$\{P(\alpha)\}^2=\{P(\beta)\}^2=0$となり，これより$P(\alpha)=P(\beta)=0$となる．$\alpha \fallingdotseq \beta$なら$P(x)$が$Q(x)$で割り切れることになり矛盾という流れ．

4 ただの計算問題．$x \geqq 0$の部分の定積分の計算は，平方完成すると少し楽である．工夫の余地があるが，例え工夫できなくても時間をかけて完答しないといけない．

5 切る2箇所を通る直径を，あるところから時計回りに1個ずつ回転していき，半周する間のどこかで題意をみたす状況になるという方針．例えば$k=6$のときの下図の(i)の状態からスタートするとしよう．直径の矢印側に白玉は7個ある．直径を時計回りに(ii)の状態に回転させ，直径の矢印側の白玉を数える．下図の例では白玉の数に変化はないが，可能性とすれば白玉の個数は± 1の増減が考えられる．次々直径を時計回りに回転させ，最後(iv)の状態になると直径の矢印側は(i)の反対側になり，白玉は5個となる．ということは7個からスタートし，± 1個の変化をし，最後に5個となるので，途中で6個となる状況(iii)が必ず存在する．これが証明の本質である．

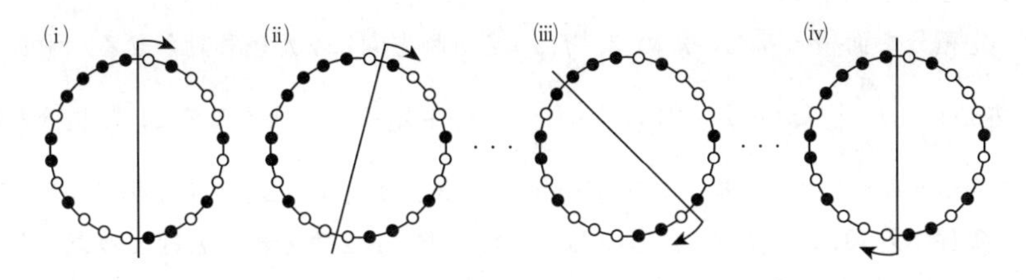

【2005年度】

1 線分Lを直線の一部分と立式し，曲線の方程式と連立して，2次方程式の解の配置問題とする．$f(x)=(x-p)^2+q=0$が$0 \leqq x \leqq 1$に少なくとも1つの解をもつというのは典型的で，$f(0)f(1) \leqq 0$，または「$f(0) \geqq 0$，$f(1) \geqq 0$，$0 \leqq p \leqq 1$，$q \leqq 0$」でよい．

2 常用対数をとってnについて解くところまでは問題ないだろう．無理数の近似を$\fallingdotseq$で行ったり，「ただし$\log_{10}2=0.3010$とする」などとことわり，(無理数)$=$(有理数)という矛盾した式を用いることは京大は許さない．ここでは$f(\log_{10}2)<n<g(\log_{10}2)$と変形できた後，右辺・左辺を評価することがポイントである．仮に$0.301<x<0.3011$において$f(x)$が増加関数，$g(x)$が減少関数であれば，$f(0.301)<$(左辺)$<f(0.3011)$，$g(0.3011)<$(右辺)$<g(0.301)$として近似する．

3 一般に$z+\overline{z}=$(zの実部)であることと，$\dfrac{\beta}{\alpha}=z$のとき3点0，α，βでできる三角形と0，1，zでできる三角形は相似である．この2つでこの問題は解決する．

4 左辺を因数分解すれば$a-b$，a^2+ab+b^2の値の組合せが分かる．後はこれをしらみ潰しするだけだが，ある程度不適な組合せは排除しておきたい．$a-b=m$，$a^2+ab+b^2=n$とおいてaを消去すると$3b^2+3mb+m^2-n=0$となる．(判別式)$=3(4n-m^2)$が平方数にならない組合せは除外する．

5 選んだ3数を小さい順にa，b，cとすると，等差中項の性質より$\dfrac{a+c}{2}=b$である．ということはa，cの2数を決定すればbは1通りに決定できる．つまり，実質a，cの2数を選ぶ問題で，$a+c=2b$よりa，cの偶奇が一致するように選べばよい．つまり偶数から2数を選ぶ，または奇数から2数を選ぶ問題である．

【2004年度】

1 $\sin^2\theta$を半角の公式で$\cos 2\theta$の式に，$\cos 4\theta$を2倍角の公式で$\cos 2\theta$の式に書きかえるだけの問題．

2 定積分を面積とみたいために，$f(x)$をy軸方向に2だけ移動させる．すると(左辺)$=\displaystyle\int_{-1}^{1}\{f(x)+2-2\}dx=\int_{-1}^{1}\{f(x)+2\}dx-4$となるので，定積分の値を面積とみることができ，この部分が図より3より大きいことから証明できる．

3 条件よりO(0，0)，A(3，0)，B(3，4)とおけ，2等分線とABとの交点をCとすると，AC:BC$=3:5$よりC$\left(3,\ \dfrac{3}{2}\right)$となる．これより2等分線の方程式は$y=\dfrac{1}{2}x$となるので，これと円$(x-3)^2+(y-4)^2=10$との交点を求めて(2，1)，(6，3)．問題の要求はこれを$\overrightarrow{a}=(3,\ 0)$，$\overrightarrow{b}=(3,\ 4)$で表すことだから，例えば$(2,\ 1)=\alpha(3,\ 0)+\beta(3,\ 4)$と設定し，$x$，$y$成分の連立方程式を解いて$\alpha$，$\beta$を求めればよい．

4 解と係数の関係，重心の条件を用いてcの値を決定し，複素数平面で三角形をなしているかチェックするだけ．

5 平方数を4で割った余りは0 or 1であることをテーマにした問題．平方剰余，立法剰余を考えるときは合同式を用いない．それは，合同式では無視する部分に大切な情報が隠れていることがあるからである．本問なら，$2m+r$ $(r=0,\ 1)$と整数を2で割った余りで分類して平方すると$4m^2+4mr+r^2$となり，4で割った余りが分かることになる．$n\geqq 2$のとき右辺は4の倍数だからa，bが共に偶数であることが分かる．偶数と分かれば辺々を2^2で割ることができる．$(a,\ b)$を2で次々割ったものを順に$(a_1,\ b_1)$，$(a_2,\ b_2)$，$\cdots$とし，具体的に練習すると，

$a^2+b^2=2^6 \to {a_1}^2+{b_1}^2=2^4 \to {a_2}^2+{b_2}^2=2^2 \to {a_3}^2+{b_3}^2=1$

$\therefore\ \ (a_3,\ b_3)=(1,\ 0),\ (0,\ 1)$

$a^2+b^2=2^7 \to {a_1}^2+{b_1}^2=2^5 \to {a_2}^2+{b_2}^2=2^3 \to {a_3}^2+{b_3}^2=2$

$\therefore\ \ (a_3,\ b_3)=(1,\ 1)$

【2003年度】

1 循環小数だから数列$\{a_n\}$は周期数列となる．周期数列が絡む数列の和は1周期分をワンセットにして加える．$b_k=\dfrac{a_k}{3^k}$とおく．求める和は$(b_1+b_2+b_3)+(b_4+b_5+b_6)+\cdots$とみると初項が$b_1+b_2+b_3$で公比が$\dfrac{1}{3^3}$の等比数列の和になる．だからキリのいい$S_{3m}$を求め，そこから$b_{3m}$，$b_{3m-1}$を引くことにより$S_{3m-1}$，$S_{3m-2}$を求める．

2 特に難しいところはないが，不等式の逆数をとる場面がある．このときの注意点は，例えば$x>2$のとき$\underline{0<\dfrac{1}{x}}<\dfrac{1}{2}$とするところである．これは$y=\dfrac{1}{x}$のグラフをかいて$x>2$の部分を切り取り，$y$の値域をみれば分かる．

3 始点をOとして条件式を書きかえるとOA$=$OB$=$OCであることがすぐに分かる．後は条件の対称性から始点をA，B，Cに変えれば同様に他の辺が等しいことが分かる．条件の対称性と「同様に」を多用することがポイント．

4 整数a，bをpで割った余りが等しい条件は$a-b=(p$の倍数$)$である．本問はここから入ると$(x+y)(x-y)$が$2p$の倍数であることが分かる．$x-y$ or $x+y$が素数pの倍数であることと，x，yの範囲からある程度状況が絞れる．ここからpが奇数であること，2整数の和差の偶奇が一致することなどを用いて考える．

5 星取表をかいて丁寧に場合分けを行う．

【2002年度】

1 S_nを含む漸化式だからnを±1した式と辺々引く．その結果の両辺を$n-1$で割る場面があるが，ここで$n \geqq 2$とする．漸化式の係数にnを含むときは$(n$の式$)\cdot a_n=b_n$とおけるような式変形を試みる．

2 点Sが平面PQR上にある条件は，$\alpha+\beta+\gamma=1$ ……① をみたすα，β，γを用いて$\overrightarrow{\mathrm{OS}}=\alpha\overrightarrow{\mathrm{OP}}+\beta\overrightarrow{\mathrm{OQ}}+\gamma\overrightarrow{\mathrm{OR}}$ ……② と書けることである．だから示すべき等式は①の式がつながると考える．そこで$\overrightarrow{\mathrm{OA}}$，$\overrightarrow{\mathrm{OB}}$，$\overrightarrow{\mathrm{OC}}$，$\overrightarrow{\mathrm{OD}}$の式を$\overrightarrow{\mathrm{OP}}$，

$\overrightarrow{\mathrm{OQ}}$，$\overrightarrow{\mathrm{OQ}}$，$\overrightarrow{\mathrm{OS}}$の式に書きかえ，②の形に書きかえて①を利用すると証明できる.

3 まず定数項の1に注目すると整数解は±1であることが分かる．後は定数項に注目しながら2つの2次式の積に因数分解し，判別式が負であることと整数係数であることから決定する.

4 $\cos\theta^\circ = x$とおき，$y = 4x^3 - 2x^2$ $(-1 \leqq x \leqq 1)$と$y = a$との共有点の個数で解の個数を考える．このときの注意はxとθとの個数対応である．$-1 < x < 1$のときは$1:2$で，$x = \pm1$のときは$1:1$である.

5 大小関係は左下図の通りだから考えられるのは右下の通りで，これらは連続する整数である.

$$\begin{array}{ccccc} a+1 & < & b+1 & < & c+1 \\ & & \wedge & & \wedge \\ & & a+b & < & a+c \\ & & & & \wedge \\ & & & & b+c \end{array}$$

・$a+1 < b+1 < c+1 < a+b < a+c < b+c$

・$a+1 < b+1 < c+1 = a+b < a+c < b+c$

・$a+1 < b+1 < a+b < c+1 < a+c < b+c$

【2001年度】

1 ti (t:実数)を代入して実部虚部の連立方程式の問題に書きかえれば難しいところはない.

2 内積が負，つまりなす角が鈍角ということを図形的にとらえる．もしくは始点をどこかにとり，$\overrightarrow{\mathrm{OP}_m} \cdot \vec{v} < \overrightarrow{\mathrm{OP}_k} \cdot \vec{v}$ と変形して，内積の最大値をみつける.

3 mod 9として$n \equiv 0$，1，2，$\cdots$，8と場合分けし，
$n^9 - n^3 = \underline{n^3(n^3-1)(n^3+1)} = n^3(n-1)(n+1)(n^2+n+1)(n^2-n+1)$に代入すれば必ず完答できる．計算量を減らしたいなら，＿＿部分をみれば立方数を9で割ると0，1，8余ることを証明すればいいので，$n = 3k + r$ $(r = 0,\ \pm1)$と場合分けして示してもよい.

4 示すべき内容は$-2 < a_1$，$a_n < 2$である．条件$-1 < S - a_k < 1$に$k = 1$，2，$\cdots$，nを代入して辺々を加えると$-n < (n-1)S < n$となる．これと$-1 < S - a_n < 1$ ……①の2式からSを消去すれば$a_n < \dfrac{2n-1}{n-1}$となるが，右辺が2より大きいので失敗．なぜか．それは①を2回使っているので誤差が大きくなったイメージである．そこで不等式を使う回数を減らすため，条件$-1 < S - a_k < 1$に$k = 1$，2，$\cdots$，$n-1$を代入し，辺々を加えて$-n + 1 < (n-2)S + a_n < n - 1$とし，①は$n \geqq 2$のとき$-(n-2) \leqq (n-2)S - (n-2)a_n \leqq n-2$となるので，2式から$S$を消去すれば$a_n < \dfrac{2n-3}{n-1}$となる.

右辺が2未満なので証明終わり．$-2<a_1$ も同様である．

5 条件は (P の y 座標) + (半径) が 1 以下，(P の y 座標) − (半径) が −1 以上である．半径は OP の長さから表現すればよい．

【2000年度】

1 $\overrightarrow{\mathrm{AP}}=t\left\{(1-p)\overrightarrow{\mathrm{AB}}+p\overrightarrow{\mathrm{AC}}\right\}$ と設定し，円の方程式 $|\overrightarrow{\mathrm{GP}}|=$(半径) に代入して計算するだけ．

2 $x_{k+1}-x_k>x_k-x_{k-1}$ なので階差数列が増加数列である．ということは階差数列は初項が正ならすべて正で $\{x_k\}$ は増加数列，末項が負ならすべて負で $\{x_k\}$ は減少数列，初項が負で末項が正なら途中で符号が負から正に変化し，そこで $\{x_k\}$ の増減が減少から増加に変わる．イメージはこのようなもの．後は0の扱いと説明の仕方に注意する．

3 (1)は $\overrightarrow{c}$ の成分を設定し，その成分で条件と示すべき不等式を書きかえれば終了．(2)は和 ⇆ 積を行い，$\alpha\pm\beta$ の条件に書きかえると因数分解が見えてくる．

4 (1) 内角の大小は対辺の大小と一致する．(2) 内角の和は 180° だから，最大角はその相加平均である 60° より大きく，最小角は 60° より小さい．ということは $\angle\mathrm{C}=60^\circ$ であることが分かる．これと3辺の長さを余弦定理で関係づけると不定方程式が現れる．一般的に次数の低い文字について整理したり解いたりするのだが，本問は因数分解でき，p，q が連続2整数であることが分かる．ここから偶奇の目で見ればどの辺が 2^n の形になるのかが分かる．さらに $p(p+2)=2^n$ という方程式から p を決定する場面があるが，連続する偶数で2の冪乗になるのは2，4であろうと予想できる．後はこの内容を表現するように $p=2^l$，$p+2=2^m$ と設定し，p を消去し，$2^m-2^l=2$，つまり $2^l(2^{m-l}-1)=2$ とすれば $2^l=2$，$2^{m-l}-1=1$ が分かり，すべてが決定できる．

5 $f(x)=x^2-ax$ とし，$c=$(右辺)>0 とおくと，$y=f(x)$ $(0\leqq x\leqq 1)$ と $y=c>0$ との共有点の個数を求めることになる．$y=f(x)$ $(0\leqq x\leqq 1)$ のグラフは (i) $a\leqq 0$，(ii) $0<a<1$，(iii) $1\leqq a$ で場合分けすると次のようになる．

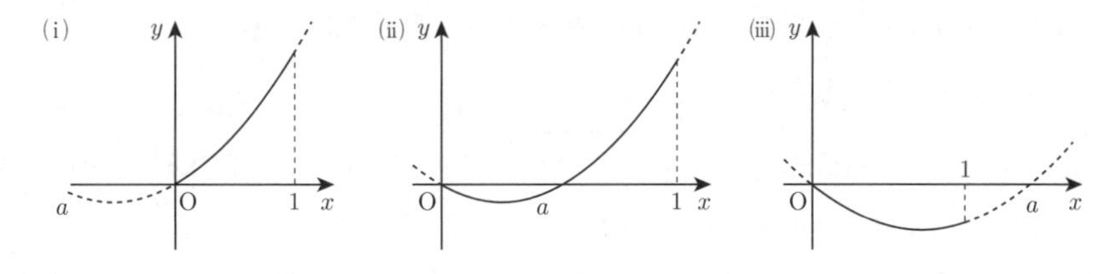

これと$y=c$との共有点の個数は，(iii)の場合0個，(i)(ii)の場合$c>f(1)$のとき0個，$c\leqq f(1)$のとき1個となる．後は各aの範囲におけるcの計算をして不等式を解けばよい．

【1999年度】

1　図形の道具は初等幾何・ベクトル・座標などがあるが，本問は2点間の距離の平方が簡単に計算できる座標を利用する．このときどのように設定してもできるだろうが，なるべく点の成分に0が含まれるようにしたり，示すべき不等式にB，Cに関する対称性があるので，この対称性を保存するように配置するなどの工夫で計算が楽になる．

2　$x=\dfrac{p+q}{2}$，$y=\dfrac{p^2+q^2}{2}$，$q=p+\sqrt[3]{6}$からpを消去し，次にqを消去すればよい．

3　整数a，bを整数pで割ったときの余りが一致する条件は，$a-b$がpの倍数になることである．また整数の下2桁というのは100で割った余りである．これで(1)は証明できる．この内容は対偶をとって使う．下2桁が異なる2数x，yを選べばnx，nyの下2桁も異なるということ．$C(nx)=1$の1はとくに意味はない．2でも99でもよい．下2桁というのは00から99までの100種類であり，下2桁が異なる100個の整数を選んでそれらをn倍すればその下2桁も異なるので，この中に1となるものが存在するという論法である．

4　$|z|^2=1$のとき$z\cdot\overline{z}=1$より$\overline{z}=\dfrac{1}{z}$が成立することと，$w$が実数である条件は$\overline{w}=w$を用いるだけの問題である．

5　(1)はnの偶奇によっての場合分けが生じる．(2)は具体的に樹形図を利用して書き出そうと思えたら3分で完答できる．

【1998年度】

1　内接円の半径は面積を利用するのが一般的であるが，直角三角形の場合は右図においてPA＝PBであることを利用してもよい．(2)は$a+b=1$のもとで$\dfrac{1}{2}ab$の最大値を求める問題であるから，一文字消去して平方完成を行えばよい．

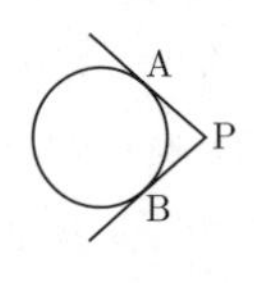

2　ベクトルの面積公式$\dfrac{1}{2}\sqrt{|\overrightarrow{a}|^2|\overrightarrow{b}|^2-(\overrightarrow{a}\cdot\overrightarrow{b})^2}$を用いる．本問は結局，点Pと辺OAとの距離の最小値を求める問題である．

3　分数不等式は分母の符号が決定していない場合は分母をはらわないこと．左辺

or 右辺に移項し，通分し，$\dfrac{f(x)}{g(x)}>0$ 等の形にする．これは $f(x)g(x)>0$ と同値である．$\dfrac{f(x)}{g(x)}\geqq 0$ の場合は $f(x)g(x)\geqq 0$，$g(x)\neq 0$ と同値である．計算と場合分けが煩雑であるが，x^2 の不等式を解いてそれを x の不等式に変えればよい．

4 $S(\mathrm{P})$ が最大になるのは AB の長さが一定だから，P と AB との距離が最大のときである．直線 AB に平行な放物線の接線の接点に P があるとき距離が最大である．S は直接求めてもよいが，$\dfrac{1}{6}(\beta-\alpha)^3$ の公式を用いるなら $s-S$ を求めてもよい．つまり線分 AP，BP と放物線とで囲まれた面積を $\dfrac{1}{6}\left(b-\dfrac{a+b}{2}\right)^3+\dfrac{1}{6}\left(\dfrac{a+b}{2}-a\right)^3$ と求めたものを利用する．

5 $A(2)=0$ で，求めやすいのは $A(3)$，$A(1)$ であろうから，$A(0)$ は余事象を用いる．

◆入試対策◆

内容としては，公式や解法パターンにあてはめて計算する標準レベル以下の問題が 2，3 問，残りが証明問題など，論理を主とする問題となりそうである．したがって，まずは，全体的に標準レベルの問題を確実に解くことができる基礎力をしっかり身につけるとともに，暗記に頼らない，理解を重視する学習法によって，自分で考えて論理を進める能力を高めていくことが最善の策となろう．具体的には，次のような点に注意しながら学習を進めていくと良い．

〈基礎力をつける〉

教科書レベルからの復習で，定義や基本事項を再確認して正確に把握する．ただし，これは公式や考え方を丸暗記することではない．公式を自分で証明してみるなどして，なるべく暗記に頼らず理解するように心がける．例えば

・「互いに素」，「素数」の定義は何か
・無理数とはどんな数か（「$\sqrt{}$ のある数」などではダメ）
・因数定理，剰余の定理の証明ができるか
・漸化式 $a_{n+1}=pa_n\ (n\geqq 1)$ と $a_n=pa_{n-1}\ (n\geqq 2)$ が同じといってよいか

というようなレベルの事柄をひとつひとつ確認し，理解しておくことである．

〈論理的な思考力をつける〉

飛躍や欠陥のない正確な論理を展開できる能力を京大は最重要視しているが，これは練習してすぐに身につくようなものではない．解答や方針をただ丸覚えするの

ではなく，何故こういう方針をとるのか，ここは何を計算しているのか，どうしてこの場合分けが必要なのかなど，ひとつひとつ納得して理解していく，普段からのそういう小さな積み重ねが最良の方法である．

〈計算力をつける〉

どんなにすばらしいアイデアや方針が浮かんでも，正確に実行できなければ役に立たない．論理的に考えた方針にしたがって，正確にすばやく答まで到達できる計算力が必要であり，計算が苦手だとかミスが多いからといって，計算の手を抜いたりするようでは上達は望めない．問題が易しければ易しいほど計算力が重要になってくるので，日頃の問題演習で計算を疎かにせず最後までやり抜く，もし計算ミスをした場合には，必ずどこで間違えたのかを確認することなどをコツコツ続けることが大切である．

〈正確な表現力をつける〉

いくら正しい答が出たとしても，それが採点者に正しい方針で出したものであると認められなければならない．試験では採点者に理解してもらって初めて得点になるのであって，自分だけに分かる考え方やなぐり書き，説明や経過のない答だけに近い答案などは，自ら合格を放棄しているようなものである．読みやすく分かりやすい丁寧な答案を書くように努めよう．

◆過去25年間の出題分類一覧◆

（◎は２問分の出題）

	数と式	2次関数	場合の数と確率	平面図形	整数	図形と方程式	三角関数	指数・対数	微分・積分	数列	平面ベクトル	空間図形	複素数平面	行列・1次変換	確率分布	微分・積分(Ⅲ)
2022			○			○		○	○			○				
2021			○		◎				○		○	○				
2020		○	○		○				○			○				
2019	◎	○	○					○	○							
2018			○	○	○				○			○				
2017			○		○			○	○			○				
2016	○		○		○				○			○				
2015	○		○	○					○			○				
2014		○							○	○		○			○	
2013		○	○		○				○		○					
2012	○		○	○			○		○			○				
2011			○	○				○	◎			○				
2010			○	◎		○			○							○
2009			◎				○	○	○			○				
2008		○	○	○			○		○							
2007	○		○		○							○		○		○
2006	◎								○	○		○				
2005		○	○		○			○					○			
2004					○		○		○		○		○			
2003					○				○	○		○			○	
2002	○				○		○			○		○				
2001					○	○				○		○	○			
2000		○			○		○			○	○					
1999			○		○	○			○				○			
1998	○			○					○			○			○	

2022
年

解答・解説

1

$$\log_4 2022 = \frac{\log_{10} 2022}{\log_{10} 4} < \frac{\log_{10} 2048}{2\log_{10} 2} = \frac{\log_{10} 2^{11}}{2\log_{10} 2} = \frac{11}{2}$$

$$\therefore \quad \log_4 2022 < 5.5 \cdots\cdots ①$$

$$\log_4 2022 = \frac{\log_{10} 2022}{\log_{10} 4} > \frac{\log_{10} 2000}{2\log_{10} 2} = \frac{\log_{10} 2 + 3}{2\log_{10} 2} \cdots\cdots(*)$$

$$= \frac{1}{2} + \frac{3}{2\log_{10} 2} > \frac{1}{2} + \frac{3}{2 \cdot 0.3011} = 0.5 + 4.98\cdots > 0.5 + 4.9$$

$$\therefore \quad \log_4 2022 > 5.4 \cdots\cdots ②$$

①，② より不等式は成り立つ．　**（証明終わり）**

別解

$(*)$ より

$$\log_4 2022 - 5.4 > \frac{\log_{10} 2 + 3}{2\log_{10} 2} - 5.4 = \frac{3 - 9.8\log_{10} 2}{2\log_{10} 2} > \frac{3 - 9.8 \cdot 0.3011}{2\log_{10} 2} = \frac{3 - 2.95078}{2\log_{10} 2} > 0$$

$$\therefore \quad \log_4 2022 > 5.4$$

解説

まず底を 10 にそろえ常用対数で表現する．次に与えられた不等式を利用するため $\log_{10} 2$ の式に書きかえようとする．そのとき式が ＝ で変形できないときは大きめ，もしくは小さめに評価する．このときに利用するのは $2^{\bigcirc} \cdot 10^{\triangle}$ の形の数である．$2^{10}=1024$ は等比数列の問題でもよく利用する値なので覚えておいてもらいたい．

京大のこだわりであるが，他大学のように「$\log_{10}2=0.3010$ とする」と与えることはない．必ず無理数の近似は評価という作業を行わせる．$f(\log_{10}2)$ という式を評価するとき，$f(x)$ が $\log_{10}2$ 付近で増加関数か減少関数であるかを確認してもらいたい．もし増加関数であれば $0.301<\log_{10}2<0.3011$ より $f(0.301)<f(\log_{10}2)<f(0.3011)$ として左辺・右辺の計算を行う．

また，示すべき右半分の不等式は

$$\log_4 2022<5.5$$
$$2022<4^{5.5}(=2^{11})$$
$$2022<2048$$

と変形できる．最後の式が成立するので元の不等式も成立するとしてもよい．

2

1回あたりの移動の仕方は点の位置によらず3通りであるから，経路全体は 3^n 通りである．P_n がA，B，Cのいずれかであることを「上面にある」，D，E，Fのいずれかであることを「下面にある」とする．P_n が上面であるのが a_n 通りであるから，P_n が下面であるのは 3^n-a_n 通りである．P_n が上面にあるとき P_{n+1} が上面にある移動の仕方は2通り，P_n が下面にあるとき P_{n+1} が上面にある移動の仕方は1通りであるから

$$a_{n+1}=2\cdot a_n+1\cdot(3^n-a_n) \qquad \therefore\quad a_{n+1}=a_n+3^n$$

よって，$n\geqq 2$ のとき

$$a_n=a_1+\sum_{k=1}^{n-1}3^k=2+\frac{3(1-3^{n-1})}{1-3}=\frac{3^n+1}{2}$$

これは $n=1$ のときも正しい．よって

$$\boldsymbol{a_n=\frac{3^n+1}{2}}$$

解説

n が絡む場合の数・確率で直接求めることができないときは，漸化式の利用を考える．本問は上面・下面の2状態で推移するので，全体の場合の数が分かるなら a_n だけの漸化式を立式することができる．そうでなければ連立漸化式を考える．また，漸化式を立式するときは，最後（または最初）の動作で場合分けを行う．

連立漸化式を立式するなら次のように行う．P_n が下面にある場合の数を b_n とする．本解答と同様，上下面から下面に移動する場合の数を考えると

$$a_{n+1}=2a_n+b_n,\ b_{n+1}=a_n+2b_n$$

となる．この辺々を加減すると

$$a_{n+1}+b_{n+1}=3(a_n+b_n),\ \ a_{n+1}-b_{n+1}=a_n-b_n$$

$a_1=2,\ b_1=1$ だから

$$a_n+b_n=(a_1+b_1)\cdot 3^{n-1}=3^n,\ \ a_n-b_n=a_1-b_1=1$$

この辺々を加えて

$$2a_n=3^n+1 \qquad \therefore\ \ \boldsymbol{a_n=\frac{3^n+1}{2}}$$

3

L_1, L_2 と C との接点の x 座標をそれぞれ α, β とする．ただし $\alpha<\beta$ とする．

$y=\dfrac{x^2}{4}$ より $y'=\dfrac{x}{2}$ だから L_1, L_2 の方程式はそれぞれ

$$L_1 : y=\frac{\alpha}{2}x-\frac{\alpha^2}{4},\ \ L_2 : y=\frac{\beta}{2}x-\frac{\beta^2}{4}$$

となる．これらが直交することより

$$\frac{\alpha}{2}\cdot\frac{\beta}{2}=-1 \qquad \therefore\ \ \alpha\beta=-4\ \ \cdots\cdots①$$

また，L_1, L_2 の交点の x 座標を求めると $\dfrac{\alpha+\beta}{2}$ であるから

$$\frac{\alpha+\beta}{2}=\frac{3}{2} \qquad \therefore\ \ \alpha+\beta=3\ \cdots\cdots②$$

①，② より $\alpha=-1, \beta=4$ となる．よって，求める面積は

$$\int_{-1}^{\frac{3}{2}}\left(\frac{x^2}{4}-\left(\frac{\alpha}{2}x-\frac{\alpha^2}{4}\right)\right)dx+\int_{\frac{3}{2}}^{4}\left(\frac{x^2}{4}-\left(\frac{\beta}{2}x-\frac{\beta^2}{4}\right)\right)dx$$

$$=\int_{-1}^{\frac{3}{2}}\frac{1}{4}(x+1)^2dx+\int_{\frac{3}{2}}^{4}\frac{1}{4}(x-4)^2dx$$

$$=\left[\ \frac{1}{12}(x+1)^3\ \right]_{-1}^{\frac{3}{2}}+\left[\ \frac{1}{12}(x-4)^3\ \right]_{\frac{3}{2}}^{4}$$

$$=\boldsymbol{\frac{125}{48}}$$

別解

交点を $\left(\dfrac{3}{2}, a\right)$ とし，この点を通る接線の方程式を $y=m\left(x-\dfrac{3}{2}\right)+a$ ……①とする．①と $y=\dfrac{x^2}{4}$ より y を消去すると，

$$x^2-4mx+6m-4a=0 \cdots\cdots ②$$

これが重解をもつので

$$(\text{判別式})/4=(2m)^2-(6m-4a)=0$$

$$\therefore \quad 2m^2-3m+2a=0 \cdots\cdots ③$$

この2解が L_1, L_2 の傾きであるから，L_1, L_2 の直交条件より

$$(2\text{解の積})=\frac{2a}{2}=-1 \qquad \therefore \quad a=-1$$

これを③に代入すると $(2m+1)(m-2)=0$ となるので

$$m=-\frac{1}{2},\ 2$$

このとき②は $(x-2m)^2=0$ だから，L_1, L_2 と放物線との接点の x 座標は $x=2m$ より

$$x=-1,\ 4$$

以下面積の計算は同じ．

解説

接線の立式は接点の設定からスタートすることが多い．その接点の設定に2文字を用いるので，傾きの積が -1 であることと，2接線の交点の x 座標から接点を決定する．本問は①，②の α, β の和と積から簡単に求められたが，一般に α, β を解にもつ方程式は $x^2-(\alpha+\beta)x+\alpha\beta=0$ だから $x^2-3x-4=0$ を解いて α, β を求めてもよい．

また，$y=ax^2+bx+c$ と $y=mx+n$ が $x=\alpha, \beta$ で交わっているとき $ax^2+bx+c-(mx+n)$ は $a(x-\alpha)(x-\beta)$ と因数分解できる．$x=\alpha$ で接しているときは $a(x-\alpha)^2$ と因数分解できる．これを面積の立式に利用した．実際 $y=\frac{1}{4}x^2$ と $L_1: y=\frac{\alpha}{2}x-\frac{\alpha^2}{4}$ の右辺の差は $\frac{1}{4}x^2-\frac{\alpha}{2}x+\frac{\alpha^2}{4}=\frac{1}{4}(x-\alpha)^2$ となる．

別解は，傾きの積が -1 から未知数を決定しようと考え，スタート地点を変更した．傾きを設定し直線の方程式を立式するには通る点が必要になるので，交点の y 座標も設定した．直線と放物線が接する条件は，1文字消去した方程式が重解をもつことである．すると傾きを求める2次方程式が得られるので解と係数の関係を用いた．

2接線の交点を (a, b) として同様にすれば $b=-1$ となる．これで分かることは，この放物線に直交する2接線が引けるような点の軌跡は直線 $y=-1$ ということである．

4

$$ax+by=1 \cdots\cdots ①,\ y=-\frac{1}{x} \cdots\cdots ②$$

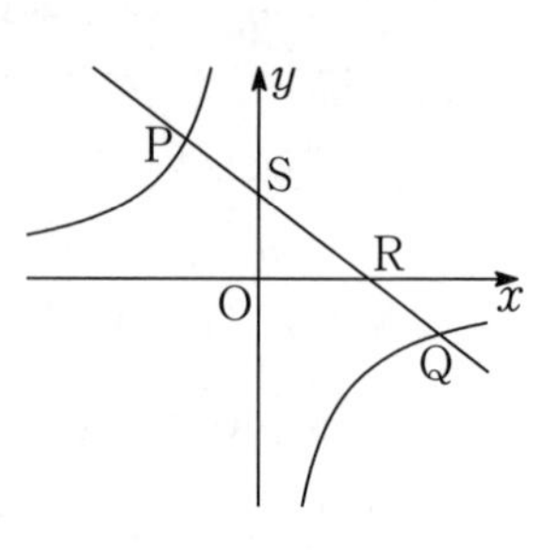

①，②より y を消去して整理すると

$$ax^2-x-b=0 \cdots\cdots ③$$

$$\therefore\quad x=\frac{1\pm\sqrt{1+4ab}}{2a}$$

$a>0,\ b>0$ だから，これは異なる2実数解である．

この2解を小さい順に $\alpha,\ \beta$ とする．

P，Qの x 座標の差は $a>0$ より

$$\beta-\alpha=\frac{1+\sqrt{1+4ab}}{2a}-\frac{1-\sqrt{1+4ab}}{2a}=\frac{\sqrt{1+4ab}}{a}$$

また，Rの x 座標は $\frac{1}{a}$ だからR，Sの x 座標の差も $\frac{1}{a}$ である．P，Q，R，Sはすべて同一直線上にあるから，条件より

$$\frac{\frac{\sqrt{1+4ab}}{a}}{\frac{1}{a}}=\sqrt{2}\qquad \therefore\quad 4ab+1=2\qquad \therefore\quad b=\frac{1}{4a} \cdots\cdots ④$$

③の2解の和 $\alpha+\beta$ は $\frac{1}{a}$ だからPQの中点を $(X,\ Y)$ とおくと①，④より

$$X=\frac{\alpha+\beta}{2}=\frac{1}{2a},\ aX+\frac{Y}{4a}=1 \cdots\cdots ⑤$$

$a=\frac{1}{2X}$ を $a>0$ と⑤に代入して

$$\frac{1}{2X}>0,\ \frac{1}{2}+\frac{XY}{2}=1\qquad \therefore\quad XY=1,\ X>0$$

したがって，求める軌跡は**曲線 $xy=1$ の $x>0$ の部分**

別解

⑤を用いずにP，Qの y 座標を求める場合は次のようになる．

$\alpha+\beta=\frac{1}{a},\ \alpha\beta=-\frac{b}{a}$ であるから

$$Y=\frac{1}{2}\left(-\frac{1}{\alpha}-\frac{1}{\beta}\right)=-\frac{\alpha+\beta}{2\alpha\beta}=\frac{1}{2b}$$

よって，$X=\frac{1}{2a},\ Y=\frac{1}{2b}$ より $a=\frac{1}{2X},\ b=\frac{1}{2Y}$

これを④つまり $ab=\frac{1}{4}$ と $a>0,\ b>0$ に代入して

$$\frac{1}{2X}\cdot\frac{1}{2Y}=\frac{1}{4},\ \frac{1}{2X}>0,\ \frac{1}{2Y}>0\qquad \therefore\quad XY=1,\ X>0,\ Y>0$$

したがって，求める軌跡は**曲線 $xy=1$ の $x>0$ の部分**

解説

傾きが等しい2線分 PQ，RS の長さの比は，実際に長さを求めなくても x または y 座標の差の比を求めてもよい．これを用いて条件を a, b で表すと1文字消去できる式が得られる．まず b を消去し，中点の座標 (X, Y) を a の式で表して，a を消去すればよい．このとき本解答では Y を求めていない．元々中点は直線 L 上にあるので，その式と X の式から a を消去した．このとき $a>0$ に代入することを忘れないように．

5

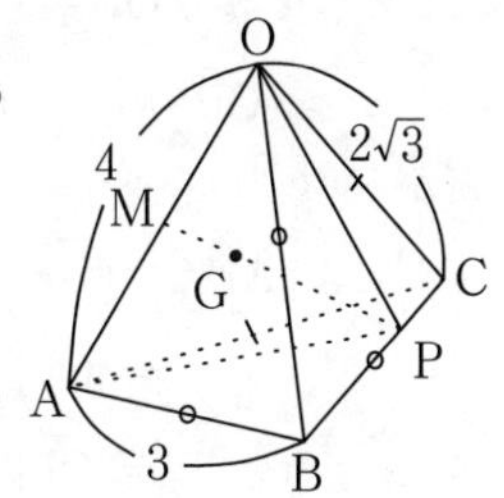

(1) $\triangle \mathrm{ABC} \equiv \triangle \mathrm{OBC}$ より $\angle \mathrm{ABP} = \angle \mathrm{OBP}$ である．よって，$\triangle \mathrm{ABP} \equiv \triangle \mathrm{OBP}$ が成立し，$\mathrm{AP} = \mathrm{OP}$ となり $\triangle \mathrm{OAP}$ は二等辺三角形である．PG と OA の交点を M とすれば，G は $\triangle \mathrm{OAP}$ の重心であるから M は OA の中点である．さらに，$\triangle \mathrm{OAP}$ は二等辺三角形であるから，中線 PM は底辺 OA と垂直である．　**（証明終わり）**

(2) $\mathrm{PG} : \mathrm{GM} = 2 : 1$ であることより

$$\mathrm{PG} = \frac{2}{3}\mathrm{PM} \quad \cdots\cdots ①$$

$\triangle \mathrm{OAB}$ は二等辺三角形で，その底辺 OA の中点が M だから $\angle \mathrm{OMB} = 90°$ である．

よって

$$\mathrm{BM} = \sqrt{\mathrm{OB}^2 - \mathrm{OM}^2} = \sqrt{3^2 - 2^2} = \sqrt{5}$$

同様に

$$\mathrm{CM} = \sqrt{\mathrm{OC}^2 - \mathrm{OM}^2} = \sqrt{\left(2\sqrt{3}\right)^2 - 2^2} = 2\sqrt{2}$$

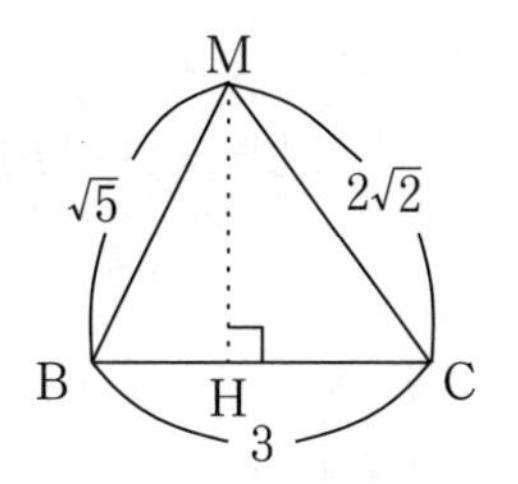

$\triangle \mathrm{BCM}$ において余弦定理より

$$\cos\angle \mathrm{BCM} = \frac{\left(2\sqrt{2}\right)^2 + 3^2 - \left(\sqrt{5}\right)^2}{2\cdot 3\cdot 2\sqrt{2}} = \frac{1}{\sqrt{2}}$$

$$\therefore \quad \angle \mathrm{BCM} = 45°$$

M から直線 BC に下ろした垂線の足を H とすると $\triangle \mathrm{CHM}$ は直角二等辺三角形になるので

$$\mathrm{MH} = \mathrm{CH} = 2$$

となる．これより H は辺 BC 上にあるので，$\mathrm{H} = \mathrm{P}$ のとき PM は最小値 2 をとる．したがって PG の最小値は ① より

$$\frac{2}{3}\cdot 2=\mathbf{\frac{4}{3}}$$

別解1

(1) $\overrightarrow{\mathrm{OA}}=\vec{a}$，$\overrightarrow{\mathrm{OB}}=\vec{b}$，$\overrightarrow{\mathrm{OC}}=\vec{c}$ とおくと $|\vec{a}|=4$，$|\vec{b}|=3$，$|\vec{c}|=2\sqrt{3}$ である．$|\overrightarrow{\mathrm{AB}}|=3$ つまり $|\vec{b}-\vec{a}|=3$ より

$$|\vec{b}|^2-2\vec{a}\cdot\vec{b}+|\vec{a}|^2=3^2 \qquad \therefore\quad \vec{a}\cdot\vec{b}=8$$

$|\overrightarrow{\mathrm{BC}}|$, $|\overrightarrow{\mathrm{AC}}|$ に関しても同様にすると

$$\vec{b}\cdot\vec{c}=6,\quad \vec{c}\cdot\vec{a}=8$$

となる．そこで $\overrightarrow{\mathrm{OP}}=(1-p)\vec{b}+p\vec{c}$ $(0\leqq p\leqq 1\cdots\cdots①)$ とおくと $\cdots\cdots(*)$

$$\vec{a}\cdot\overrightarrow{\mathrm{OP}}=(1-p)\vec{a}\cdot\vec{b}+p\vec{a}\cdot\vec{c}=8$$

だから

$$\begin{aligned}|\overrightarrow{\mathrm{AP}}|^2&=|\overrightarrow{\mathrm{OP}}-\vec{a}|^2=|\overrightarrow{\mathrm{OP}}|^2-2\vec{a}\cdot\overrightarrow{\mathrm{OP}}+|\vec{a}|^2\\&=|\overrightarrow{\mathrm{OP}}|^2-16+16\\&=|\overrightarrow{\mathrm{OP}}|^2\end{aligned}$$

$$\therefore\quad |\overrightarrow{\mathrm{AP}}|=|\overrightarrow{\mathrm{OP}}|$$

したがって，$\triangle\mathrm{OAP}$ は二等辺三角形であるから中線 PG は辺 OA と直交する．
よって，$\overrightarrow{\mathrm{PG}}\perp\overrightarrow{\mathrm{OA}}$ である．　**（証明終わり）**

(2) OA の中点を M とすると

$$\mathrm{PG}=\frac{2}{3}\mathrm{PM}=\frac{2}{3}\sqrt{|\overrightarrow{\mathrm{OP}}|^2-2^2}\cdots\cdots②$$

となる．そこで

$$\begin{aligned}|\overrightarrow{\mathrm{OP}}|^2&=(1-p)^2|\vec{b}|^2+2p(1-p)\vec{b}\cdot\vec{c}+p^2|\vec{c}|^2\\&=9p^2-6p+9=9\left(p-\frac{1}{3}\right)^2+8\end{aligned}$$

であるから，① における $|\overrightarrow{\mathrm{OP}}|^2$ の最小値は 8 である．
これと ② より PG の最小値は

$$\mathbf{\frac{4}{3}}$$

別解2

$\vec{a}$，$\vec{b}$，$\vec{c}$ や $\overrightarrow{\mathrm{OP}}$ を設定し，内積等も求めた $(*)$ 以降の方針．

(1) $\overrightarrow{\mathrm{PG}}=\overrightarrow{\mathrm{OG}}-\overrightarrow{\mathrm{OP}}=\dfrac{1}{3}\left(\overrightarrow{\mathrm{OA}}+\overrightarrow{\mathrm{OP}}\right)-\overrightarrow{\mathrm{OP}}$

$$= \frac{1}{3}\vec{a} - \frac{2}{3}\overrightarrow{\mathrm{OP}}$$
$$= \frac{1}{3}\left\{\vec{a} - 2(1-p)\vec{b} - 2p\vec{c}\right\}$$

したがって

$$\overrightarrow{\mathrm{OA}}\cdot\overrightarrow{\mathrm{PG}} = \frac{1}{3}\vec{a}\cdot\left\{\vec{a} - 2(1-p)\vec{b} - 2p\vec{c}\right\}$$
$$= \frac{1}{3}\left\{|\vec{a}|^2 - 2(1-p)\vec{a}\cdot\vec{b} - 2p\vec{a}\cdot\vec{c}\right\}$$
$$= \frac{1}{3}\left\{4^2 - 2(1-p)\cdot 8 - 2p\cdot 8\right\}$$
$$= 0$$

よって，$\overrightarrow{\mathrm{OA}} \perp \overrightarrow{\mathrm{PG}}$ が成立する．　**（証明終わり）**

(2) $$|\overrightarrow{\mathrm{PG}}|^2 = \left|\frac{1}{3}\left(\vec{a} - 2(1-p)\vec{b} - 2p\vec{c}\right)\right|^2$$
$$= \frac{1}{9}\Big(4^2 + 4(1-p)^2\cdot 3^2 + 4p^2\cdot(2\sqrt{3})^2$$
$$- 4(1-p)\cdot 8 + 8p(1-p)\cdot 6 - 4p\cdot 8\Big)$$
$$= \frac{4}{9}(9p^2 - 6p + 5)$$
$$= 4\left(p - \frac{1}{3}\right)^2 + \frac{16}{9}$$

よって，PG は $p = \frac{1}{3}$ のときに最小値 $\boldsymbol{\frac{4}{3}}$ をとる．

解説

辺 OA の中点を M とすると，(1) は直線 PM と辺 OA が直交することを示す内容で，それは △OAP が二等辺三角形，つまり OP ＝ AP を示すことが主題である．図形の問題の道具は幾何，ベクトル，座標であるが，本問なら幾何で処理できそうである．長さが等しい辺に注目して合同な三角形を見抜けばよい．問題文にベクトル表記を用いているからといって，ベクトルの問題であると単純に考えない方がよい．京大は過去に，ベクトルの問題でもないのに辺 AB の長さを表現するためだけに $|\overrightarrow{\mathrm{AB}}|$ と問題文に表記したこともある．見かけに惑わされないようにしてもらいたい．ただ，本問はベクトルで機械的に示すこともできるので，その別解も明示した．別解 1 は幾何的な考察とのミックスの方法で，別解 2 はまったく図形的な考察がない方法である．

(2) 本解答は PG の長さを PM の長さで表現し，PM の最小値を △MBC で考えた．平面 MBC はこの立体の対称面であるから，この平面による断面を考えることはよくある．この場合，M から直線 BC に下ろした垂線の足が辺 BC 上にあることを確認すること．

2021
年

解答・解説

1

問 1

$6.75 = 4 + 2 + \frac{1}{2} + \frac{1}{4} = 2^2 + 2 + 2^{-1} + 2^{-2} = \mathbf{110.11_{(2)}}$

これと $101.0101_{(2)}$ との積は 2 進法で表記すると

$$\begin{aligned} 110.11 \times 101.0101 &= 110.11 \times (100 + 1 + 0.01 + 0.0001) \\ &= 11011 + 110.11 + 1.1011 + 0.011011 \\ &= \mathbf{100011.110111_{(2)}} \end{aligned}$$

これを 10 進法表記すると

$$\begin{aligned} &2^5 + 2 + 1 + 2^{-1} + 2^{-2} + 2^{-4} + 2^{-5} + 2^{-6} \\ &= 2 \cdot 4^2 + 3 + 3 \cdot 4^{-1} + 4^{-2} + 3 \cdot 4^{-3} \end{aligned}$$

となるので 4 進法表記すると $\mathbf{203.313_{(4)}}$

問 2

条件より $|\overrightarrow{\mathrm{OA}}| = 3$, $|\overrightarrow{\mathrm{OB}}| = 2$, $\overrightarrow{\mathrm{OA}} \cdot \overrightarrow{\mathrm{OB}} = 3 \cdot 2 \cdot \cos 60^\circ = 3$

$\overrightarrow{\mathrm{OA}}$, $\overrightarrow{\mathrm{OB}}$ は平行ではなく $\overrightarrow{0}$ ではないので，実数 x, y を用いて

$$\overrightarrow{\mathrm{OH}} = x\overrightarrow{\mathrm{OA}} + y\overrightarrow{\mathrm{OB}} \cdots\cdots ①$$

と表せる．H は垂心だから

$$\begin{aligned} &\overrightarrow{\mathrm{AH}} \cdot \overrightarrow{\mathrm{OB}} = 0,\ \overrightarrow{\mathrm{BH}} \cdot \overrightarrow{\mathrm{OA}} = 0 \\ &\left(\overrightarrow{\mathrm{OH}} - \overrightarrow{\mathrm{OA}}\right) \cdot \overrightarrow{\mathrm{OB}} = 0,\ \left(\overrightarrow{\mathrm{OH}} - \overrightarrow{\mathrm{OB}}\right) \cdot \overrightarrow{\mathrm{OA}} = 0 \\ &\overrightarrow{\mathrm{OH}} \cdot \overrightarrow{\mathrm{OB}} - \overrightarrow{\mathrm{OA}} \cdot \overrightarrow{\mathrm{OB}} = 0,\ \overrightarrow{\mathrm{OH}} \cdot \overrightarrow{\mathrm{OA}} - \overrightarrow{\mathrm{OA}} \cdot \overrightarrow{\mathrm{OB}} = 0 \\ \therefore\ &\overrightarrow{\mathrm{OH}} \cdot \overrightarrow{\mathrm{OA}} = \overrightarrow{\mathrm{OH}} \cdot \overrightarrow{\mathrm{OB}} = 3 \cdots\cdots (*) \end{aligned}$$

これに ① を代入して整理すると

$$9x + 3y = 3x + 4y = 3 \qquad \therefore \quad x = \frac{1}{9},\ y = \frac{2}{3}$$

これと ① より

$$\overrightarrow{\mathrm{OH}} = \boldsymbol{\frac{1}{9}\overrightarrow{\mathrm{OA}} + \frac{2}{3}\overrightarrow{\mathrm{OB}}}$$

別解

点 A，B から対辺に下ろした垂線の足をそれぞれ C，D とすると，$\angle AOB = 60°$ だから

$$OC = OA\cos 60° = \frac{3}{2}$$
$$OD = OB\cos 60° = 1$$

△OAC と直線 BD についてメネラウスの定理を用いると

$$\frac{AD}{OD}\cdot\frac{CH}{AH}\cdot\frac{OB}{BC} = 1 \qquad \therefore\ \frac{2}{1}\cdot\frac{CH}{AH}\cdot\frac{2}{\frac{1}{2}} = 1$$

$$\therefore\ \frac{CH}{AH} = \frac{1}{8}$$

よって，点 H は線分 AC を 8：1 に内分するので

$$\overrightarrow{OH} = \frac{\overrightarrow{OA} + 8\overrightarrow{OC}}{9}$$

ここに $\overrightarrow{OC} = \frac{3}{4}\overrightarrow{OB}$ を代入すると

$$\overrightarrow{OH} = \mathbf{\frac{1}{9}\overrightarrow{OA} + \frac{2}{3}\overrightarrow{OB}}$$

解説

問 1 10 進法表記された数 n が 0 以上 $p-1$ 以下の整数 $a, b, c,$ …… を用いて $n = a\cdot p^3 + b\cdot p^2 + c\cdot p + d + e\cdot p^{-1} + f\cdot p^{-2} + g\cdot p^{-3}$ と表されているとき，p 進法表記にかえると $n = abcd.efg_{(p)}$ となる．この a, b, c, d を求めるときは，n の整数部分を p で割る．具体的には整数部分 $a\cdot p^3 + b\cdot p^2 + c\cdot p + d$ を p で割ると商が $a\cdot p^2 + b\cdot p + c$，余りが d となる．この商を p で割ると商が $a\cdot p + b$，余りが c となる．この商を p で割ると商が a，余りが b となる．この商を p で割ると商が 0 で余りが a となる．これで作業が終了し，これらの余りを順に右から並べると $abcd_{(p)}$ が得られる．次に e, f, g を求めるときは，n の小数部分に p を掛ける．具体的には小数部分 $e\cdot p^{-1} + f\cdot p^{-2} + g\cdot p^{-3}$ に p を掛けると整数部分は e で小数部分は $f\cdot p^{-1} + g\cdot p^{-2}$ となる．この小数部分に p を掛けると整数部分は f で小数部分は $g\cdot p^{-1}$ となる．この小数部分に p をかけると整数部分は g となり作業が終了する．これらの整数部分を左から並べると $0.efg_{(p)}$ が得られる．

p 進法でも $abc_{(p)}$ に $10_{(p)}, 100_{(p)}, \cdots$ などを掛けると $abc0_{(p)}, abc00_{(p)}\cdots$ になる．さらに $0.1_{(p)}, 0.01_{(p)}\cdots$ 等をかけると $ab.c_{(p)}, a.bc_{(p)}, \cdots$ になる．これを用いて本解答は計算を行った．筆算で計算してもよい．以下に示す．

一般に $a\cdot 2^{2n+1}+b\cdot 2^{2n}=(2a+b)\cdot 4^n$ となるので，2 進法の 4 桁の数 $abcd_{(2)}$ は 4 進法の 2 桁の数 $(2a+b)(2c+d)_{(4)}$ と変形できる．これと同様の操作を次の下線部に対して行うと 2 進法から 4 進法にかえることができる．$\underline{10}\ \underline{00}\ \underline{11}\,.\,\underline{11}\ \underline{01}\ \underline{11}_{(2)}=203.313_{(4)}$ となる．本解答は 2 進法で行った積の結果を 4 進法にかえたが，最初から 4 進法にかえてから積を行ってもよい．その場合は $110.11_{(2)}=12.3_{(4)}$，$101.0101_{(2)}=11.11_{(4)}$ として $12.3_{(4)}\times 11.11_{(4)}=203.313_{(4)}$ とする．掛け算は筆算を行った．

この計算はすべて 2 進法である．この計算はすべて 4 進法である．

$$
\begin{array}{rr}
 & 110.11 \\
\times & 101.0101 \\
\hline
 & 11011 \\
 & 11011 \\
 & 11011 \\
 & 11011 \\
\hline
 & 100011.110111
\end{array}
\qquad
\begin{array}{rr}
 & 12.3 \\
\times & 11.11 \\
\hline
 & 123 \\
 & 123 \\
 & 123 \\
 & 123 \\
\hline
 & 203.313
\end{array}
$$

問 2 は基本的な問題集でも扱っている内容であるが，そのときは「$\overrightarrow{\mathrm{OH}}=x\overrightarrow{\mathrm{OA}}+y\overrightarrow{\mathrm{OB}}\cdots(*)$ と表すとき実数 x, y を求めよ」となっていることが多い．外心，垂心である条件をベクトルで表現するときは，大きさや内積を用いるので，$(*)$ の形を設定しないとこの条件を動かすことができない．本問が外心を P として $\overrightarrow{\mathrm{OP}}$ を $\overrightarrow{\mathrm{OA}}$, $\overrightarrow{\mathrm{OB}}$ で表す問題であれば，本解答と同様に $\overrightarrow{\mathrm{OP}}$ を設定し，$|\overrightarrow{\mathrm{OP}}|=|\overrightarrow{\mathrm{OP}}-\overrightarrow{\mathrm{OA}}|=|\overrightarrow{\mathrm{OP}}-\overrightarrow{\mathrm{OB}}|$ の計算を行うか，OA，OB の中点をそれぞれ M，N として $\overrightarrow{\mathrm{OA}}\cdot\overrightarrow{\mathrm{PM}}=\overrightarrow{\mathrm{OB}}\cdot\overrightarrow{\mathrm{PN}}=0$ の計算を行う．

$(*)$ は次のように導いてもよい．頂点 A，B から対辺に下ろした垂線の足をそれぞれ C，D とする．

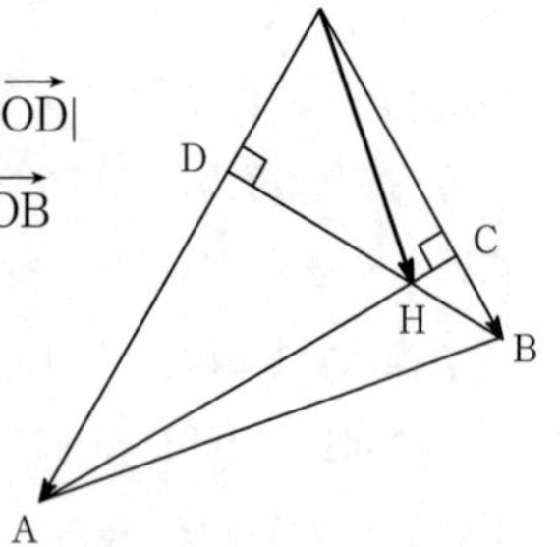

$$\overrightarrow{\mathrm{OA}}\cdot\overrightarrow{\mathrm{OH}}=|\overrightarrow{\mathrm{OA}}||\overrightarrow{\mathrm{OH}}|\cos\angle\mathrm{AOH}=|\overrightarrow{\mathrm{OA}}||\overrightarrow{\mathrm{OD}}|$$
$$=|\overrightarrow{\mathrm{OA}}||\overrightarrow{\mathrm{OB}}|\cos\angle\mathrm{AOB}=\overrightarrow{\mathrm{OA}}\cdot\overrightarrow{\mathrm{OB}}$$
$$\therefore\quad \overrightarrow{\mathrm{OA}}\cdot\overrightarrow{\mathrm{OH}}=\overrightarrow{\mathrm{OA}}\cdot\overrightarrow{\mathrm{OB}}$$

同様に　$\overrightarrow{\mathrm{OB}}\cdot\overrightarrow{\mathrm{OH}}=\overrightarrow{\mathrm{OA}}\cdot\overrightarrow{\mathrm{OB}}$

これで $(*)$ を導ける．

2

$$x^2-\frac{1}{2}x-\frac{1}{2}=(x-1)\left(x+\frac{1}{2}\right)$$

求める定積分の値は右図の斜線部の面積に等しい.

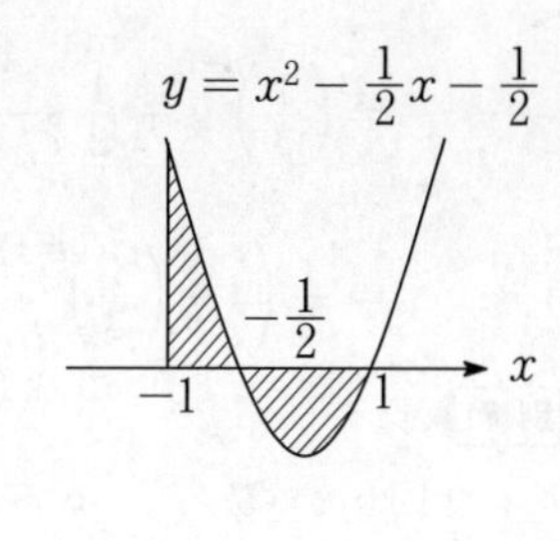

$$\begin{aligned}
(\text{与式})&=\int_{-1}^{1}\left(x^2-\frac{1}{2}x-\frac{1}{2}\right)dx\\
&\quad+2\int_{-\frac{1}{2}}^{1}\left(-(x-1)\left(x+\frac{1}{2}\right)\right)dx\\
&=2\int_0^1\left(x^2-\frac{1}{2}\right)dx+2\cdot\frac{1}{6}\left(1+\frac{1}{2}\right)^3\\
&=2\left[\frac{1}{3}x^3-\frac{1}{2}x\right]_0^1+\frac{9}{8}\\
&=\boldsymbol{\frac{19}{24}}
\end{aligned}$$

解説

本解答は $\int_\alpha^\beta(x-\alpha)(x-\beta)dx=-\frac{1}{6}(\beta-\alpha)^3$ と n を 0 以上の整数として $\int_{-a}^{a}x^{2n}dx=2\int_0^a x^{2n}dx$, $\int_{-a}^{a}x^{2n+1}dx=0$ であることが利用できるように工夫をした. $f(x)=x^2-\frac{1}{2}x-\frac{1}{2}$ とし, 2つの斜線部の面積を左から S_1, S_2 とすると, $\int_{-1}^{1}f(x)dx=S_1+(-S_2)$ となる. これに $2S_2$ を加えると求める定積分の値になるとしたのが本解答である.

本解答のような工夫ができなくても $\int_{-1}^{-\frac{1}{2}}f(x)dx-\int_{-\frac{1}{2}}^{1}f(x)dx$ の計算を丁寧に行い結果をあわせてもらいたい.

3

k を 2 以上の整数とし, k 番目の箱を B_k とする. 求める確率 p_n は B_1 と B_n から同じ色の玉を取り出す確率であり, その玉が B_k にあった玉である確率を q_k とすると,

$$q_1=\left(\frac{1}{3}\right)^{n-1},\quad q_k=\left(\frac{1}{3}\right)^{n-k+1}\ (k\geqq 2)$$

ゆえに B_n から B_1 から取り出した玉と同じ色の玉を取り出す確率 p_n は,

$$\begin{aligned}
p_n&=\sum_{k=1}^{n}q_k=\left(\frac{1}{3}\right)^{n-1}+\sum_{k=2}^{n}q_k\\
&=\left(\frac{1}{3}\right)^{n-1}+\sum_{k=2}^{n}\left(\frac{1}{3}\right)^{n-k+1}\\
&=\left(\frac{1}{3}\right)^{n-1}+\left(\left(\frac{1}{3}\right)^{n-1}+\left(\frac{1}{3}\right)^{n-2}+\cdots+\left(\frac{1}{3}\right)^{2}+\left(\frac{1}{3}\right)^{1}\right)
\end{aligned}$$

$$=\left(\frac{1}{3}\right)^{n-1}+\frac{1}{3}\cdot\frac{1-\left(\frac{1}{3}\right)^{n-1}}{1-\frac{1}{3}}$$

$$=\boldsymbol{\frac{1}{2}\left(1+\left(\frac{1}{3}\right)^{n-1}\right)}$$

別解1

k を2以上の整数とし，k 番目の箱を B_k とする．事象 E_k を

E_k：B_1 と B_k から同じ色の玉を取り出す

とすれば求める確率は $p_n=P(E_n)$ である．

B_k から取り出した玉と同じ色の玉を B_{k+1} から取り出す確率は $\frac{2}{3}$……①
異なる色の玉を B_{k+1} から取り出す確率は $\frac{1}{3}$……② である．

E_k の余事象を $\overline{E_k}$ とする．E_{k+1} が起こるのは次のいずれか．

（イ）B_1，B_k，B_{k+1} から同じ色の玉を取り出す
（ロ）B_1，B_k，B_{k+1} のうち B_k のみから異なる色の玉を取り出す

（イ）の確率は，① より

$$P(E_k)\cdot\frac{2}{3}=\frac{2}{3}p_k$$

（ロ）の確率は，② より

$$P(\overline{E_k})\cdot\frac{1}{3}=\frac{1}{3}(1-p_k)$$

（イ），（ロ）は互いに排反だから

$$p_{k+1}=\frac{2}{3}p_k+\frac{1}{3}(1-p_k)=\frac{1}{3}p_k+\frac{1}{3}$$

$$\therefore\ p_{k+1}-\frac{1}{2}=\frac{1}{3}\left(p_k-\frac{1}{2}\right)\cdots\cdots③$$

$p_2=\frac{2}{3}$ および ③ より，

$$p_k-\frac{1}{2}=\left(\frac{1}{3}\right)^{k-2}\left(p_2-\frac{1}{2}\right)=\left(\frac{1}{3}\right)^{k-2}\left(\frac{2}{3}-\frac{1}{2}\right)=\frac{1}{2}\left(\frac{1}{3}\right)^{k-1}$$

$$\therefore\ p_k=\frac{1}{2}+\frac{1}{2}\left(\frac{1}{3}\right)^{k-1}$$

ゆえに答えは，

$$p_n = \frac{1}{2} + \frac{1}{2}\left(\frac{1}{3}\right)^{n-1}$$

別解2

$n = 2$ のとき求める確率は

$$\frac{1}{2}\cdot\frac{2}{3} + \frac{1}{2}\cdot\frac{2}{3} = \frac{2}{3}$$

$n \geqq 3$ のとき

k 番目の箱を B_k とする．最初に赤玉を取り出したときを考える．B_2 が赤玉 2 個，白玉 1 個である状態が最初と考え，再スタートして $B_k (k \geqq 2)$ が赤玉 2 個，白玉 1 個である確率を a_k とすると，赤玉 1 個，白玉 2 個である確率は $1 - a_k$ である．B_k から B_{k+1} への操作を考えると

$$a_{k+1} = \frac{2}{3}a_k + \frac{1}{3}(1 - a_k) \qquad \therefore \quad a_{k+1} = \frac{1}{3}a_k + \frac{1}{3}$$

$$a_{k+1} - \frac{1}{2} = \frac{1}{3}\left(a_k - \frac{1}{2}\right)$$

$a_2 = 1$ だから

$$a_n - \frac{1}{2} = \left(a_2 - \frac{1}{2}\right)\left(\frac{1}{3}\right)^{n-2} \qquad \therefore \quad a_n = \frac{1}{2}\left(\frac{1}{3}\right)^{n-2} + \frac{1}{2}$$

最後に，B_1 が赤玉 1 個，白玉 1 個となる確率は，最初に赤玉を取り出す確率と最後に赤玉を取り出す確率を考えて

$$\frac{1}{2}\left(a_n\cdot\frac{2}{3} + (1 - a_n)\cdot\frac{1}{3}\right)$$
$$= \frac{1}{2}\left(\frac{1}{3}a_n + \frac{1}{3}\right) = \frac{1}{2}a_{n+1}$$
$$= \frac{1}{4}\left(\frac{1}{3}\right)^{n-1} + \frac{1}{4} \cdots\cdots ①$$

最初に白玉を取り出すときも同様だから，求める確率は ① の 2 倍より

$$\boldsymbol{\frac{1}{2}\left(\frac{1}{3}\right)^{n-1} + \frac{1}{2}}$$

(これは $n = 2$ のときも正しい)

解説

解答を 3 つ示した．本解答は，最後に取り出される玉が元々どこの箱に入っていたものであるかに注目した方法である．別解 1 の解答は，最初に取り出した玉と同色である玉を取り出すか否かに注目した方法である．別解 2 の解答は，箱の状態がどうであるかに注目した方法である．すべて重要である．

本解答と同様に B_k を定めると，B_1 にあった玉を最後に取り出すのは，その玉を B_1

から移動し続けるときである．その確率は 1 回目の移動は任意で，2 回目以降の移動の確率を考えて $\left(\frac{1}{3}\right)^{n-1}$ である．B_2 にあった玉を最後に取り出すのは，1 回目の移動の玉と同色の玉で B_2 にある玉を最後まで移動し続けるときである．その確率は移動回数が $n-1$ 回だから $\left(\frac{1}{3}\right)^{n-1}$ である．同様に B_3 の玉で 1 回目と同色であるものを最後に取り出す確率は $\left(\frac{1}{3}\right)^{n-2}$ である．以下同様にして，これらの確率の総和を求めればよい．

別解 1 は，1 回目と同色をとるか否かの行為に注目するので，B_n から玉を取り出すとき，同色が 1 個入っているのか 2 個入っているのかを決めておかないといけない．ということは $n-1$ 回目の移動の状況を確定しておかないといけないので，漸化式の利用に気がつける．本問において n は定数であるから，漸化式の立式には k を用いる．k 回目の移動が確率 p_k で同色を移動させているなら同色は 2 個，確率 $1-p_k$ で異色を移動させているなら同色は 1 個である．したがって，$k+1$ 回目に同色を移動させる確率 p_{k+1} は $p_k \cdot \frac{2}{3}+(1-p_k)\cdot\frac{1}{3}$ となる．

別解 2 は，最初に赤を取り出したとき，B_n に赤玉は何個入っているのかを求めたいと考える方針である．最初に赤玉を取り出した状態を再スタート地点とし，箱の状態の推移を追うのでこれも漸化式の利用となる．

4

直線 OP，FQ は平行な 2 平面上にあるので交わらない．さらにこの 2 直線は同一平面上にある．同一平面上にある交わらない 2 直線だからこれらは平行である．同様に 2 直線 OQ，FP も平行であるから，四角形 OPFQ は平行四辺形である．そこで

$\overrightarrow{OP}=(1,\ 0,\ p)\ (0 \leqq p \leqq 3)$ とおくと

$$\overrightarrow{OQ}=\overrightarrow{OF}-\overrightarrow{OP}=(0,\ 2,\ 3-p)$$

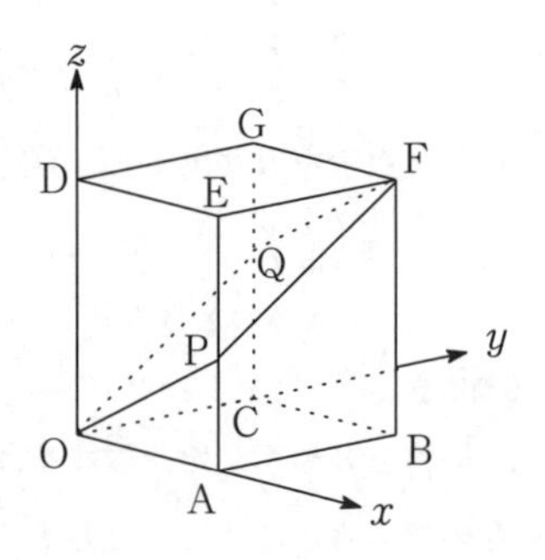

よって，

$$S=2\triangle OPQ=\sqrt{|\overrightarrow{OP}|^2|\overrightarrow{OQ}|^2-\left(\overrightarrow{OP}\cdot\overrightarrow{OQ}\right)^2}$$
$$=\sqrt{(1+p^2)(p^2-6p+13)-(3p-p^2)^2}$$

$$= \sqrt{5p^2 - 6p + 13} = \sqrt{5\left(p - \frac{3}{5}\right)^2 + \frac{56}{5}}$$

$0 \leqq p \leqq 3$ において S が最小となるのは $p = \dfrac{3}{5}$ である．よって

$$\mathbf{P}\left(\mathbf{1,\ 0,\ \frac{3}{5}}\right),\ \mathbf{Q}\left(\mathbf{0,\ 2,\ \frac{12}{5}}\right) \text{ のとき } S \text{ は最小値 } \mathbf{\frac{2\sqrt{70}}{5}} \text{ をとる．}$$

解説

ある平面が平行な 2 平面と交わるとき，その交線は平行となる．これは本解答のように説明がつく．しかし，これに気がつかない場合は次のようにしてもよい．点 Q は平面 OPF 上にあるので実数 α, β を用いて $\overrightarrow{OQ} = \alpha\overrightarrow{OP} + \beta\overrightarrow{OF}$ と表せる．そこで $P(1, 0, p)$ とおくと $\overrightarrow{OQ} = (\alpha + \beta, 2\beta, \alpha p + 3\beta)$ となる．点 Q の x 座標は 0，y 座標は 2 より $\alpha = -1, \beta = 1$ となる．よって，$Q(0, 2, 3 - p)$ であり，$\overrightarrow{OQ} = -\overrightarrow{OP} + \overrightarrow{OF}$ より $\overrightarrow{OF} = \overrightarrow{OP} + \overrightarrow{OQ}$ だから四角形 OPFQ は平行四辺形である．

本解答は $\triangle$OPQ の面積の 2 倍としたが，$\triangle$OPF の 2 倍とした方が少し計算が楽である．

$$\begin{aligned} S = 2\triangle\mathrm{OPF} &= \sqrt{|\overrightarrow{OF}|^2|\overrightarrow{OP}|^2 - (\overrightarrow{OF}\cdot\overrightarrow{OP})^2} \\ &= \sqrt{14(1 + p^2) - (3p + 1)^2} = \sqrt{5p^2 - 6p + 13} \\ &= \sqrt{5\left(p - \frac{3}{5}\right)^2 + \frac{56}{5}} \end{aligned}$$

対角線 PQ と OF はそれぞれの中点で交わるから，

$$\frac{1}{2}(\overrightarrow{OP} + \overrightarrow{OQ}) = \frac{1}{2}\overrightarrow{OF}$$

$$\therefore\ \overrightarrow{OQ} = \overrightarrow{OF} - \overrightarrow{OP} = (1,\ 2,\ 3) - \left(1,\ 0,\ \frac{3}{5}\right) = \left(0,\ 2,\ \frac{12}{5}\right)$$

とすれば点 Q の座標は求められる．

5

$f(p) = p^4 + 14$ とする．

$f(3) = 95 = 5 \cdot 19$ は素数ではない．

$p \neq 3$ のとき p は素数だから 3 の倍数ではない．よって，$\bmod 3$ として $p \equiv \pm 1$ とかける．

このとき

$$f(p) \equiv f(\pm 1) \equiv 15 \equiv 0$$

これより，$f(p)$ は3より大きい3の倍数だから素数でない．

したがって，p が素数のとき $f(p)$ は素数でない．　**（証明終わり）**

解説

素数とは正の約数が2個である自然数である．つまり $2, 3, 5, 7, \cdots$ である．これらは2以外はすべて奇数であり，3以外は3で割ると1または2余り，5以上は6で割ると1または5余る．これ以外にも見る視点をかえれば他の性質もいえる．素数でないことを示すというのは，2より大きい偶数であることを示したり，3より大きい3の倍数であることを示したり，… などか，1または合成数であることを示す．合成数とは2以上の整数 m, n を用いて mn とかける数のことである．この方針なら因数分解を試みる．p^4+14 が整数の範囲で因数分解できるときは，例えば次のように式全体が $(\quad)^2-(\quad)^2$ と変形できるときである．

$$n^4+4=(n^2+2)^2-4n^2=(n^2+2n+2)(n^2-2n+2)$$

本問はこの方針ではない．前者の方針なら，式や値を偶奇の目でみたり，3の剰余で場合分けをしたりすることになる．

p が3でない素数のとき，p^4+14 が3より大きい3の倍数となり素数でないことを次のように示してもよい．

$$p^4+14=(p^2-1)(p^2+1)+15$$

連続3整数 $p^2-1,\ p^2,\ p^2+1$ のうちどれか1つは3の倍数である．p^2 は3の倍数ではないから $p^2-1,\ p^2+1$ のどちらかが3の倍数になる．15も3の倍数だから p^4+14 は3より大きい3の倍数となり素数ではない．

本解答以外では mod 5 でみることもできる．$f(5)=639=3^2\cdot 71$ は素数でない．以下 mod 5 とする．$p \neq 5$ のとき $p\equiv \pm 1, \pm 2$ である．

$p\equiv\pm1$ のとき $f(p)\equiv f(\pm1)=15\equiv 0$

$p\equiv\pm2$ のとき $f(p)\equiv f(\pm2)=30\equiv 0$

よって，$f(p)$ は5より大きい5の倍数となるので素数ではない．

したがって，p が素数のとき $f(p)$ は素数ではない．

注意をしておきたいのは本解答は合同式を用いたが，$\bigcirc^{\triangle}$ の剰余を考えるときにはあまりいい姿勢ではない．例えば偶奇で n^4 を見た場合，mod 2 として $n\equiv 0, 1$ のとき $n^4\equiv 0, 1$ ということしか分からない．しかし，これを $n=2k+r\ (r=0, 1)$ とお

いて n^4 に代入すると

$$\underbrace{(2k)^4+4\cdot(2k)^3\cdot r+6\cdot(2k)^2\cdot r^2+4\cdot 2k\cdot r^3}_{8\text{ の倍数}}+r^4\ (r^4=0,\ 1)$$

となるので n^4 を 8 で割った余りは 0 または 1 となることが分かる．合同式なら偶数の 4 乗は偶数，奇数の 4 乗は奇数という当たり前の情報しか得られないが，後者の方法なら 8 で割った余りが得られる．得られる情報のランクが上がるので解ける幅も広がる．合同式は 3 以外の無限個の素数が ±1 の有限個になり便利であるが，解ける幅が狭いことは認識しておいて欲しい．

2020
年

解答・解説

曲線 C は

$x \geqq 0$ のとき　$y = x^2 - 3x + 1$

$x < 0$ のとき　$y = -x^2 - 3x + 1$

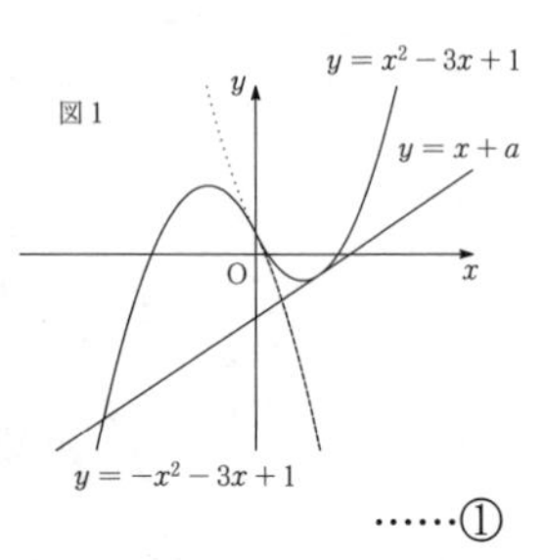

だから図1のとおり．a は負であるから ℓ と C が接するのは，グラフより ℓ と曲線 $y = x^2 - 3x + 1$ が接するときである．2式より y を消去し整理すると

$$x^2 - 4x + 1 - a = 0 \quad \cdots\cdots①$$

これが重解をもつので判別式を D とすると

$$D/4 = 2^2 - (1 - a) = 0 \qquad \therefore \boldsymbol{a = -3}$$

このとき ① の解は $x = 2$ である．

$y = x - 3$ と $y = -x^2 - 3x + 1 (x < 0)$ の交点の x 座標は

$$-x^2 - 3x + 1 = x - 3 \quad つまり \quad x^2 + 4x - 4 = 0 \quad \cdots\cdots(*)$$

より $x = -2 - 2\sqrt{2}$ である．

題意の領域は図2である．これを図3のように分割して面積を求めると

$$\int_{-2-2\sqrt{2}}^{0} \{(-x^2 - 3x + 1) - (x - 3)\} dx + \int_0^2 \{(x^2 - 3x + 1) - (x - 3)\} dx$$

$$= \int_{-2-2\sqrt{2}}^{0} \{-(x + 2)^2 + 8\} dx + \int_0^2 (x - 2)^2 dx$$

$$= \left[-\frac{1}{3}(x + 2)^3 + 8x \right]_{-2-2\sqrt{2}}^{0} + \left[\frac{1}{3}(x - 2)^3 \right]_0^2$$

$$= \boldsymbol{\frac{32}{3}\sqrt{2} + 16}$$

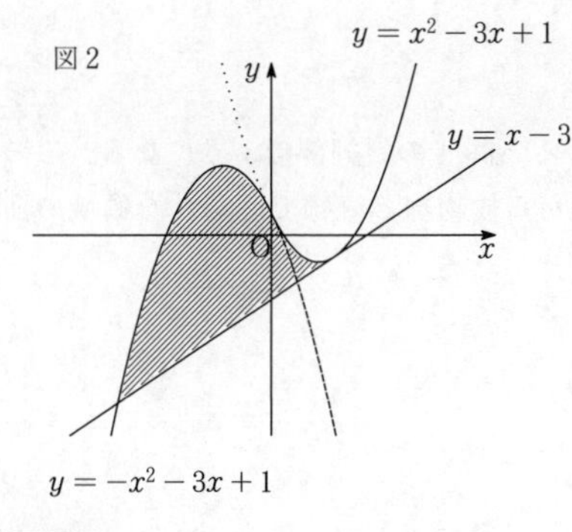

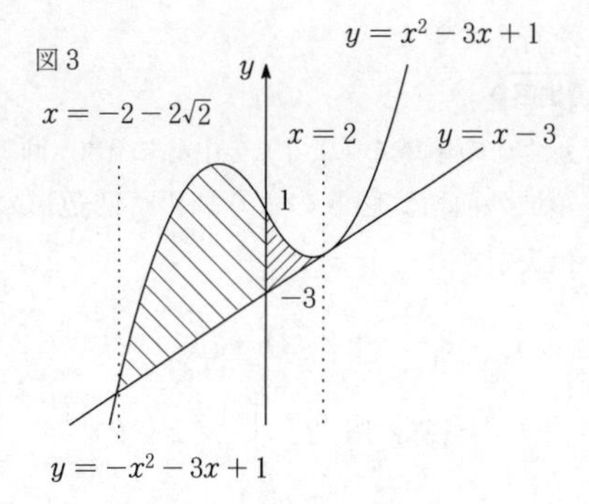

解説

a の値を決定するときに，放物線 $y=x^2-3x+1$ ……② と直線 $y=x+a$ ……③ が接する条件を解答では連立し判別式を考えたが，微分を用いて次のようにすることもできる．

別解

② より　$y'=2x-3$

これが ③ の傾き 1 と等しくなる ② 上の点は $2x-3=1$ より $(2,\ -1)$ である．これが ②，③ が接するときの接点だから ③ に代入して

$$-1=2+a \quad \therefore a=-3$$

⋮

また以下の定積分

$$\int_{-2-2\sqrt{2}}^{0}\{(-x^2-3x+1)-(x-3)\}\,dx=-\int_{-2-2\sqrt{2}}^{0}(x^2+4x-4)\,dx$$

の計算について，解答では平方完成を行ってから積分をした．それは $-2-2\sqrt{2}$ が (∗) において解の公式を用いて求めた値であるからである．もともと解の公式は平方完成を行い導いている．(∗) より

$$(x+2)^2-8=0 \quad \therefore (x+2)^2=8 \quad \therefore x+2=\pm 2\sqrt{2}$$

この作業の途中経過を省略しているのが解の公式である．だからこのような値を代入する場合は平方完成した形で計算すると煩雑にならない．

面積の計算は $y=x^2-3x+1$ と $y=-x^2-3x+1$ のグラフは $(0,\ 1)$ に関して対称であることを利用してもよい．対称性は $y=x^2-3x$ と $y=-x^2-3x$ のグラフが原点に関して対称で，これらを y 軸方向に 1 だけ平行移動したグラフであることから分かるであろう．また両者の x^2 の係数の絶対値が等しいのである点に関して対称な放物線である．各々平方完成し頂点を求めると $\left(\frac{3}{2},\ -\frac{5}{4}\right),\left(-\frac{3}{2},\ \frac{13}{4}\right)$ となり，これらの中点の $(0,\ 1)$ が対称の中心であることが分かる．これを利用して計算

を行ってもよい．

別解

$x \leqq 0$ の領域を $(0,\,1)$ を中心に $180°$ 回転させると図 4 の斜線部のようになる．この領域の面積は図 5 のように平行四辺形の面積から放物線と直線で囲まれた領域の面積を引くと

$$
\begin{aligned}
&8\cdot(2+2\sqrt{2})-\int_2^{2+2\sqrt{2}}(x-2)^2dx\\
=&16+16\sqrt{2}-\left[\frac{1}{3}(x-2)^3\right]_2^{2+2\sqrt{2}}\\
=&16+16\sqrt{2}-\frac{1}{3}(2\sqrt{2})^3\\
=&16+\frac{32}{3}\sqrt{2}
\end{aligned}
$$

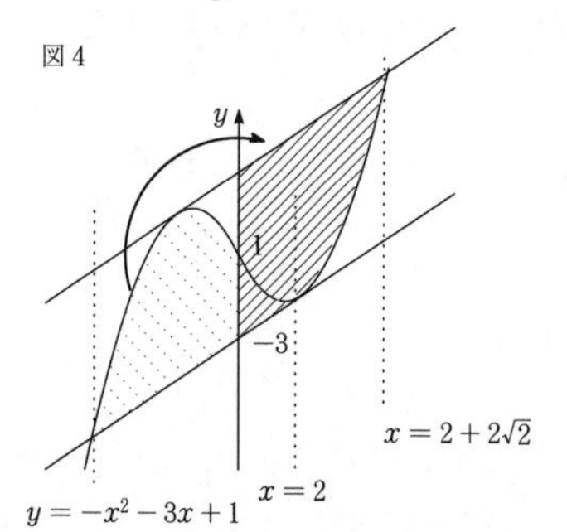

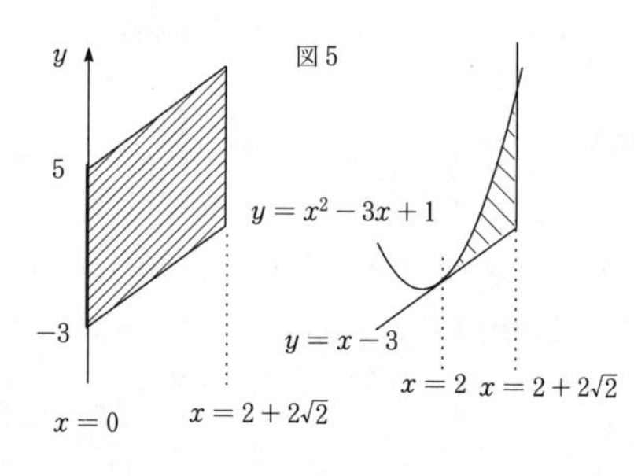

2

求める 2 次関数を $f(x)=ax^2+bx+c\ (a \fallingdotseq 0)$ とし $g(x)=x^2$ とする．
$y=f(x),\ y=g(x)$ より y を消去すると

$$ax^2+bx+c=x^2 \qquad \therefore (a-1)x^2+bx+c=0 \qquad \cdots\cdots ①$$

① が異なる 2 実数解をもつことが必要だから判別式を D とすると

$$a \fallingdotseq 1,\quad D=b^2-4(a-1)c>0 \qquad \cdots\cdots ②$$

このもとで ① の 2 解を α,β とすると，2 つの放物線が直交する条件より

$$f'(\alpha)\cdot g'(\alpha)=-1,\quad f'(\beta)\cdot g'(\beta)=-1$$

$$4a\alpha^2+2b\alpha+1=0,\quad 4a\beta^2+2b\beta+1=0$$

α,β は異なる 2 実数だから

$$4ax^2+2bx+1=0 \qquad \cdots\cdots ③$$

の 2 解が α,β である．よって，①，③ の 2 解が一致する．$a \fallingdotseq 0,1$ だから ① の辺々を $a-1$ で割った左辺と ③ の辺々を a で割った左辺は恒等的に一致するので

$$x^2+\frac{b}{a-1}x+\frac{c}{a-1}=x^2+\frac{b}{2a}x+\frac{1}{4a}$$

は x についての恒等式である．係数比較を行い

$$\frac{b}{a-1}=\frac{b}{2a} \quad \cdots\cdots④ \qquad \frac{c}{a-1}=\frac{1}{4a} \quad \cdots\cdots⑤$$

④より $b=0$ または $a=-1$

(i) $b=0$ のとき⑤より $c=\dfrac{a-1}{4a}$

これを②に代入すると $D=-\dfrac{(a-1)^2}{a}>0$ 　$\therefore a<0$

したがって　$f(x)=ax^2+\dfrac{a-1}{4a}\ (a<0)$

(ii) $a=-1$ のとき⑤より $c=\dfrac{1}{2}$

これを②に代入すると $D=b^2+4>0$ 　$\therefore b$ は任意の実数

したがって $f(x)=-x^2+bx+\dfrac{1}{2}$ (b は任意の実数)

以上より求める2次関数は

$$\boldsymbol{y=ax^2+\frac{a-1}{4a}\ (a<0)} \textbf{ または } \boldsymbol{y=-x^2+bx+\frac{1}{2}} \textbf{ (}\boldsymbol{b}\textbf{ は任意の実数)}$$

解説

解答のポイントは異なる α, β が

$$4a\alpha^2+2b\alpha+1=0\cdots\cdots⑥, \qquad 4a\beta^2+2b\beta+1=0\cdots\cdots⑦$$

をみたすとき $4ax^2+2bx+1=0$ の2解が α, β ということである．このとき必ず「異なる」ということを強調して欲しい．というのは $\alpha=\beta$ の可能性があるならこのようなことは言えないからである．例えば1と1は $x^2-1=0$ をみたすが $x^2-1=0$ の2解が1，1(つまり重解)とは言えない．

2つの2次方程式の2解が一致すると分かっても，単純に係数比較してはいけない．例えば $x^2-1=0$ と $-2x^2+2=0$ の2解は一致するが左辺は一致しない．安全策は x^2 の係数は0でないので，これで辺々を割って x^2 の係数を1にすることである．

解答のようにできない場合は以下のように解いてもよい．一般に $f(\alpha,\beta)=0,\ f(\beta,\alpha)=0$ 型の連立方程式に行う作業は辺々を加減することである．まず辺々を引くと $\beta-\alpha$ でくくれるので次数が下がり扱いやすくなる．これだけで解決できないときは辺々を加えて α, β の対称式を作り，$\alpha+\beta,\ \alpha\beta$ の連立方程式に変形する．

別解

⑥−⑦より

$$4a(\alpha-\beta)(\alpha+\beta)+2b(\alpha-\beta)=0$$

$\alpha \fallingdotseq \beta$ だから辺々を $\alpha-\beta$ で割ると $a \fallingdotseq 0$ より

$$\alpha+\beta=-\frac{b}{2a} \qquad \cdots\cdots⑧$$

⑥+⑦ より

$$4a(\alpha^2+\beta^2)+2b(\alpha+\beta)+2=0$$

$\alpha^2+\beta^2=(\alpha+\beta)^2-2\alpha\beta$ と ⑧ を用いて変形すると

$$\alpha\beta=\frac{1}{4a} \qquad \cdots\cdots⑨$$

① において解と係数の関係より

$$\alpha+\beta=-\frac{b}{a-1}, \quad \alpha\beta=\frac{c}{a-1}$$

これと ⑧, ⑨ を連立すると ④, ⑤ が得られる.

⋮

3

ある整数 m, n に対して $f(m, n)$ が 16 で割り切れるとする. mod 2 として $a\equiv 1$ だから $f(m, n)\equiv mn^2+m^2+n^2$ である.（以下 mod 2 は省略する）

$(m, n)\equiv(0, 0)$ のとき　$f(m, n)\equiv 0$

$(m, n)\equiv(1, 0)$ のとき　$f(m, n)\equiv 1$

$(m, n)\equiv(0, 1)$ のとき　$f(m, n)\equiv 1$

$(m, n)\equiv(1, 1)$ のとき　$f(m, n)\equiv 1$

$f(m, n)$ が 16 で割り切れるので $f(m, n)\equiv 0$ であるから $(m, n)\equiv(0, 0)$ である.

よって整数 k, l を用いて $m=2k, n=2l$ と表せるので

$$f(m, n)=4(2kl^2+ak^2+l^2+2)$$

$$\therefore \frac{f(m, n)}{4}=2kl^2+ak^2+l^2+2\ (=g(k, l)\ とおく)$$

$f(m, n)$ は 16 で割り切れるので $g(k, l)$ は 4 で割り切れる. $g(k, l)\equiv k^2+l^2$ であるから

$(k, l)\equiv(0, 0)$ のとき　$g(k, l)\equiv 0$

$(k, l)\equiv(1, 0)$ のとき　$g(k, l)\equiv 1$

$(k, l)\equiv(0, 1)$ のとき　$g(k, l)\equiv 1$

$(k, l)\equiv(1, 1)$ のとき　$g(k, l)\equiv 0$

$g(k, l)$ は 4 で割り切れるので $g(k, l)\equiv 0$ であるから $(k, l)\equiv(0, 0)$ または $(1, 1)$ のいずれかである.

$(k, l)\equiv(0, 0)$ とすると整数 p, q を用いて $k=2p, l=2q$ と表され, このとき

$$g(k, l)=4(4pq^2+ap^2+q^2)+2$$

となり 4 で割り切れない. したがって $(k, l)\equiv(1, 1)$ だから整数 b, c を用いて

$k=2b+1,\ l=2c+1$ と表される．このとき

$$g(k,\ l)=4(4bc^2+4bc+b+3c^2+3c+ab^2+ab+1)+a+1$$

これが4で割り切れるので $a+1$ は4で割り切れる数である．
逆にこのとき $f(2,\ 2)=16+4(a+1)$ は16で割り切れるので，$f(m,\ n)$ が16で割り切れる整数の組 $(m,\ n)$ が存在する．
したがって，求める a の条件は

4で割ると3余る数

解説

解答の書き方に気をつけて欲しい．解答の流れを確認しよう．「$f(m,\ n)$ が16で割り切れるような整数 $m,\ n$ が存在する」ならば $m,\ n$ はどのような形でないといけないかを絞る．そして絞られた形ならば a はどのような形でないといけないかを決定する．ここまでは「存在する」ならば分かったことなので必要条件である．後は逆に実際に存在するかどうかを確認する十分性のチェックが残っている．このチェックを終了して解答終了である．どのような形なのかは，わざわざ問題文に「a は奇数」と書いてあり，「16で割り切れる」ことを考えるので，偶奇に着目することは分かるであろう．

ここで大切なことは，例えば偶数と分かったら $2k$ 等の設定を行うことである．文字を増やすことを嫌がる，もしくは怖がる受験生が多いが，分かったことをきちんと表現しないと新しい情報が得られない．感覚的に表現すると，分かったことを文字で表現し，式に代入すると分かったことが式から「落ちて」それ以外からまた新しい情報が得られる．

最後に代入した $m=n=2$ はどのように見つけたのか．解答の議論は $m=2k,\ n=2l$ とおいた後 $k=2b+1,\ l=2c+1$ とおいたので，$m=4b+2,\ n=4c+2$ という形をしていることが分かる．つまり $m,\ n$ は4で割って2余る数だから，その具体例として $m=n=2$ を選んだ．

4

条件より

$$\cos\angle \mathrm{AOB}=\frac{\overrightarrow{\mathrm{OA}}\cdot\overrightarrow{\mathrm{OB}}}{|\overrightarrow{\mathrm{OA}}||\overrightarrow{\mathrm{OB}}|}=\frac{1}{2}\qquad \therefore \angle \mathrm{AOB}=60^\circ$$

同様に

$$\cos\angle \mathrm{AOC}=\cos\angle \mathrm{BOC}=-\frac{\sqrt{6}}{4}>-\frac{\sqrt{3}}{2}\qquad \therefore \angle \mathrm{AOC}=\angle \mathrm{BOC}<150^\circ$$

よって $\angle \mathrm{AOB}+\angle \mathrm{AOC}+\angle \mathrm{BOC}<360^\circ$ であるから，$\overrightarrow{\mathrm{OA}},\ \overrightarrow{\mathrm{OB}},\ \overrightarrow{\mathrm{OC}}$ が同一平面上にあることはなく1次独立である．したがって，実数 $x,\ y,\ z$ を用いて

$$\overrightarrow{\mathrm{OD}}=x\overrightarrow{\mathrm{OA}}+y\overrightarrow{\mathrm{OB}}+z\overrightarrow{\mathrm{OC}} \quad \cdots\cdots①$$

と表せる．$\overrightarrow{\mathrm{OA}}\cdot\overrightarrow{\mathrm{OD}}=\overrightarrow{\mathrm{OB}}\cdot\overrightarrow{\mathrm{OD}}=k$, $\overrightarrow{\mathrm{OC}}\cdot\overrightarrow{\mathrm{OD}}=\frac{1}{2}$, $|\overrightarrow{\mathrm{OD}}|=1$ に ① を代入して整理すると

$$\begin{cases} x+\frac{1}{2}y-\frac{\sqrt{6}}{4}z=k & \cdots\cdots② \\ \frac{1}{2}x+y-\frac{\sqrt{6}}{4}z=k & \cdots\cdots③ \\ -\frac{\sqrt{6}}{4}x-\frac{\sqrt{6}}{4}y+z=\frac{1}{2} & \cdots\cdots④ \\ x^2+y^2+z^2+xy-\frac{\sqrt{6}}{2}yz-\frac{\sqrt{6}}{2}zx=1 & \cdots\cdots⑤ \end{cases}$$

②−③ より $x=y$ となり，このとき ④，⑤ は

$$z=\frac{1+\sqrt{6}x}{2},\quad 3x^2-\sqrt{6}xz+z^2=1$$

これらを連立すると

$$(x,\ y,\ z)=\left(\pm\frac{1}{\sqrt{2}},\ \pm\frac{1}{\sqrt{2}},\ \frac{1\pm\sqrt{3}}{2}\right)$$

これを ② に代入し $k>0$ となるものを求めて

$$k=\boldsymbol{\frac{3\sqrt{2}-\sqrt{6}}{8}}$$

別解1

AB の中点を M とすると $\overrightarrow{\mathrm{OM}}=\frac{\overrightarrow{\mathrm{OA}}+\overrightarrow{\mathrm{OB}}}{2}$ である．条件より

$$\overrightarrow{\mathrm{OC}}\cdot\overrightarrow{\mathrm{AB}}=\overrightarrow{\mathrm{OC}}\cdot(\overrightarrow{\mathrm{OB}}-\overrightarrow{\mathrm{OA}})=-\frac{\sqrt{6}}{4}+\frac{\sqrt{6}}{4}=0$$

$$\overrightarrow{\mathrm{OD}}\cdot\overrightarrow{\mathrm{AB}}=\overrightarrow{\mathrm{OD}}\cdot(\overrightarrow{\mathrm{OB}}-\overrightarrow{\mathrm{OA}})=k-k=0$$

$$\overrightarrow{\mathrm{OM}}\cdot\overrightarrow{\mathrm{AB}}=\frac{\overrightarrow{\mathrm{OA}}+\overrightarrow{\mathrm{OB}}}{2}\cdot(\overrightarrow{\mathrm{OB}}-\overrightarrow{\mathrm{OA}})=\frac{1-1}{2}=0$$

となるので 3 点 C，D，M は O を通り $\overrightarrow{\mathrm{AB}}$ に垂直な平面上にある．

$$|\overrightarrow{\mathrm{OM}}|^2=\left|\frac{\overrightarrow{\mathrm{OA}}+\overrightarrow{\mathrm{OB}}}{2}\right|^2=\frac{1+2\cdot\frac{1}{2}+1}{4}=\frac{3}{4}\qquad \therefore |\overrightarrow{\mathrm{OM}}|=\frac{\sqrt{3}}{2}$$

$$\overrightarrow{\mathrm{OM}}\cdot\overrightarrow{\mathrm{OC}}=\frac{\overrightarrow{\mathrm{OA}}+\overrightarrow{\mathrm{OB}}}{2}\cdot\overrightarrow{\mathrm{OC}}=\frac{-\frac{\sqrt{6}}{4}-\frac{\sqrt{6}}{4}}{2}=-\frac{\sqrt{6}}{4}$$

これらより

$$\cos\angle\mathrm{COM}=\frac{\overrightarrow{\mathrm{OM}}\cdot\overrightarrow{\mathrm{OC}}}{|\overrightarrow{\mathrm{OM}}||\overrightarrow{\mathrm{OC}}|}=-\frac{\sqrt{2}}{2}\qquad \therefore \angle\mathrm{COM}=135^\circ$$

また $\cos\angle\mathrm{COD}=\frac{\overrightarrow{\mathrm{OC}}\cdot\overrightarrow{\mathrm{OD}}}{|\overrightarrow{\mathrm{OC}}||\overrightarrow{\mathrm{OD}}|}=\frac{1}{2}\qquad \therefore \angle\mathrm{COD}=60^\circ$

よって

$$\angle \mathrm{MOD} = 135^\circ - 60^\circ = 75^\circ \text{ または } \angle \mathrm{MOD} = 360^\circ - (135^\circ + 60^\circ) = 165^\circ$$

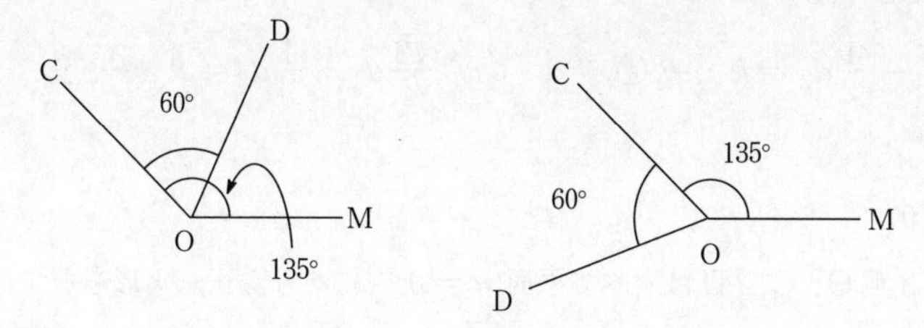

一方 $\overrightarrow{\mathrm{OM}} \cdot \overrightarrow{\mathrm{OD}} = \dfrac{\overrightarrow{\mathrm{OA}} + \overrightarrow{\mathrm{OB}}}{2} \cdot \overrightarrow{\mathrm{OD}} = \dfrac{k+k}{2} = k (> 0)$ であるから $\angle \mathrm{MOD} = 75^\circ$

したがって

$$\begin{aligned} k &= \overrightarrow{\mathrm{OM}} \cdot \overrightarrow{\mathrm{OD}} = |\overrightarrow{\mathrm{OM}}||\overrightarrow{\mathrm{OD}}| \cos 75^\circ \\ &= \frac{\sqrt{3}}{2} \cdot 1 \cdot \cos(45^\circ + 30^\circ) \\ &= \frac{\sqrt{3}}{2}\left(\frac{\sqrt{2}}{2} \cdot \frac{\sqrt{3}}{2} - \frac{\sqrt{2}}{2} \cdot \frac{1}{2}\right) \\ &= \mathbf{\frac{3\sqrt{2} - \sqrt{6}}{8}} \end{aligned}$$

別解2

仮定より xyz 座標系を

$$\mathrm{A}\left(\frac{\sqrt{3}}{2},\ -\frac{1}{2},\ 0\right),\ \mathrm{B}\left(\frac{\sqrt{3}}{2},\ \frac{1}{2},\ 0\right),$$
$$\mathrm{C}(c_1,\ c_2,\ c_3)\ (c_3 > 0),\ \mathrm{D}(d_1,\ d_2,\ d_3)$$

となるように導入する. $\overrightarrow{\mathrm{OA}} \cdot \overrightarrow{\mathrm{OC}} = \overrightarrow{\mathrm{OB}} \cdot \overrightarrow{\mathrm{OC}} = -\dfrac{\sqrt{6}}{4}$ より,

$$\frac{\sqrt{3}}{2}c_1 - \frac{1}{2}c_2 = -\frac{\sqrt{6}}{4} \ \cdots\cdots①, \qquad \frac{\sqrt{3}}{2}c_1 + \frac{1}{2}c_2 = -\frac{\sqrt{6}}{4} \ \cdots\cdots②$$

①, ②より,

$$c_1 = -\frac{\sqrt{2}}{2}, \quad c_2 = 0$$

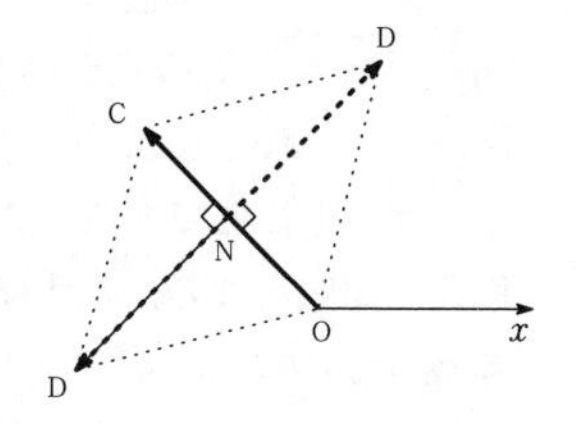

$|\overrightarrow{\mathrm{OC}}| = 1$, $c_3 > 0$ より,

$$\left(-\frac{\sqrt{2}}{2}\right)^2 + {c_3}^2 = 1 \qquad \therefore\ c_3 = \frac{\sqrt{2}}{2}$$

ゆえに,

$$\overrightarrow{\mathrm{OC}} = \left(-\frac{\sqrt{2}}{2},\ 0,\ \frac{\sqrt{2}}{2}\right) \qquad \cdots\cdots③$$

$\overrightarrow{\mathrm{OA}}\cdot\overrightarrow{\mathrm{OD}}=\overrightarrow{\mathrm{OB}}\cdot\overrightarrow{\mathrm{OD}}=k$ より，

$$\frac{\sqrt{3}}{2}d_1-\frac{1}{2}d_2=k\ \cdots\cdots④,\qquad\qquad \frac{\sqrt{3}}{2}d_1+\frac{1}{2}d_2=k\ \cdots\cdots⑤$$

④－⑤より，

$$d_2=0 \qquad\qquad \cdots\cdots⑥$$

③，⑥より3点O，C，Dはすべて平面 $y=0$ 内にあり，正三角形をなす．

線分OCの中点をNとする．$\overrightarrow{\mathrm{ON}}=\left(-\frac{\sqrt{2}}{4},\ 0,\ \frac{\sqrt{2}}{4}\right)$ である．$\overrightarrow{\mathrm{ND}}$ と $\overrightarrow{\mathrm{OC}}$ はどちらも平面 $y=0$ に含まれ，互いに直交する．さらに $|\overrightarrow{\mathrm{ND}}|=\sqrt{3}|\overrightarrow{\mathrm{ON}}|$ だから，

$$\overrightarrow{\mathrm{ND}}=\pm\sqrt{3}\left(\frac{\sqrt{2}}{4},\ 0,\ \frac{\sqrt{2}}{4}\right)$$

と表される．よって，

$$\overrightarrow{\mathrm{OD}}=\overrightarrow{\mathrm{ON}}+\overrightarrow{\mathrm{ND}}=\left(-\frac{\sqrt{2}}{4},\ 0,\ \frac{\sqrt{2}}{4}\right)\pm\sqrt{3}\left(\frac{\sqrt{2}}{4},\ 0,\ \frac{\sqrt{2}}{4}\right)$$

$k=\overrightarrow{\mathrm{OA}}\cdot\overrightarrow{\mathrm{OD}}$ より，

$$\begin{aligned}k&=\left(\frac{\sqrt{3}}{2},\ -\frac{1}{2},\ 0\right)\cdot\left\{\left(-\frac{\sqrt{2}}{4},\ 0,\ \frac{\sqrt{2}}{4}\right)\pm\sqrt{3}\left(\frac{\sqrt{2}}{4},\ 0,\ \frac{\sqrt{2}}{4}\right)\right\}\\&=-\frac{\sqrt{6}}{8}\pm\frac{3\sqrt{2}}{8}\end{aligned}$$

$k>0$ より，

$$k=\boldsymbol{\frac{3\sqrt{2}-\sqrt{6}}{8}}$$

解説

例えば「△OABの垂心をHとするとき，$\overrightarrow{\mathrm{OH}}$ を $\overrightarrow{\mathrm{OA}}, \overrightarrow{\mathrm{OB}}$ で表せ．」という問題を考えて欲しい．垂直という条件を表現するとき内積を利用するであろう．このとき $\overrightarrow{\mathrm{OH}}\cdot\overrightarrow{\mathrm{AB}}=0$ 等の式を動かすときどうすればよいか．このような内積や大きさの条件が与えられたとき，最初の動き出しの最大のポイントは「$\overrightarrow{\mathrm{OH}}=x\overrightarrow{\mathrm{OA}}+y\overrightarrow{\mathrm{OB}}$ とおく」ということである．この設定ができれば条件式が x, y の関係式になり，連立方程式の問題になる．他大学によく出題されるような「$\overrightarrow{\mathrm{OH}}=x\overrightarrow{\mathrm{OA}}+y\overrightarrow{\mathrm{OB}}$ とするとき x, y の値を求めよ」という問題に落とし込むことがポイントである．

さてそのときに解答にある①のようにおけるのかが問題である．よく「～とおく」とすることがあるが，ベクトルの場合1次独立でないと「～とおける」とはならない．そこを確認しているのが前半部分である．

また，この立体は対称面をもっているので，その断面で議論をしようとしているのが別解1である．だから線分ABの中点をMとして，$\overrightarrow{\mathrm{OA}}$, $\overrightarrow{\mathrm{OB}}$の条件を$\overrightarrow{\mathrm{OM}}$の条件に変換しているのが$|\overrightarrow{\mathrm{OM}}|^2$, $\overrightarrow{\mathrm{OM}}\cdot\overrightarrow{\mathrm{OC}}$, $\overrightarrow{\mathrm{OM}}\cdot\overrightarrow{\mathrm{OD}}$の作業にあたる．

xy平面のベクトル(a, b)を原点のまわりに$90°$だけ回転してえられるベクトルは$(-b, a)$である．別解2では，xyz空間で平面$y=0$上のベクトル$(a, 0, b)$を，平面$y=0$上で$90°$だけ回転してえられるベクトルは$(-b, 0, a)$であることを用いている．

5

1行目の並べ方は4! 通りで，この各々の並べ方に対して2行目の並べ方を考える．そこで1行目が(1，2，3，4)の順に並んでいるものとする．このとき2行目の並べ方は

(i) (2，1，4，3)，(3，4，1，2)，(4，3，2，1)

(ii) (2，3，4，1)，(2，4，1，3)，(3，4，2，1)

(3，1，4，2)(4，3，1，2)(4，1，2，3)

の9通りある．さて(i)は2つの列の1行目の数と2行目の数が入れ替わっているものが2組あるタイプで，(ii)はそれ以外のタイプである．それぞれのタイプで3，4行目の並べ方が何通りあるかを調べる．そこで(i)のタイプとして(2，1，4，3)，(ii)のタイプとして(2，3，4，1)を考える．

(i)のタイプ

1	2	3	4
2	1	4	3
3	4	1	2
4	3	2	1

1	2	3	4
2	1	4	3
3	4	2	1
4	3	1	2

1	2	3	4
2	1	4	3
4	3	1	2
3	4	2	1

1	2	3	4
2	1	4	3
4	3	2	1
3	4	1	2

の4通り．他も同様．

(ii)のタイプ

1	2	3	4
2	3	4	1
3	4	1	2
4	1	2	3

1	2	3	4
2	3	4	1
4	1	2	3
3	4	1	2

の2通りである．他も同様．

したがって求める場合の数は

$4!\cdot(3\cdot4+6\cdot2)=$ **576通り**

解説

本問はラテン方陣と言われる．1 段目は任意に並べられる．2 段目は「完全順列」と言われるもので書き出せばよい．3，4 段目は 1，2 段目が確定すればかなり制限がかかりそれほど場合の数は多くないので書き出せばよい．そのときに注意が必要なのは 2 段目の完全順列の形が 2 タイプあるので，分けて議論をすることである．

構造を把握するため数 1，2，3，4 を人と考え，各自が持っているプレゼントを自分以外の人にプレゼントする状況としよう．このとき 1 人は 1 つのプレゼントしかもらえないとする．そのときの配り方を決めるのにこの表の 1，2 段目を利用し，1 段目から 2 段目への対応がプレゼントの渡し方と考える．

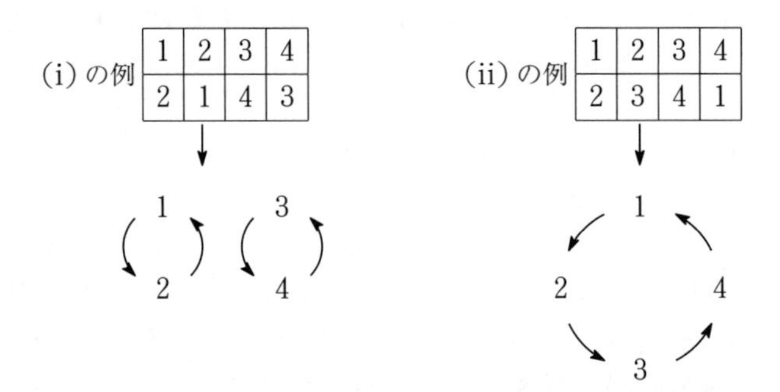

このようにプレゼント交換の円順列が 2 つ出来るときと 1 つのときがあるので，そこを分けて 3，4 段目を考える必要がある．

本問の最大のポイントは書き出すしかないと気がつくことである．○!, ${}_n\mathrm{P}_r$, ${}_n\mathrm{C}_r$ 等の公式は制限が少ない状況でしか使えない．制限が多くなると状況を場合分けしてこの公式が使えるようにしたり，逆に制限が多くなることで場合の数が少なくなり数え上げることができるようになる．本問はこの後者にあたる．

解答・解説

1

問 1

$x^5+2x^4+ax^3+3x^2+3x+2$ を x^3+x^2+x+1 で割ると商が $x^2+x+a-2$ で余りは $(3-a)x^2+(4-a)x+4-a$ となる．よって，

$$Q(x)=x^2+x+a-2,\ R(x)=(3-a)x^2+(4-a)x+4-a$$

$R(x)$ の 1 次の項の係数が 1 のとき

$$4-a=1 \qquad \therefore \boldsymbol{a=3}$$

これより

$$\boldsymbol{Q(x)=x^2+x+1,\quad R(x)=x+1}$$

問 2

常用対数表より $\log_{10}8.94$ は小数第 5 位を四捨五入すると 0.9513 となるので，

$$0.95125 \leqq \log_{10}8.94 < 0.95135$$

となる．辺々 18 倍して

$$17.1225 \leqq 18\log_{10}8.94 < 17.1243$$

$$17+0.1225 \leqq \log_{10}8.94^{18} < 17+0.1243 \qquad \cdots\cdots①$$

また，常用対数表より，

$$\log_{10}1.3 < 0.1225,\ 0.1243 < \log_{10}1.4$$

であるから ① より

$$\underline{17+\log_{10}1.3} < 17+0.1225 \leqq \underline{\log_{10}8.94^{18}} < 17+0.1243 < \underline{17+\log_{10}1.4}$$

よって，下線部に注目して

$$\log_{10}1.3\cdot10^{17} < \log_{10}8.94^{18} < \log_{10}1.4\cdot10^{17}$$

$$\therefore 1.3\cdot10^{17} < 8.94^{18} < 1.4\cdot10^{17}$$

$$\therefore \underbrace{1300\cdots\cdots00}_{18\text{ 個}} < 8.94^{18} < \underbrace{1400\cdots\cdots00}_{18\text{ 個}}$$

したがって，8.94^{18} の整数部分の桁数は **18 桁** であり最高位からの 2 桁は **13**

解説

問 2 のポイントは大きく分けて 2 つある．1 つは要求されている答えを求めるところ，もう 1 つはその答えを導く際に無理数を扱うのでそこを有理数で評価するところである．評価に関しては過去問で何度も出題されているので，京大受験生なら分かっているであろう．

ある正の数 n の整数部分の桁数と最高位の数は，まず $\log_{10}n$ の計算を行う．

この値の整数部分で桁数が決定でき，小数部分で最高位が決定できる．その仕組みを具体的な数で練習してみる． 12300 の桁数は 5 で最高位からの 2 桁の数字は 12 である．これが $\log_{10} 12300$ のどこに現れるかをよく観察してもらいたい．まず常用対数表が利用できるように $12300 = 1.23 \cdot 10^4$ と表現する．すると $\log_{10} 12300 = \log_{10} 1.23 \cdot 10^4 = 4 + \log_{10} 1.23$ となる．常用対数表によると $\log_{10} 1.23 \fallingdotseq 0.0899$ だから $\log_{10} 12300 \fallingdotseq 4 + 0.0899$ となる．これを逆に考えれば，この値の整数部分 4 に 1 を加えたものが桁数で，小数部分 0.0899 を常用対数で近似した $\log_{10} 1.23$ で最高位が求まるという仕組みである．それでは本問の答えを出してみる．$\log_{10} 8.94^{18} = 18\log_{10} 8.94 \fallingdotseq 18 \cdot 0.9513 = 17.12\cdots \fallingdotseq 17 + \log_{10} 1.3 = \log_{10} 1.3 \cdot 10^{17}$ $\therefore 8.94^{18} \fallingdotseq 1.3 \cdot 10^{17} = 1300\cdots00$ ということで 18 桁で最高位からの 2 桁は 13 であることが分かる．この考察の ≒ の部分を大きめまたは小さめに評価する作業が 2 つ目のポイントである．

与えてある常用対数表の下には「小数第 5 位を四捨五入し，小数第 4 位まで掲載している」とのコメントがある．ということは表によると $\log_{10} 8.94$ は 0.9513 とあるので $0.9512500\cdots \leqq \log_{10} 8.94 \leqq 0.9513499\cdots < 0.95135$ となる．この不等式を利用して評価する．すると $\log_{10} 8.94$ の整数部分が求まり桁数が分かる．次に小数部分を常用対数表を用いて評価し最高位から 2 桁を求める．例えば $\underbrace{45\cdots\cdots}_{10\text{桁}}$ なら $4.5\times10^9 \leqq \underbrace{45\cdots\cdots}_{10\text{桁}} < 4.6\times10^9$ となり $9+\log_{10} 4.5 \leqq \log_{10} \underbrace{45\cdots\cdots}_{10\text{桁}} < 9+\log_{10} 4.6$ となる．$\log_{10} \underbrace{45\cdots\cdots}_{10\text{桁}} = 9.\boxed{\cdots\cdots}$ となるので小数部分 $0.\boxed{\cdots\cdots}$ を $\log_{10} 4.5$ と $\log_{10} 4.6$ で評価すれば最高位から 2 桁が求まる．

結局本問は無理数を有理数で評価する部分と逆に有理数を無理数で評価する部分がある難易度の高い問題である．最後に常用対数表の見方を確認しておく．常用対数表から $\log_{10} 8.94$ の評価式を求めるには次のようにする．

（イ）常用対数表 (二) の左端の「数」の列から「8.9」を選ぶ．

（ロ）最上行の

数	0	1	2	3	4	5	6	7	8	9

から 4 を選ぶ．

（ハ）「8.9」の行と「4」の列が交差するところの数を読み取る．その値は **.9513** である (下図では「8.9， 4， .9513」は強調にしてある)．

常用対数表 (二)

数	0	1	2	3	**4**	5	6	7	8	9
⋮	⋮	⋮	⋮	⋮	⋮	⋮	⋮	⋮	⋮	⋮
8.9	.9494	.9499	.9504	.9509	**.9513**	.9518	.9523	.9528	.9533	.9538
⋮	⋮	⋮	⋮	⋮	⋮	⋮	⋮	⋮	⋮	⋮

（ニ）$\log_{10} 8.94$ の小数第5位を四捨五入した値は **0.9513** である．これより，

$$0.95125 \leqq \log_{10} 8.94 < 0.95135$$

を得る．

2

$x \geqq 0$ のとき

$$f(x) = x^2 + 2(a+b)x = \{x + (a+b)\}^2 - (a+b)^2 \quad \cdots\cdots①$$

$x < 0$ のとき

$$f(x) = x^2 + 2(a-b)x = \{x + (a-b)\}^2 - (a-b)^2 \quad \cdots\cdots②$$

①，② の放物線の軸はそれぞれ $x = -a-b,\ -a+b$ であり，$b > 0$ だから $-a-b < -a+b$ である．そこで，

(i) $0 \leqq -a-b$，つまり $a \leqq -b$ のとき

(ii) $-a-b < 0 < -a+b$，つまり $-b < a < b$ のとき

(iii) $-a+b \leqq 0$，つまり $b \leqq a$ のとき

と場合分けを行い $y = f(x)$ のグラフをかくと以下の通り．

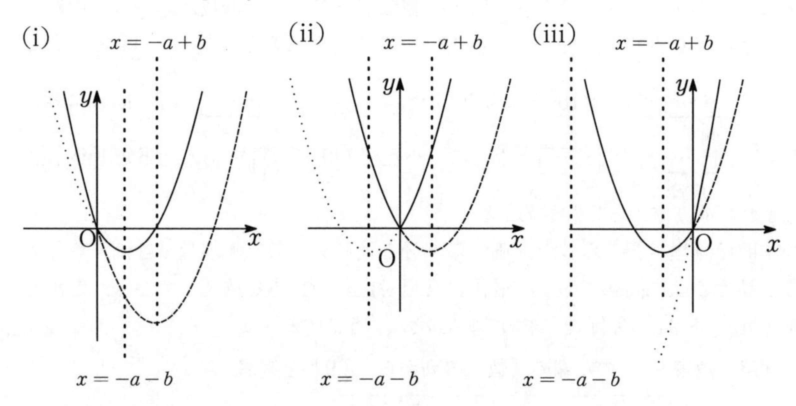

よって

(i) $a \leqq -b$ のとき，$m = f(-a-b) = \boldsymbol{-(a+b)^2}$

(ii) $-b < a < b$ のとき，$m = f(0) = \mathbf{0}$

(iii) $b \leqq a$ のとき，$m = f(-a+b) = \boldsymbol{-(a-b)^2}$

これより

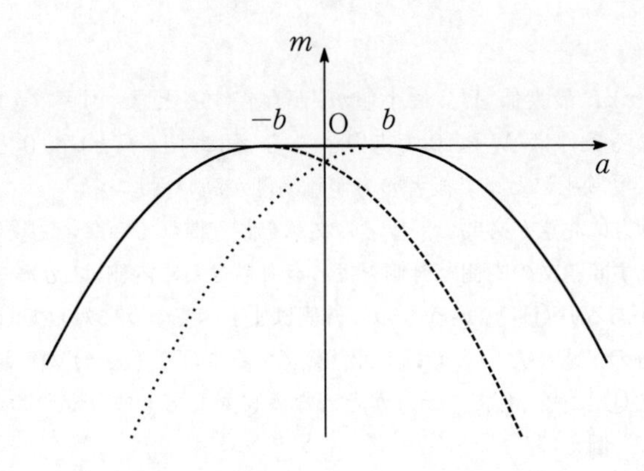

解説

京大は受験生に対し，場合分けができること，文字がたくさん入っていて迷彩がかかっていても本質を捉えて計算できることを要求してくる．本問の文字定数 $b(>0)$ は特に意味がない．$b=1$ としても問題は成立するので，できなかった場合は一度 $b=1$ を代入しリセットして解き直してもらいたい．

3

$f(x)=ax^2+bx+c$ とする．任意の実数 b に対し

　　$f(x)<0$ をみたす実数 x が存在する　　……(*)

が成立するような $a,\ c$ の必要十分条件を求める．$a<0$ のときは十分大きい x に対し $f(x)<0$ となるので b によらず (*) が成立する．よって，$a \geqq 0$ のときだけを考える．

$b=0$ のとき (*) が成立することが必要である．このとき $f(x)=ax^2+c \geqq c$ だから $c<0$ であることが必要である．逆に $c<0$ のとき $f(0)=c<0$ だから，任意の実数 b に対して (*) が成立し十分である．したがって，求める必要十分条件は，

　　$a<0$ または「$a \geqq 0$ かつ $c<0$」

これより $(a,\ c)$ の範囲は下の斜線部．

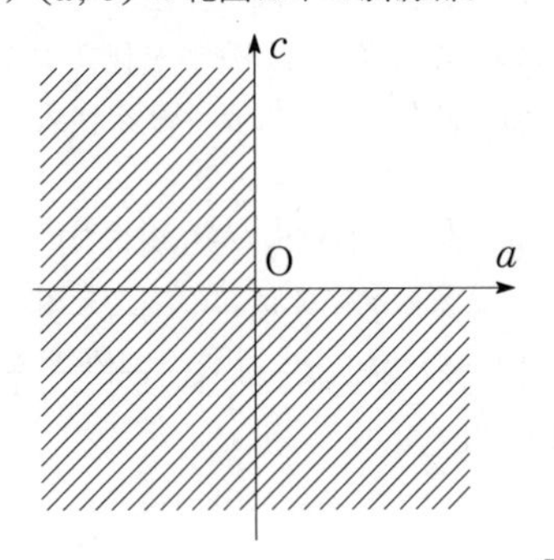

ただし，境界含まず

解説

一般的に $f(x)$ に最大値 M，最小値 m が存在するとき，すべての x に対して $f(x) < 0$ となる条件は $M < 0$ であり，ある x に対し $f(x) < 0$ となる条件は $m < 0$ である．受験生にとって後者の方が難易度が高いらしい．

問題文の読み方に注意が必要で，数学の文章を読み慣れていない受験生は難しく感じただろう．まず問題文の内側と外側をはっきりさせる．内側は「$ax^2 + bx + c < 0$ となる実数 x がある …①」というもの．外側は「すべての b に対して ① が成立する …②」というもの．求めたいものは ② が成立するような (a, c) の領域である．ac 平面上の各点を ① に代入して，それがどんな b に対しても成り立つのかどうかを判定するのである．例えば，

- $(a, c) = (1, 1)$ のとき $x^2 + bx + 1 < 0$ となるがこれは $b = 1$ のとき常に $x^2 + x + 1 > 0$ となるので条件をみたさない．
- $(a, c) = (1, -1)$ のとき $x^2 + bx - 1 < 0$ となり，b の値によらず $x = 0$ のとき成立するので条件をみたす．
- $(a, c) = (0, 1)$ のとき $bx + 1 < 0$ となるがこれは $b = 0$ のとき常に $1 > 0$ となるので条件をみたさない．
- $(a, c) = (-1, 1)$ のとき $-x^2 + bx + 1 < 0$ となり，b の値によらず x が十分大きいときに成立するので条件をみたす．

このような判定を a, c の値で場合分けして議論するだけである．

以上を踏まえると $a < 0$ のときは c に関わらず $(*)$ が成り立ち，$a \geqq 0$ のときは c に条件を付加しないと $(*)$ が成り立たないことが予想される．このとき b によらず $f(x) < 0$ となる x は $x = 0$ であろう．これは b によらず $y = f(x)$ が通る定点 $(0, c)$ を求める感覚に近い．つまり $c < 0$ であれば十分であろうと予想できる．このように十分な条件が先に見え，おそらくこれが必要十分条件になるだろうと予想がつくときは，まず「特別なときに成り立つことが必要」としてこの条件を引き出し，「逆にこのとき十分」という流れをとればよい．解答の書き順と発想は逆である．先に十分な条件が見え，逆にその必要性はあるのかなと考え特別な値を代入するのである．京大らしい論証である．$f(0) = c$ が最小値になるように $b = 0$ を代入しようと考えれば解答の入口に到達できる．

文系の受験生には「十分大きい」という文言は慣れていないかも知れない．厳密には数 III の極限の内容になるかも知れないが，京大の文系ではこの議論を用いる内容が何度も出題されている．近年でも「十分大きい n に対して $-1 < \dfrac{an+b}{n^2+pn+q} < 1$ が成立する」という内容を用いる問題が出題された．

4

事象A，Bを

A：さいころを1回投げて4以下の目が出る．

B：さいころを1回投げて5以上の目が出る．

とすると，$P(\mathrm{A})=\dfrac{2}{3}, P(\mathrm{B})=\dfrac{1}{3}$ である．

条件をみたすのは0回目がAであることに注意すると

$$\overbrace{\mathrm{A}}^{0\text{回目}}\ \overbrace{\underbrace{\mathrm{AA\cdots AA}}_{l\text{回}}\underbrace{\mathrm{BB\cdots BB}}_{m-l\text{回}}}^{m\text{回}}\overbrace{\mathrm{AA\cdots AA}}^{n-m\text{回}}$$

となるときである．ただし

$$m=1, 2, \cdots, n \qquad l=0, 1, \cdots, m-1$$

である．まず前半 m 回分の確率 P_m を求める．

$$P_m=\sum_{l=0}^{m-1}\left(\frac{2}{3}\right)^l\left(\frac{1}{3}\right)^{m-l}=\left(\frac{1}{3}\right)^m\sum_{l=0}^{m-1}2^l \qquad \cdots\cdots(*)$$

$$=\left(\frac{1}{3}\right)^m\cdot\frac{1-2^m}{1-2}$$

$$=\left(\frac{2}{3}\right)^m-\left(\frac{1}{3}\right)^m$$

したがって，求める確率は

$$\sum_{m=1}^{n}P_m\cdot\left(\frac{2}{3}\right)^{n-m}$$

$$=\sum_{m=1}^{n}\left\{\left(\frac{2}{3}\right)^m-\left(\frac{1}{3}\right)^m\right\}\cdot\left(\frac{2}{3}\right)^{n-m}$$

$$=\sum_{m=1}^{n}\left\{\left(\frac{2}{3}\right)^n-\left(\frac{2}{3}\right)^n\cdot\left(\frac{1}{2}\right)^m\right\}$$

$$=n\cdot\left(\frac{2}{3}\right)^n-\left(\frac{2}{3}\right)^n\cdot\frac{\frac{1}{2}\left(1-\left(\frac{1}{2}\right)^n\right)}{1-\frac{1}{2}}$$

$$=\boldsymbol{\frac{(n-1)2^n+1}{3^n}}$$

別解

何回目に初めてBが起こるかで場合分けする．条件をみたすのは0回目がAであることに注意すると

$$(*)\ \underbrace{\mathrm{AA\cdots\cdots A}}_{k\text{個}}\underbrace{\mathrm{BB\cdots\cdots B}}_{l\text{個}}\underbrace{\mathrm{AA\cdots\cdots A}}_{n-k-l\text{個}}$$

となる場合に限る．ただし

$$0 \leqq k,\ 1 \leqq l,\ 0 \leqq n-k-l \quad \cdots\cdots ①$$

(＊)が起こる確率は

$$\left(\frac{2}{3}\right)^k\left(\frac{1}{3}\right)^l\left(\frac{2}{3}\right)^{n-k-l}=\left(\frac{2}{3}\right)^{n-l}\left(\frac{1}{3}\right)^l=\left(\frac{2}{3}\right)^n\left(\frac{1}{2}\right)^l \quad \cdots\cdots ②$$

である．求める確率は ① をみたすすべての $(k,\ l)$ についての ② の総和である．

l を固定して k を動かしたとき，(＊)が起こる確率は

$$k=0,\ 1,\ 2,\ \cdots\cdots,\ n-l$$

より

$$\sum_{k=0}^{n-l}\left(\frac{2}{3}\right)^n\left(\frac{1}{2}\right)^l=(n-l+1)\left(\frac{2}{3}\right)^n\left(\frac{1}{2}\right)^l$$

さらに $1 \leqq l,\ 0 \leqq n-l$ より

$$l=1,\ 2,\ \cdots\cdots,\ n$$

求める確率を p_n とすると

$$p_n=\sum_{l=1}^{n}(n-l+1)\left(\frac{2}{3}\right)^n\left(\frac{1}{2}\right)^l$$
$$=\left(\frac{2}{3}\right)^n\sum_{l=1}^{n}(n+1-l)\left(\frac{1}{2}\right)^l=\left(\frac{2}{3}\right)^n S$$

とおく．

$$S=n\cdot\frac{1}{2}+(n-1)\left(\frac{1}{2}\right)^2+\cdots+2\left(\frac{1}{2}\right)^{n-1}+1\cdot\left(\frac{1}{2}\right)^n$$
$$\frac{1}{2}S=\qquad n\left(\frac{1}{2}\right)^2+\cdots\cdots\cdots\cdots\cdots\cdots+2\cdot\left(\frac{1}{2}\right)^n+\left(\frac{1}{2}\right)^{n+1}$$

辺々を引くと

$$\frac{1}{2}S=n\cdot\frac{1}{2}-\left(\frac{1}{2}\right)^2-\cdots-\left(\frac{1}{2}\right)^n-\left(\frac{1}{2}\right)^{n+1}$$
$$\therefore S=n-\left\{\frac{1}{2}+\cdots+\left(\frac{1}{2}\right)^{n-1}+\left(\frac{1}{2}\right)^n\right\}$$
$$=n-\frac{\frac{1}{2}\left(1-\left(\frac{1}{2}\right)^n\right)}{1-\frac{1}{2}}$$
$$=n-1+\left(\frac{1}{2}\right)^n$$

したがって　　$p_n=\boldsymbol{\dfrac{(n-1)2^n+1}{3^n}}$

別解（後半の計算の和をとる順序を変えた場合）

k を固定して l を動かしたとき，① より

$$1 \leqq l \leqq n-k$$

だから，このとき(＊)が起こる確率は

$$\sum_{l=1}^{n-k}\left(\frac{2}{3}\right)^n\left(\frac{1}{2}\right)^l=\left(\frac{2}{3}\right)^n\cdot\sum_{l=1}^{n-k}\left(\frac{1}{2}\right)^l$$

$$=\left(\frac{2}{3}\right)^n\cdot\frac{\frac{1}{2}}{1-\frac{1}{2}}\left\{1-\left(\frac{1}{2}\right)^{n-k}\right\}$$

$$=\left(\frac{2}{3}\right)^n\left\{1-\left(\frac{1}{2}\right)^{n-k}\right\}$$

さらに $0\leqq k$，$1\leqq n-k$ より

$$k=0,\ 1,\ 2,\ \cdots\cdots,\ n-1$$

だから，求める確率は

$$\sum_{k=0}^{n-1}\left(\frac{2}{3}\right)^n\left\{1-\left(\frac{1}{2}\right)^{n-k}\right\}$$

$$=\sum_{k=0}^{n-1}\left(\frac{2}{3}\right)^n-\sum_{k=0}^{n-1}\left(\frac{1}{3}\right)^n 2^k$$

$$=n\left(\frac{2}{3}\right)^n-\left(\frac{1}{3}\right)^n\frac{1-2^n}{1-2}$$

$$=n\left(\frac{2}{3}\right)^n-\left(\frac{1}{3}\right)^n(2^n-1)$$

$$=\boldsymbol{\frac{(n-1)2^n+1}{3^n}}$$

解説

解答のように事象 A，B を定めると，この問題の難易度を 1 つ下げているところが 0 回目が A であることである．この有り難みを感じてスタートを切りたい．本問のイメージは，AA…ABB…B または AA…ABB…BAA…A というもの．言葉にすれば，「最初が A で途中まで A が続き，途中で B に変わりそのままずっと B」か，もしくは「B が続いている途中で A に変わりそこからずっと A のまま」というイメージである．$n=4$ として条件をみたす推移を具体的に書き出すと

	0回目		1回目		2回目		3回目		4回目
①	A	⟹	B	➡	A		A		A
②	A	⟹	B		B	➡	A		A
③	A		A	⟹	B	➡	A		A
④	A	⟹	B		B		B	➡	A
⑤	A		A	⟹	B		B	➡	A
⑥	A		A		A	⟹	B	➡	A
⑦	A	⟹	B		B		B		B
⑧	A		A	⟹	B		B		B
⑨	A		A		A	⟹	B		B
⑩	A		A		A		A	⟹	B

⟹と➡の場所を表現する2変数で確率を表現し，それらの変数の一方を固定して他方を動かし確率の和を求め，さらにその和の和を固定していた変数を動かして求める．本解答はまず➡の位置を固定し，⟹を左右に動かして➡の手前までの確率の和を求めた．次に➡以降の確率をかけて➡を左右に動かした確率の和を求めた．

(*) の計算であるが，初項が 2^0，公比が2，項数が m の等比数列の和だから，公式 $\dfrac{(\text{初項})(1-(\text{公比})^{(\text{項数})})}{1-(\text{公比})}$ に代入した．

5

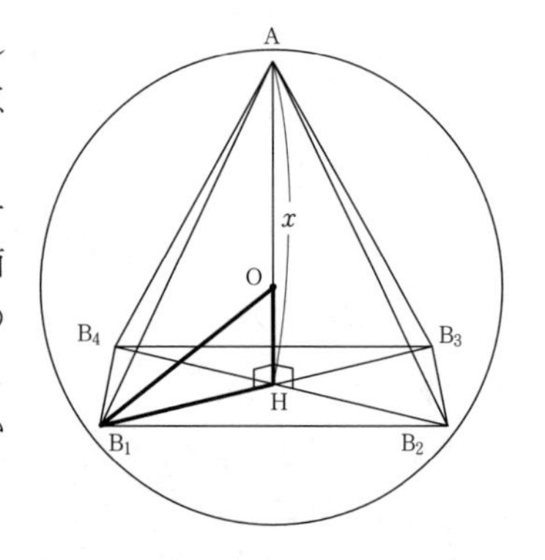

四角錐 $AB_1B_2B_3B_4$ の体積を V とする．与えられた球面の中心をO，底面の正方形の対角線の交点をHとする．底面を固定しAを動かしたとき，V が最大となるのは，A，O，Hがこの順に一直線上に並ぶときで，このとき線分AHは底面と垂直である．この状態で底面を動かしたときの V の最大値を求める．そこで $x=\text{AH}$ とおくと $1 \leqq x < 2$，$\text{OH}=x-1$ である．$\triangle OB_1H$ において三平方の定理を用いると

$$B_1H=\sqrt{1-(x-1)^2}=\sqrt{2x-x^2}$$

したがって，底面積は

$$\frac{1}{2}\left(\sqrt{2x-x^2}\right)^2\cdot 4=2(2x-x^2)$$

ゆえに

$$V=\frac{1}{3}\cdot x\cdot 2(2x-x^2)=\frac{2}{3}(2x^2-x^3)$$

この式の右辺を $f(x)$ とおく．

$$f'(x)=\frac{2}{3}(4x-3x^2)=-2x\left(x-\frac{4}{3}\right)$$

x	1	…	4/3	…	(2)
$f'(x)$		+	0	−	
$f(x)$		↗	64/81	↘	

増減表より $x=\dfrac{4}{3}$ のとき $f(x)$ は最大になるから，V の最大値は，

$$f\left(\frac{4}{3}\right)=\mathbf{\frac{64}{81}}$$

解説

本問に関して動くものは底面と頂点Aの2つである．独立多変数関数の最大値・最小値問題では変数を同時に変化させないことがポイントである．本問なら1つの変数を固定し他方を変化させ最大となる状況をつかみ，そのもとで残りの変数を変化させ最大値を求めることになる．本問ならまず底面を固定し高さの最大を考えればAの位置が決まる．次に底面を動かし最大値を求めればよい．

図形の計量の変数は，大きく分けて辺または角であろう．辺の場合いくつか候補があるならすべて設定し，その変数間の関係式と考える量の式を見ながら変数を絞っていく．辺で考えるなら高さであるAHか底面積につながるB_1Hであろう．これを最初から決め打ちしてスタートするのではなくAH$=x$，$B_1H=y$とおき，ふるいにかけ1つに絞っていく．体積は$\frac{1}{3}\cdot 4\cdot\frac{1}{2}y^2\cdot x=\frac{2}{3}xy^2$であり，$x, y$の関係式は$\triangle OB_1H$に注目して$(x-1)^2+y^2=1$となるので，消去しやすいのは$y$だから結果的に$x$の関数で議論することが分かる．

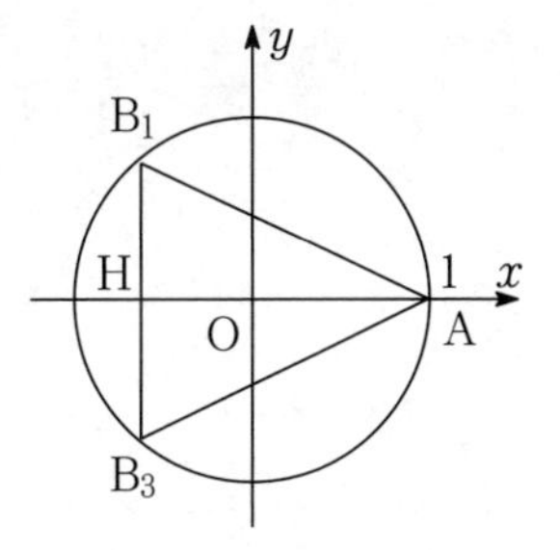

別解というほどではないが，角を変数にするなら次のようになる．Aの位置が決まってから右図のように断面に座標軸を入れA(1, 0)，$B_1(\cos\theta, \sin\theta)(0<\theta<\pi)$とすると

$$AH=1-\cos\theta,\ B_1H=\sin\theta$$

となるので

$$V=\frac{1}{3}\cdot 4\cdot\frac{1}{2}\sin^2\theta(1-\cos\theta)$$
$$=\frac{2}{3}(1-\cos^2\theta)(1-\cos\theta)$$

となる．この後$\cos\theta=t\ (-1<t<1)$とおいて微分すればよい．辺を変数とした本解答ではA，O，Hがこの順であることを強調しないとダメであった．というのはOH$=x-1$という部分があり，これは$x>1$でないといけないからである．角の場合はそれほどデリケートにする必要がない．だからあえてθの定義域を$0<\theta<\pi$とした．

少し易しいので難易度を上げてみよう．四角形$B_1B_2B_3B_4$をSとし「Sが正方形である」仮定をとることにする．その場合，底面積が最大となるのは，Sが正方形であることから証明する．

対角線B_1B_3とB_2B_4のなす角をθとすれば

$$(S\text{の面積})=\frac{1}{2}B_1B_3\cdot B_2B_4\sin\theta$$

で与えられる．

$$B_1B_3 \leqq 2R, \quad B_2B_4 \leqq 2R, \quad 0 < \theta < \pi$$

より，S の面積が最大になるのは

$$B_1B_3 = B_2B_4 = 2R \text{ かつ } \theta = \frac{\pi}{2}$$

のとき，すなわち S が正方形のときである．

S を含む平面で球を切ったときの円

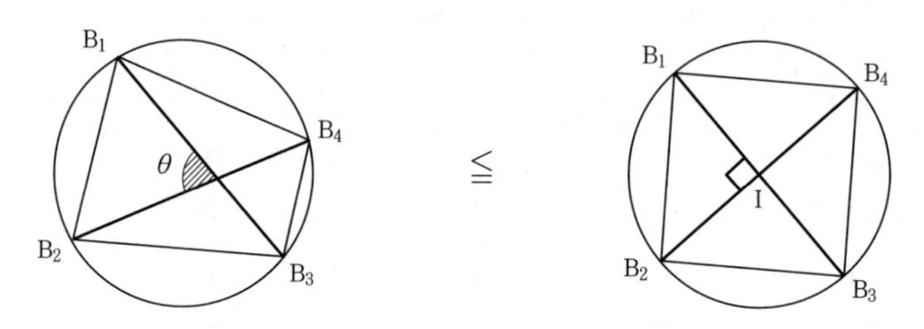

結局，本問の答えは「半径 1 の球面に内接する四角錐の体積の最大値」である．

2018
年

解答・解説

1

$f(x)=|x^2-1|,\ g(x)=x^2-2ax+2$ とおく.

$$f'(x)=\begin{cases}2x & (|x|>1 \text{ のとき})\\ -2x & (|x|<1 \text{ のとき})\end{cases}$$

$$g'(x)=2x-2a$$

C_1 と C_2 が $(x_0,\ y_0)$ で共通の接線をもつとき

$$\begin{cases}f(x_0)=g(x_0)\\ f'(x_0)=g'(x_0)\end{cases} \quad \cdots\cdots(*)$$

(i) $|x_0|>1$ のとき

$(*)$ より $\begin{cases}{x_0}^2-1={x_0}^2-2ax_0+2\\ 2x_0=2x_0-2a \quad \therefore\ a=0\end{cases}$

a は正の実数なので不適.

(ii) $|x_0|<1$ のとき

$(*)$ より $\begin{cases}-{x_0}^2+1={x_0}^2-2ax_0+2\\ -2x_0=2x_0-2a\end{cases}$

$$\therefore \begin{cases}2{x_0}^2-2ax_0+1=0 & \cdots\cdots①\\ x_0=\dfrac{a}{2} & \cdots\cdots②\end{cases}$$

② を ① に代入して　$\dfrac{a^2}{2}-a^2+1=0$

$\therefore a^2=2$　$a>0$ より, $a=\sqrt{2}$

② より $x_0=\dfrac{1}{\sqrt{2}}$

よって, $g(x)=x^2-2\sqrt{2}x+2$ となり, $|x|>1$ における C_1 と C_2 の共有点の x 座標は

$$x^2-1=x^2-2\sqrt{2}x+2 \qquad \therefore\ x=\frac{3}{2\sqrt{2}}=\frac{3\sqrt{2}}{4}$$

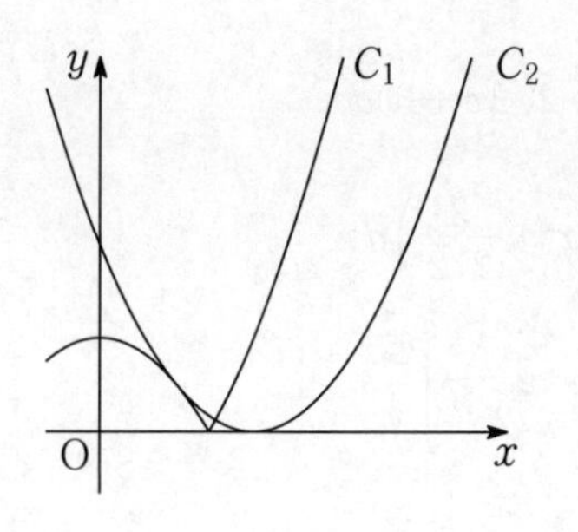

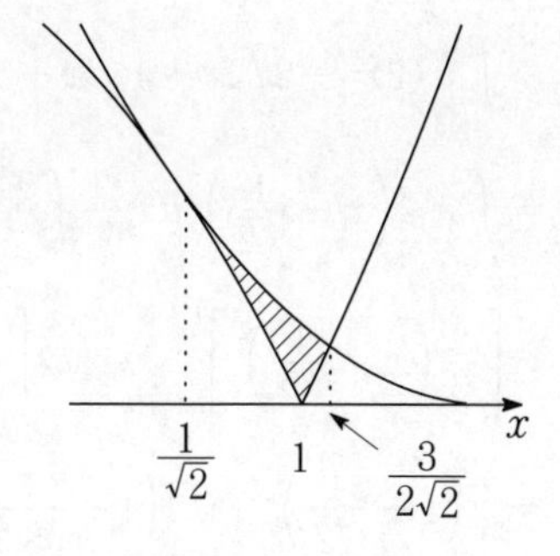

C_1, C_2 の位置関係は上図のようになり，求める面積は

$$\int_{\frac{1}{\sqrt{2}}}^{1} \{(x^2-2\sqrt{2}x+2)-(-x^2+1)\}dx + \int_{1}^{\frac{3}{2\sqrt{2}}} \{(x^2-2\sqrt{2}x+2)-(x^2-1)\}dx$$

$$= \int_{\frac{1}{\sqrt{2}}}^{1} (2x^2-2\sqrt{2}x+1)dx + \int_{1}^{\frac{3}{2\sqrt{2}}} (-2\sqrt{2}x+3)dx$$

$$= \left[\frac{2}{3}x^3-\sqrt{2}x^2+x\right]_{\frac{1}{\sqrt{2}}}^{1} + \left[-\sqrt{2}x^2+3x\right]_{1}^{\frac{3}{2\sqrt{2}}}$$

$$= \frac{5}{3}-\sqrt{2}-\left(\frac{\sqrt{2}}{6}-\frac{1}{\sqrt{2}}+\frac{1}{\sqrt{2}}\right)+\left(-\frac{9\sqrt{2}}{8}+\frac{9\sqrt{2}}{4}\right)-(-\sqrt{2}+3)$$

$$= \boldsymbol{\frac{23\sqrt{2}}{24}-\frac{4}{3}}$$

解説

2 曲線 $y=f(x)$, $y=g(x)$ が接する条件は，接点の x 座標を設定するところからスタートする．これを t とすると，接点での y 座標が等しいことと接線の傾きが等しい条件より

$$f(t)=g(t),\ f'(t)=g'(t)$$

この 2 式と未知数との連立方程式を解けばよい．また 2 曲線が接するというのは通常本問のように表現するか

「2 曲線がある点を共有し，その点で同一の直線に接する」

「2 曲線が同一の点で共通接線をもつ」

などと表現する．

また，本問ではありがたみは少ないが，第 1 項の定積分の被積分関数が $(\quad)^2$ の形になるので，それを作ってから計算してもよい．

$$\int_{\frac{1}{\sqrt{2}}}^{1}(2x^2-2\sqrt{2}x+1)dx+\int_{1}^{\frac{3}{2\sqrt{2}}}(-2\sqrt{2}x+3)dx$$

$$=\int_{\frac{1}{\sqrt{2}}}^{1}2\left(x-\frac{1}{\sqrt{2}}\right)^2dx-\int_{1}^{\frac{3}{2\sqrt{2}}}2\sqrt{2}\left(x-\frac{3}{2\sqrt{2}}\right)dx$$

$$=\left[\frac{2}{3}\left(x-\frac{1}{\sqrt{2}}\right)^3\right]_{\frac{1}{\sqrt{2}}}^{1}-2\sqrt{2}\left[\frac{1}{2}\left(x-\frac{3}{2\sqrt{2}}\right)^2\right]_{1}^{\frac{3}{2\sqrt{2}}}$$

$$=\frac{2}{3}\left(1-\frac{1}{\sqrt{2}}\right)^3+\sqrt{2}\left(1-\frac{3}{2\sqrt{2}}\right)^2$$

$$=\boldsymbol{\frac{23\sqrt{2}}{24}-\frac{4}{3}}$$

本解答は一般的な解法をとった．しかし「放物線と直線，放物線と放物線が接するとき 2 曲線の方程式を連立して 1 文字消去した方程式が重解をもつ.」ことを認めると次のような解き方もできる．

参考

$y=x^2-1$ ……①

$y=-x^2+1$ ……②

$y=x^2-2ax+2$ ……③

①，③ より y を消去して

$x^2-1=x^2-2ax+2\quad \therefore\ 2ax=3$ ……④

これより ①，③ が接することはない．

②，③ より y を消去して

$-x^2+1=x^2-2ax+2\quad \therefore\ 2x^2-2ax+1=0$ ……⑤

⑤ の判別式を D とすると，②，③ が接するとき

$D/4=a^2-2\cdot1=0\ \ a>0$ より $a=\sqrt{2}$

このとき ④ は $x=\frac{3}{2\sqrt{2}}$，⑤ は $(\sqrt{2}x-1)^2=0\quad \therefore\ x=\frac{1}{\sqrt{2}}$

⋮

（以下同様）

2

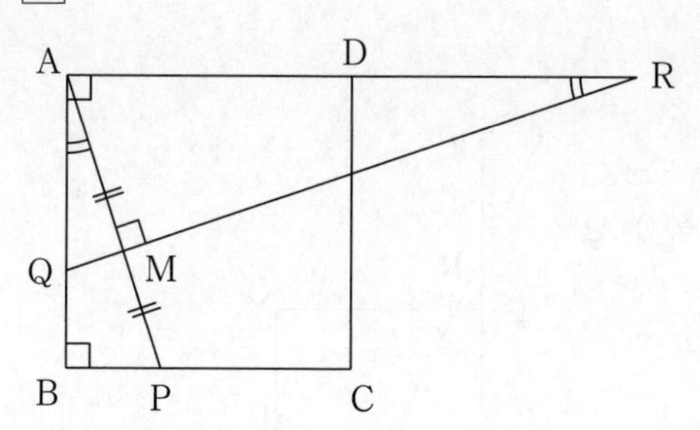

(1) $\angle \mathrm{BAP}=\theta$，線分 AP の中点を M とすると，

$$0<\theta \leqq \frac{\pi}{4} \qquad \cdots\cdots ①$$

であり，

$$\angle \mathrm{ARM}=\angle \mathrm{QAM}=\angle \mathrm{BAP}=\theta$$

である．$\triangle \mathrm{ABP}$ において，

$$\mathrm{AP}\cos\theta=\mathrm{AB} \qquad \therefore \mathrm{AP}=\frac{1}{\cos\theta}$$

$\triangle \mathrm{AMQ}$ において，

$$\mathrm{AQ}\cos\theta=\mathrm{AM}=\frac{1}{2}\mathrm{AP}=\frac{1}{2\cos\theta}$$

$$\therefore \mathrm{AQ}=\frac{1}{2\cos^2\theta}=\frac{1}{2(1-\sin^2\theta)}$$

また，$\triangle \mathrm{AQR}$ において，

$$\mathrm{QR}\sin\theta=\mathrm{AQ}$$

$$\therefore \mathrm{QR}=\frac{1}{2\sin\theta(1-\sin^2\theta)}=\boldsymbol{\frac{1}{2\sin\angle \mathrm{BAP}(1-\sin^2\angle \mathrm{BAP})}}$$

(2) $t=\sin\theta$ とすると，① より，$0<t\leqq\frac{1}{\sqrt{2}}$

$$(\mathrm{QR}\text{ の分母})=2\sin\theta(1-\sin^2\theta)=2t(1-t^2)$$

$f(t)=2t(1-t^2)$ とおくと，

$$f'(t)=2(1-3t^2)=-6\left(t-\frac{1}{\sqrt{3}}\right)\left(t+\frac{1}{\sqrt{3}}\right)$$

t	(0)	$\cdots$	$\frac{1}{\sqrt{3}}$	$\cdots$	$\frac{1}{\sqrt{2}}$
$f'(t)$		$+$	0	$-$	
$f(t)$	(0)	↗	$\frac{4}{3\sqrt{3}}$	↘	$\frac{1}{\sqrt{2}}$

したがって，$f(t)$ は $t=\frac{1}{\sqrt{3}}$ で最大値 $\frac{4}{3\sqrt{3}}$ をとり，このとき QR の長さは最小で

ある．以上により，求める最小値は

$$\frac{3\sqrt{3}}{4}$$

別解

右図のように座標軸を定め，P(1, p) とおく．ただし条件より $0 < p \leqq 1$ である．線分 AP の垂直二等分線の方程式は

$$x^2 + y^2 = (x-1)^2 + (y-p)^2$$

$$\therefore 2x + 2py = p^2 + 1$$

これより

$$\mathrm{Q}\left(\frac{p^2+1}{2},\ 0\right),\ \mathrm{R}\left(0,\ \frac{p^2+1}{2p}\right)$$

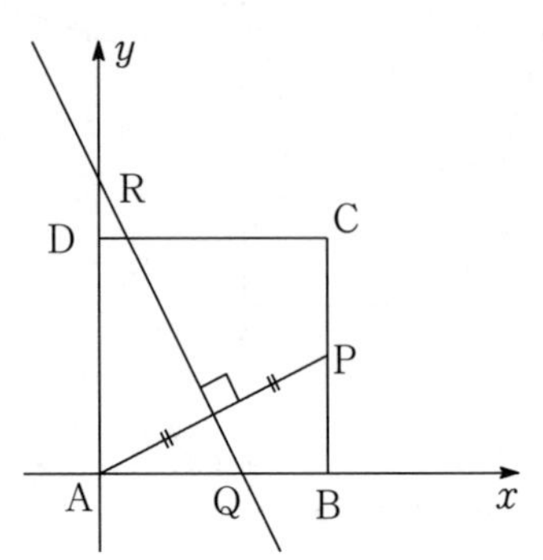

よって，

$$\mathrm{QR} = \sqrt{\left(\frac{p^2+1}{2}\right)^2 + \left(\frac{p^2+1}{2p}\right)^2}$$

$$= \frac{p^2+1}{2}\sqrt{1+\frac{1}{p^2}} = \frac{\left(\sqrt{p^2+1}\right)^3}{2p}$$

また，$p = \tan\angle\mathrm{BAP}$ だから $\angle\mathrm{BAP} = \theta$ とおくと

$$\sqrt{p^2+1} = \sqrt{1+\tan^2\theta} = \sqrt{\frac{1}{\cos^2\theta}} = \frac{1}{\cos\theta}\ (\cos\theta > 0 \text{ より})$$

したがって

$$\mathrm{QR} = \frac{\left(\frac{1}{\cos\theta}\right)^3}{2\tan\theta} = \frac{1}{2\tan\theta\cos^3\theta} = \frac{1}{2\sin\theta\cos^2\theta} = \frac{1}{2\sin\theta(1-\sin^2\theta)}$$

⋮

（以下同様）

解説

本問は図形の計量の問題である．まず道具（ベクトル，幾何，座標等）の選択，変数（辺，角等）の選択をすることが最初の仕事となる．従来の京大では，そのような選択を自力ですることが求められてきた．しかし昨今は少し難易度を下げ点数を出し選抜試験として機能させるため，問題文の中に誘導を入れるようになった．本年度もそうである．一番難易度を下げているのは，変数（角度 ∠BAP）の設定をし，さらにそれを sin∠BAP の式にせよという誘導である．少し京大としては親切だから是非

とも自力で次のように発想して欲しい．まず直角三角形の直角である頂点から斜辺に垂線を下ろすと相似な三角形が3つできることは意識していただろうか．それとよく似た構図が本問にも現れる．相似な直角三角形が現れることから角度を使って三角比を用いてQRを表そうという発想になってもらいたい．

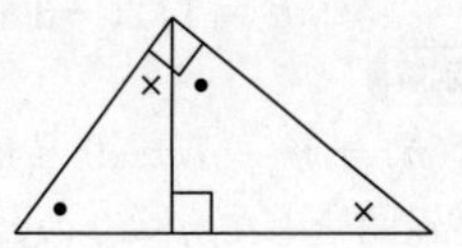

さて本解答のような計算を行った場合は自然と $\sin\theta$ の関数に直せただろう．しかし，別解の方針で計算を行った場合，誘導がなければこのまま p の関数で最小値を求めにいくかもしれない．その場合は以下の通り．

$$\frac{\left(\sqrt{p^2+1}\right)^3}{2p}=\frac{1}{2}\sqrt{\frac{(p^2+1)^3}{p^2}}$$

$$=\frac{1}{2}\sqrt{\frac{u^3}{u-1}}$$

（$p^2+1=u$ とおいた．ただし $0<p\leqq 1$ より $1<u\leqq 2$）

$$=\frac{1}{2}\sqrt{\frac{1}{\frac{1}{u^2}-\frac{1}{u^3}}}$$

$$=\frac{1}{2}\sqrt{\frac{1}{x^2-x^3}}\ \left(x=\frac{1}{u}\text{とおいた．ただし，}1>x\geqq\frac{1}{2}\right)$$

$$=\frac{1}{2\sqrt{g(x)}}\ \left(\text{ただし，}g(x)=x^2-x^3\text{とおいた}\right)$$

$g(x)$ の $\frac{1}{2}\leqq x<1$ における増減を調べれば，$g\left(\frac{2}{3}\right)=\frac{4}{27}$ が最大値であることが分かる．よって求める最小値は

$$\frac{1}{2\sqrt{g\left(\frac{2}{3}\right)}}=\boldsymbol{\frac{3\sqrt{3}}{4}}$$

この解法も勉強になる部分が多いので理解しておくように．一つのポイントは $f(x)\sqrt{g(x)}$ の最大最小は $f(x)\geqq 0$ であるなら，$\sqrt{\{f(x)\}^2 g(x)}$ と変形し $\sqrt{\ }$ 内の最大最小を考えるというもの．

3

$$n^3-7n+9=(n-1)n(n+1)+3(-2n+3)$$

$(n-1)n(n+1)$ は連続3整数の積であるから n^3-7n+9 は3の倍数である．ゆえにこの値が素数となるとき，その値は3であり

$$n^3-7n+9=3$$

$$n^3-7n+6=0$$

$$(n-1)(n-2)(n+3)=0$$
$$\therefore \boldsymbol{n=1,\ 2,\ -3}$$

別解

$f(n)=n^3-7n+9$ とおく．

mod 3 として $n\equiv 0$ のとき

$$f(n)\equiv 0^3-7\cdot 0+9=9\equiv 0$$

$n\equiv 1$ のとき

$$f(n)\equiv 1^3-7\cdot 1+9=3\equiv 0$$

$n\equiv 2$ のとき

$$f(n)\equiv 2^3-7\cdot 2+9=3\equiv 0$$

よって，n によらず $f(n)$ は3の倍数である．

⋮

（以下同様）

解説

このような問題の着眼点の1つは整数 $x,\ y$ の積が素数であるとき $x=\pm1$ または $y=\pm1$ ということである．このタイプの問題の例として

例題　n^4+4 が素数となる整数 n を求めよ．

解答　$n^4+4=n^4+4n^2+4-4n^2=(n^2+2)^2-(2n)^2=(n^2-2n+2)(n^2+2n+2)$

これが素数となるとき $n^2-2n+2=\pm1$ または $n^2+2n+2=\pm1$ のいずれか．このうち n が整数となるものを求めて $n=\pm1$．

このとき $n^4+4=5$ となり素数である．よって $\boldsymbol{n=\pm1}$．

さて，ここに最初の突破口を見出そうとした人は因数分解しようとするはずである．そのときに定数項9の約数を代入して（☞(*)）$f(n)=0$ の解を見つけ，因数定理を用いて因数分解を試みたであろう．しかし，因数分解ができないことが分かりこの解法は諦めたと思うが，他の糸口が見えているはずである．このような問題で他の着眼点の1つはある整数で割った余りに注目するというのがある．

例題　$n,\ n+2,\ n+4$ がすべて素数である自然数 n を求めよ．

解答　n は素数だから，$n=2,\ 3,\ 5,\ 7,\ \cdots\cdots$

k を自然数として $n=3$ または $n=3k+1,\ 3k-1$ のいずれかの形である．$n=3$ のときは3数が3, 5, 7となりすべて素数である．$n=3k+1$ のとき $n+2=3k+3$ は3より大きい3の倍数だから素数でない．$n=3k-1$ のとき $n+4=3k+3$ も3より大きい3の倍数だから素数でない．したがって，題意を満たす自然数は $\boldsymbol{n=3}$．

このような着眼点を持っていれば，(*) の作業中に気がつくであろう．また，このような問題の答えが3桁4桁などの大きな値になることは少ない．0付近の小さい値であることが多いので以下のような実験を行っているうちに常に3の倍数であることが予想できる．

n	$\cdots$	-3	-2	-1	0	1	2	3	$\cdots$
$f(n)$	$\cdots$	3	15	15	9	3	3	15	$\cdots$

着眼点が見えた後はうまくできなくても $n=3k+r$ $(r=0,\ \pm1)$ 等の分類をして代入すればよい．

4

(1) $\overrightarrow{\mathrm{AB}}=\vec{b}$，$\overrightarrow{\mathrm{AC}}=\vec{c}$，$\overrightarrow{\mathrm{AD}}=\vec{d}$ とおくと，AC＝BD より

$$|\overrightarrow{\mathrm{AC}}|^2=|\overrightarrow{\mathrm{BD}}|^2$$

$$|\vec{c}|^2=|\vec{d}-\vec{b}|^2$$

$$\therefore |\vec{b}|^2-|\vec{c}|^2+|\vec{d}|^2-2\vec{b}\cdot\vec{d}=0 \qquad \cdots\cdots①$$

AD＝BC より，同様に

$$|\vec{b}|^2+|\vec{c}|^2-|\vec{d}|^2-2\vec{b}\cdot\vec{c}=0 \qquad \cdots\cdots②$$

また

$$\overrightarrow{\mathrm{AB}}\cdot\overrightarrow{\mathrm{PQ}}=\vec{b}\cdot\left(\frac{\vec{c}+\vec{d}-\vec{b}}{2}\right)$$

$$=\frac{\vec{b}\cdot\vec{c}+\vec{b}\cdot\vec{d}-|\vec{b}|^2}{2} \qquad \cdots\cdots③$$

①，② の辺々を足すと

$$2|\vec{b}|^2-2\vec{b}\cdot\vec{c}-2\vec{b}\cdot\vec{d}=0$$

$$\therefore \vec{b}\cdot\vec{c}+\vec{b}\cdot\vec{d}-|\vec{b}|^2=0$$

これと ③ より $\overrightarrow{\mathrm{AB}}\cdot\overrightarrow{\mathrm{PQ}}=0$

$\therefore$ AB⊥PQ　　**(証明終わり)**

(2) 辺の長さの条件を始点がCのベクトルで書き換えて，(1) と同様に行えば

$$\overrightarrow{\mathrm{CD}}\cdot\overrightarrow{\mathrm{QP}}=0$$

を導くことができる．よって，CD⊥PQ である．

よって，線分 AB, CD の垂直2等分線が直線 PQ である．線分 PQ を含む平面 α で四面体 ABCD を切って，2つの立体 K，H に分割したとする．この立体 K, H の一つの面が平面 α に含まれ，この平面上にない頂点が A，B，C，D のいずれかである多面体である．線分 PQ を軸にこの四面体を180度回転すると A は B に，C は D

に，平面 α は平面 α に一致する．よって K を線分 PQ を軸に 180 度回転すると H に一致するので，K と H の体積は等しい．　**（証明終わり）**

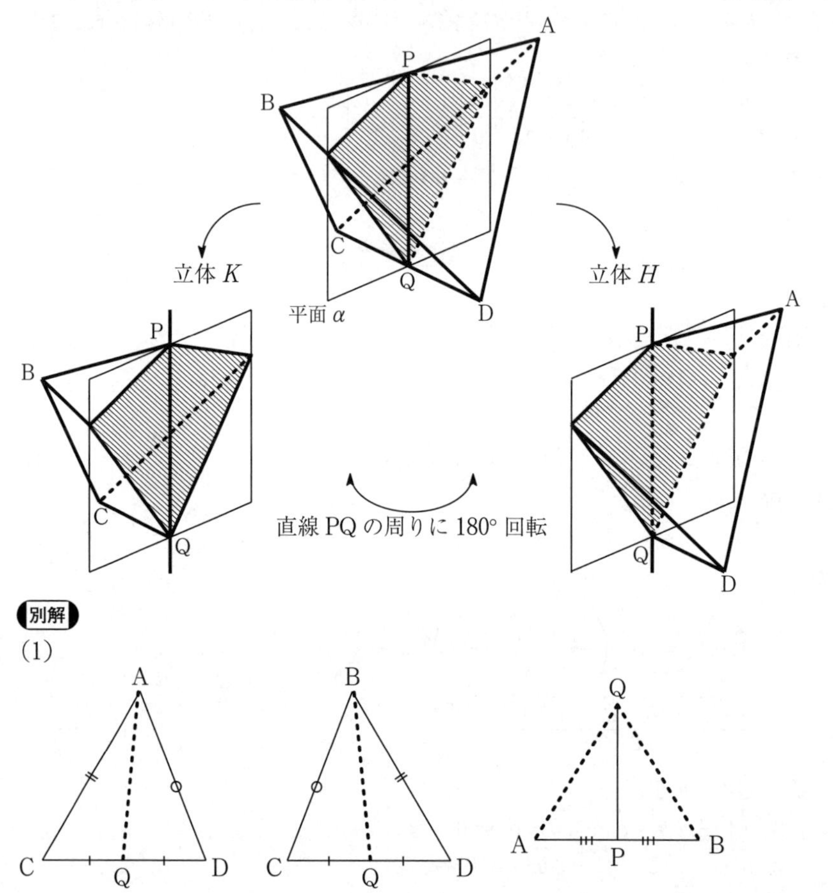

別解

(1)

△ACD, △BDC は 3 辺の長さが等しいので合同である．よって合同な三角形の中線の長さも等しいので AQ=BQ となる．直線 PQ は二等辺三角形 ABQ の中線だから垂線でもある．したがって，AB⊥PQ.

解説

(1) の道具はベクトルを選択する受験生が多いであろう．その場合始点を頂点の 1 つに選び 3 つの基本ベクトルで考えるであろう．そこで長さの条件と垂直条件の内積の式を基本ベクトルで表す．本解答と同じベクトルを選んだ場合，内積の式には $\vec{b}\cdot\vec{c}$, $\vec{b}\cdot\vec{d}$, $|\vec{b}|^2$ が含まれ $|\vec{c}|^2$, $|\vec{d}|^2$ が含まれていないので，条件の 2 式か

ら $|\overrightarrow{c}|^2$, $|\overrightarrow{d}|^2$ を消去すればよいと考える．そこで本解答では ①, ② の辺々を加えることにした．

次のポイントは「同様に」である．少し先入観無しで次の問題を見てもらいたい．

例題 a, b, c は三角形の 3 辺の長さとする．

(1) $ac+bc>c^2$ を示せ．

(2) $2(ab+bc+ca)>a^2+b^2+c^2$ を示せ．

解答

(1)　(左辺)−(右辺)$=c(a+b-c)>0$（三角形成立条件より）

$\therefore$ (左辺) $>$ (右辺)　**(証明終わり)**

(2) (1) と同様にすれば $ab+ac>a^2$, $bc+ab>b^2$ がいえる．これら 3 式を辺々加えて

$2(ab+bc+ca)>a^2+b^2+c^2$　$\therefore$ (左辺) $>$ (右辺)　**(証明終わり)**

(2) のポイントは「同様に」できたかどうかである．条件などに対称性があるときに非対称なものを誘導されたら，自分で「同様に」して対称性を取り戻すことが大切である．いくら親切な誘導でも

(1) $ac+bc>c^2$ を示せ (2) $ab+ac>a^2$ を示せ (3) $bc+ab>b^2$ を示せ

などと出題されるわけがない．問題作成者側の感覚とすれば，「(1) を見せてやれば残りは自分でできるだろう」ということ．本問における

AC $=$ BD, AD $=$ BC，辺 AB の中点を P，辺 CD の中点を Q

の条件を見れば分かるが，C，D を入れかえても条件に変化はない，A と C，B と D を同時に入れかえても条件に変化はない．C に関するもので誘導があればそれを D に入れかえたものも同様として準備する，A，B に関するもので誘導があればそれを C，D に入れかえたものも同様として準備する．このことは図を見ても感じて欲しいことである．こういう意識を持っていれば，(2) の解答の 3 行目までは進めることができる．この後この立体の回転対称性（下図参照）に気がつくかどうか．これがこの問題の本質である．それに迷彩をかけて体積で問うている所が難しい．

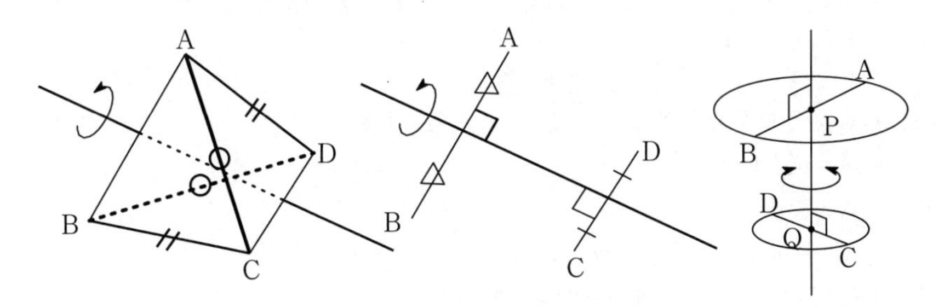

5

(1)X_n の最大値を M とすると，与えられた条件より

$$M=\sum_{k=1}^{n}k=\frac{n(n+1)}{2}$$

である．

$$\begin{aligned}&M-\frac{(n+2)(n-1)}{2}\\=&\frac{n(n+1)}{2}-\frac{(n+2)(n-1)}{2}\qquad\cdots\cdots(*)\\=&1\end{aligned}$$

だから

$$X_n\geqq\frac{(n+2)(n-1)}{2}$$

とは

$X_n=M$ または $X_n=M-1$

ということである．$X_n=M$ となるのは，取り出した球が順に

$$\underbrace{0,\ 0,\ \cdots\cdots,\ 0,\ 0}_{n\text{ 個}}$$

のときであり，$X_n=M-1$ となるのは，取り出した球が順に

$$\underbrace{0,\ 0,\ \cdots\cdots,\ 0}_{n-1\text{ 個}},\ n-1$$

のときである．

1回目　2回目　3回目　4回目

$0\to 0,\ 1\to 0,\ 1,\ 2\to 0,\ 1,\ 2,\ 3\to\ 0,\ 1,\ 2,\ 3,\ 4\to\ \cdots$

$n-1$ 回目　n 回目

$\cdots\ \to\ 0,\ 1,\ 2,\ \cdots,\ n-1\ \to\ 0,\ 1,\ 2,\ \cdots,\ n-1,\ n$

$\searrow\ 0,\ 1,\ 2,\ \cdots,\ n-1,\ n-1$

よって求める確率は

$$1\cdot\frac{1}{2}\cdot\frac{1}{3}\cdot\cdots\cdots\cdot\frac{1}{n-1}\cdot\frac{2}{n}=\boldsymbol{\frac{2}{n!}}$$

(2) X_n の最小値を m とすると，与えられた条件より

$$m=\sum_{k=1}^{n}1=n$$

だから $X_n\leqq n+1$ とは

$X_n=m$ または $X_n=m+1$

ということである．そこで $n\geqq3$ のときを考える．

$X_n=m$ となるのは，取り出した球が順に

$$0,\underbrace{1,1,\cdots,1}_{n-1\text{個}} \qquad \cdots\cdots①$$

のときであり，$X_n=m+1$ となるのは，取り出した球が①の1のうち1つが0となるときである．つまり

$$0,1,1,\cdots\cdots,1,0,1,1,\cdots\cdots,1 \qquad \cdots\cdots②$$

のときである．

1回目　2回目　3回目　4回目

0 → 0, 1 → 0, 1, 1 → 0, 1, 1, 1 → 0, 1, 1, 1, 1 → …

0, 1, 2 → 0, 1, 1, 2 → 0, 1, 1, 1, 2 → …

$n-1$ 回目　n 回目

… → 0, 1, 1, …, 1, 1 → 0, 1, 1, …, 1, 1, 1

… → 0, 1, 1, …, 1, 2 → 0, 1, 1, …, 1, 1, 2

①の確率は

$$1\cdot\frac{1}{2}\cdot\frac{2}{3}\cdot\frac{3}{4}\cdot\cdots\cdots\cdot\frac{n-1}{n}=\frac{(n-1)!}{n!}=\frac{1}{n}$$

である．②の確率は①の分母は同じで，分子の1から $n-1$ までの積が $n-2$ までの積と1の積になる．1の位置の場合の数は ${}_{n-1}\mathrm{C}_1$ だから，　……(**)

$${}_{n-1}\mathrm{C}_1\cdot\frac{(n-2)!}{n!}=\frac{1}{n}$$

よって，求める確率は

$$\frac{1}{n}+\frac{1}{n}=\boldsymbol{\frac{2}{n}}$$

これは $n=2$ のときも正しい．

別解

(1) X_n の最大値を M_n とする．$p_n=P(X_n=M_n)$, $q_n=P(X_n=M_n-1)$ とおく．

$X_{n+1}=M_{n+1}=\dfrac{(n+1)(n+2)}{2}$ となるのは $X_n=M_n$ であり $n+1$ 回目に0と書かれた球を取り出すときだから，

$$p_{n+1}=\frac{1}{n+1}p_n \qquad \cdots\cdots①$$

$X_{n+1}=M_{n+1}-1=\dfrac{n(n+3)}{2}=M_n+n$ となるのは $X_n=M_n$ であり $n+1$ 回目に n と書かれた球を取り出すときだから，

$$q_{n+1}=\frac{1}{n+1}p_n \qquad \cdots\cdots②$$

①×$(n+1)!$ より，$(n+1)!\,p_{n+1}=n!\,p_n$

これより，$\{n!\,p_n\}$ は定数列だから

$$n!\,p_n=1!\cdot p_1=1 \quad \therefore\ p_n=\frac{1}{n!}$$

$n\geqq 2$ のとき ② より，

$$q_n=\frac{1}{n}p_{n-1}=\frac{1}{n!}$$

だから求める確率は $n\geqq 2$ のとき

$$p_n+q_n=\boldsymbol{\frac{2}{n!}}$$

(2) $P(X_n=n)=a_n$, $P(X_n=n+1)=b_n$ とする．この操作により X_n は増加するので n 回目から $n+1$ 回目への推移は次のようになる．

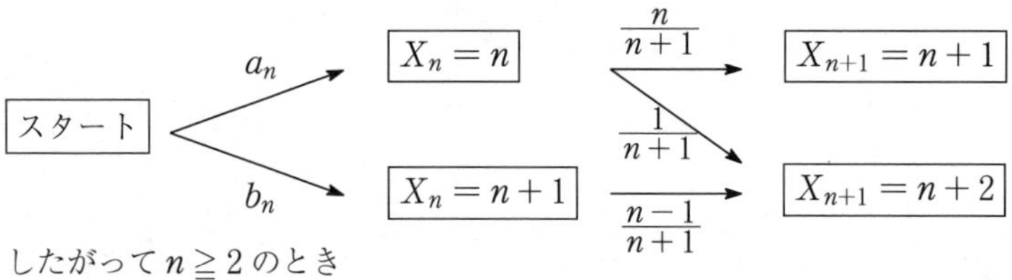

スタート →(a_n) $X_n=n$ →($\frac{n}{n+1}$) $X_{n+1}=n+1$

$X_n=n$ →($\frac{1}{n+1}$) $X_{n+1}=n+2$

スタート →(b_n) $X_n=n+1$ →($\frac{n-1}{n+1}$) $X_{n+1}=n+2$

したがって $n\geqq 2$ のとき

$$a_{n+1}=\frac{n}{n+1}a_n \qquad \cdots\cdots①$$

$$b_{n+1}=\frac{n-1}{n+1}b_n+\frac{1}{n+1}a_n \qquad \cdots\cdots②$$

① より $(n+1)a_{n+1}=na_n$ だから $\{na_n\}$ は定数列である．よって

$$na_n=2a_2=1\ \left(a_2=\frac{1}{2}\text{より}\right)\quad \therefore\ a_n=\frac{1}{n}$$

これと ② より

$$b_{n+1}=\frac{n-1}{n+1}b_n+\frac{1}{n(n+1)} \quad \therefore\ n(n+1)b_{n+1}=n(n-1)b_n+1$$

よって，$\{n(n-1)b_n\}$ は等差数列だから

$$n(n-1)b_n=2\cdot 1\cdot b_2+(n-2)\cdot 1=n-1\ \left(b_2=\frac{1}{2}\text{より}\right)$$

$n\geqq 2$ より両辺が $n(n-1)$ で割れて

$$b_n=\frac{1}{n}$$

求める確率は a_n+b_n だから

$$P(X_n\leqq n+1)=\boldsymbol{\frac{2}{n}}$$

解説

本問の推移を書いて見れば分かるが，かなり末端が広がる樹形図ができる．この樹形図の真ん中あたりを我々が求めることができるであろうか．よほど特殊な枝でないと求めることはできないであろう．なので (1)(2) は極端な状況か，その極端な状況から少しだけ外れた状況であろうと考えてもらいたい．つまり (1) は最大値付近，(2) は最小値付近であろうと予想して欲しい．そこで最大値との誤差を測ろうとしているのが解答の (∗) である．

(2) ではまず練習・実験を兼ねて $n=6$ のときを考えてみる．このときは $X_6=6,\,7$ である確率を求めることになる．

$$
\begin{array}{l}
X_0=0\xrightarrow{1}X_1=1\xrightarrow{\frac{1}{2}}X_2=2\xrightarrow{\frac{2}{3}}X_3=3\xrightarrow{\frac{3}{4}}X_4=4\xrightarrow{\frac{4}{5}}X_5=5\xrightarrow{\frac{5}{6}}X_6=6\\
\qquad\qquad\quad\ \ {\scriptstyle\frac{1}{2}}\searrow\qquad\quad\ {\scriptstyle\frac{1}{3}}\searrow\qquad\quad\ {\scriptstyle\frac{1}{4}}\searrow\qquad\quad\ {\scriptstyle\frac{1}{5}}\searrow\qquad\quad\ {\scriptstyle\frac{1}{6}}\searrow\\
\qquad\qquad\qquad\qquad X_2=3\xrightarrow[\frac{1}{3}]{}X_3=4\xrightarrow[\frac{2}{4}]{}X_4=5\xrightarrow[\frac{3}{5}]{}X_5=6\xrightarrow[\frac{4}{6}]{}X_6=7
\end{array}
$$

状態推移の各確率は上の通り．

① $X_0=0\to X_1=1\to X_2=2\to X_3=3\to X_4=4\to X_5=5\to X_6=6$

② $X_0=0\to X_1=1\to X_2=2\to X_3=3\to X_4=4\to X_5=5\searrow X_6=7$

③ $X_0=0\to X_1=1\to X_2=2\to X_3=3\to X_4=4\searrow X_5=6\to X_6=7$

⋮

⑥ $X_0=0\to X_1=1\searrow X_2=3\to X_3=4\to X_4=5\to X_5=6\to X_6=7$

上のように推移する確率を求めると，

①のとき $1\cdot\frac{1}{2}\cdot\frac{2}{3}\cdot\frac{3}{4}\cdot\frac{4}{5}\cdot\frac{5}{6}=\frac{5!}{6!}=\frac{1}{6}$

②のとき $1\cdot\frac{1}{2}\cdot\frac{2}{3}\cdot\frac{3}{4}\cdot\frac{4}{5}\cdot\frac{\mathbf{1}}{6}=\frac{4!}{6!}=\frac{1}{5\cdot6}$

③のとき $1\cdot\frac{1}{2}\cdot\frac{2}{3}\cdot\frac{3}{4}\cdot\frac{\mathbf{1}}{5}\cdot\frac{4}{6}=\frac{4!}{6!}=\frac{1}{5\cdot6}$

④のとき $1\cdot\frac{1}{2}\cdot\frac{2}{3}\cdot\frac{\mathbf{1}}{4}\cdot\frac{3}{5}\cdot\frac{4}{6}=\frac{4!}{6!}=\frac{1}{5\cdot6}$

⑤のとき $1\cdot\frac{1}{2}\cdot\frac{\mathbf{1}}{3}\cdot\frac{2}{4}\cdot\frac{3}{5}\cdot\frac{4}{6}=\frac{4!}{6!}=\frac{1}{5\cdot 6}$

⑥のとき $1\cdot\frac{\mathbf{1}}{2}\cdot\frac{1}{3}\cdot\frac{2}{4}\cdot\frac{3}{5}\cdot\frac{4}{6}=\frac{4!}{6!}=\frac{1}{5\cdot 6}$

したがってこのときの確率は

$$\frac{1}{6}+\frac{1}{5\cdot 6}\cdot 5=\frac{1}{6}+\frac{1}{6}=\frac{2}{6}$$

これを一般化すればよい．② から ⑥ の分子の $\mathbf{1}$ が動いているのが分かるだろうか．どのような取り出し方をしても分母の数は変わらない．分子の数は 1 回は 0 と書かれた球を取り出すのでこのとき $\mathbf{1}$ になる．それ以外は増えていく 1 と書かれた球の個数になるので $1\cdot 2\cdot 3\cdot 4$ となる．$\mathbf{1}$ の位置は 5 通り考えられるので，② から ⑥ の確率は合計 $\frac{4!}{6!}\cdot 5=\frac{5!}{6!}$ となる．ここまで理解できれば本解答の (**) の部分が理解できるであろう．

状態推移が本問のように一方通行のときは漸化式を立てなくても解けるが，別解のように漸化式を利用してもよい．このときの漸化式の係数には n が含まれる．このときの式変形の目標は (n の式)a_n を一つのカタマリとして扱えるような式変形を行う．

2017
年

解答・解説

1

$f(x)=x^3-4x+1$ とすると　$f'(x)=3x^2-4$

$x=t$ における C の接線の方程式は

$$y=(3t^2-4)(x-t)+t^3-4t+1$$

$$\therefore\quad y=(3t^2-4)x-2t^3+1$$

と表せる．これがPを通るとき，(3, 0) を代入して整理すると

$$2t^3-9t^2+11=0 \qquad \therefore\quad (t+1)(2t^2-11t+11)=0$$

$$\therefore\quad t=-1,\ \frac{11\pm\sqrt{33}}{4}$$

各々の t に対する傾きを調べると

$$f'(-1)=-1<0$$

$$f'\left(\frac{11\pm\sqrt{33}}{4}\right)=\frac{199\pm33\sqrt{33}}{8}>\frac{199-33\cdot6}{8}>0 \quad (\because\quad \sqrt{33}<6)$$

だから，l は $t=-1$ のときで　$l:y=-x+3$

C と l の2式より y を消去し整理すると

$$x^3-3x-2=0 \qquad \therefore\quad (x+1)^2(x-2)=0$$

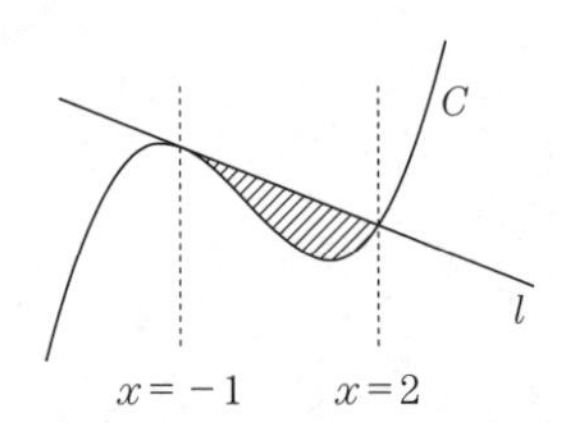

よって，C，l の上下関係は右図の通り．したがって，求める面積は

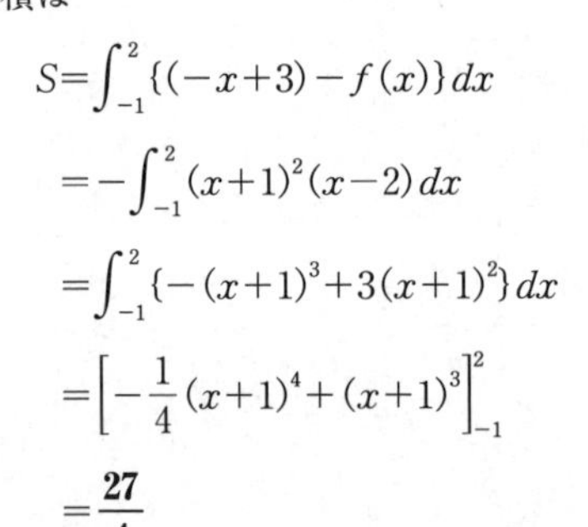

$$S=\int_{-1}^{2}\{(-x+3)-f(x)\}\,dx$$

$$=-\int_{-1}^{2}(x+1)^2(x-2)\,dx$$

$$=\int_{-1}^{2}\{-(x+1)^3+3(x+1)^2\}\,dx$$

$$=\left[-\frac{1}{4}(x+1)^4+(x+1)^3\right]_{-1}^{2}$$

$$=\boldsymbol{\frac{27}{4}}$$

……(答)

解説

$f'\left(\frac{11\pm\sqrt{33}}{4}\right)$ を計算するときは，$t=\frac{11\pm\sqrt{33}}{4}$ が $2t^2-11t+11=0$ の解であるこ

とを利用して次数下げを行っておくと少しだけ計算が楽である．つまり $t=\dfrac{11\pm\sqrt{33}}{4}$ のとき $t^2=\dfrac{11t-11}{2}$ だから

$$f'(t)=3t^2-4=3\cdot\frac{11t-11}{2}-4=\frac{33t-41}{2}$$

と変形してから $t=\dfrac{11\pm\sqrt{33}}{4}$ を代入する．

C，l の2式を連立したときに出てくる方程式 $x^3-3x-2=0$ は $x=-1$ を重解にもつことが分かっている．C，l が $x=-1$ で接していることが分かっているので，左辺は $(x+1)^2$ を因数にもつ．後は両辺の x^3 の係数と定数項を比較すればもう一つの因数が分かる．

3次関数とその接線の上下関係は，接点と交点の x 座標の大小関係でとらえることができる．(接点の x 座標)＜(交点の x 座標)なら左図，(交点の x 座標)＜(接点の x 座標)なら右図となる．

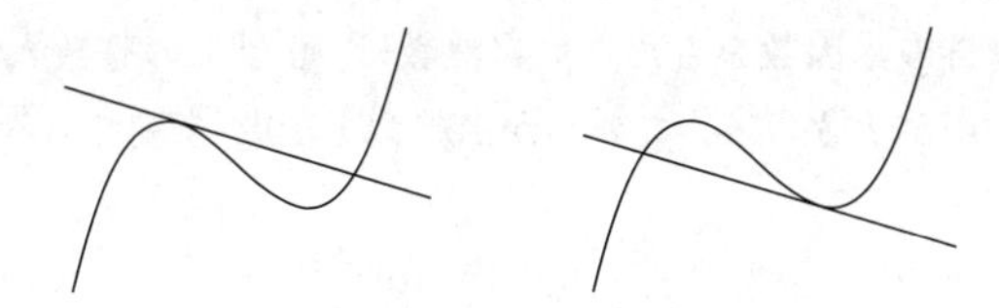

一般に $(x-\alpha)^2(x-\beta)$ の定積分は

$$(x-\alpha)^2\{(x-\alpha)-(\beta-\alpha)\}=(x-\alpha)^3-(\beta-\alpha)(x-\alpha)^2$$

と変形してから計算するとよい．

2

(1)　2^n が100桁以下になる0以上の整数 n の範囲を求める．

$$2^n<10^{100}$$

$$\log_{10}2^n<\log_{10}10^{100}$$

$$\therefore\quad n<\frac{100}{\log_{10}2} \qquad \cdots\cdots①$$

ここで $0.3010<\log_{10}2<0.3011$ より

$$\frac{100}{0.3011}\left(=332+\frac{348}{3011}\right)<\frac{100}{\log_{10}2}<\frac{100}{0.3010}\left(=332+\frac{68}{301}\right)$$

① は $n\leqq 332$ となるので，題意を満たす自然数は

$1,\ 2,\ 2^2,\ \cdots\cdots,\ 2^{332}$

の **333 個** ……**(答)**

(2) まず，5^n が 100 桁以下になる 0 以上の整数 n の範囲を求める．

$5^n<10^{100}$

$\log_{10}5^n<\log_{10}10^{100}$

$\therefore\quad n<\dfrac{100}{\log_{10}5}$ ……②

ここで $1-0.3011<\log_{10}\dfrac{10}{2}<1-0.3010$ より $0.6989<\log_{10}5<0.699$ だから

$$\frac{100}{0.699}\left(=143+\frac{43}{699}\right)<\frac{100}{\log_{10}5}<\frac{100}{0.6989}\left(=143+\frac{573}{6989}\right)$$

よって，② は $n\leqq143$ となるので，100 桁以下の自然数で 5 以外の素因数をもたないものは

$1,\ 5,\ 5^2,\ \cdots\cdots,\ 5^{143}$

の 144 個である． ……③

さて，2 と 5 以外の素因数をもたない自然数は，0 以上の整数 $k,\ a,\ b$ を用いて $10^k\cdot2^a$ または $10^k\cdot5^b$ とかける．これらが 10^{99} 以上 10^{100} 未満である個数を求めればよい．

$10^{99}\leqq10^k\cdot2^a<10^{100},\ 10^{99}\leqq10^k\cdot5^b<10^{100}$

$\therefore\quad 10^{99-k}\leqq2^a<10^{100-k},\ 10^{99-k}\leqq5^b<10^{100-k}$

これは 2^a，5^b の形で 100 桁以下であるものを求めることになる．それは(1)と③をあわせ，さらに $1=2^0=5^0$ の重複に気をつけると

$333+144-1=$**476(個)** ……**(答)**

解説

n を整数，α を無理数とする．$n>\alpha$ や $n<\alpha$ の不等式を解くときに，無理数 α の近似を行うが，京大の場合必ず「評価」という作業を行う．$p<\alpha<q$ となる有理数 p，q を用いて α の値を近似する．

(2)について例えば条件を満たす数として，$2^{106}\cdot5^{96}$ は

$$2^{10}\cdot10^{96}=1024\overbrace{000\cdots00}^{96\text{個}}$$

とかける．この下 96 桁の 0 をとれば 2^{10} である．また，条件を満たす数として，$2^{98}\cdot5^{100}$ は

$$5^2\cdot 10^{98}=25\overbrace{000\cdots00}^{98個}$$

とかける．この下98桁の0をとれば5^2である．これがこの問題のポイントである．結局100桁以下の1，2，2^2，……，2^nと1，5，5^2，……，5^mとなるものを求め，これらの末尾に100桁になるように0をつければよいのである．この発想の手がかりが(1)の「100桁以下の……」になる．ここまで分かれば，このイメージを式や文字を使って答案に仕上げるだけである．最後に1が重複しているのが注意点である．

3

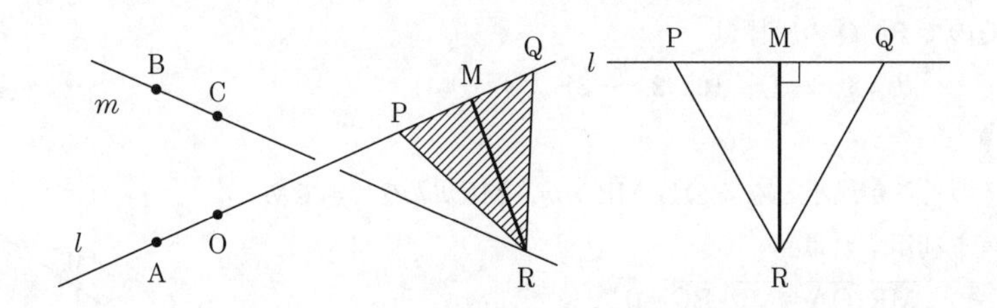

P，Qの中点をMとすると，△PQRの面積が最小となるのはMRの長さが最小となるときである．Mはl上だから

$$\overrightarrow{OM}=t\overrightarrow{OA}=(0,\ -t,\ t) \qquad \cdots\cdots①$$

とおける．Rはm上だから，$\overrightarrow{BC}=(-2,\ 0,\ -4)$より

$$\overrightarrow{OR}=\overrightarrow{OB}+s\overrightarrow{BC}=(-2s,\ 2,\ 1-4s) \qquad \cdots\cdots②$$

とおける．ただし，t，sは実数．これらより

$$\overrightarrow{MR}=(-2s,\ 2+t,\ 1-4s-t)$$

$MR\perp l$だから，$\overrightarrow{MR}\cdot\overrightarrow{OA}=0$より

$$t=-2s-\frac{1}{2}$$

よって，$\overrightarrow{MR}=\left(-2s,\ -2s+\dfrac{3}{2},\ -2s+\dfrac{3}{2}\right)$だから，

$$|\overrightarrow{MR}|^2=(-2s)^2+\left(-2s+\frac{3}{2}\right)^2+\left(-2s+\frac{3}{2}\right)^2$$

$$=12s^2-12s+\frac{9}{2}$$

$$=12\left(s-\frac{1}{2}\right)^2+\frac{3}{2}$$

これと③より $s=\dfrac{1}{2}$，$t=-\dfrac{3}{2}$ のとき $|\overrightarrow{\mathrm{MR}}|$ は最小値 $\sqrt{\dfrac{3}{2}}$ をとる．

①，②より

$$\mathrm{M}\left(0,\ \frac{3}{2},\ -\frac{3}{2}\right),\ \mathbf{R(-1,\ 2,\ -1)} \qquad \cdots\cdots\textbf{(答)}$$

△PQR が正三角形であることを考えると $\mathrm{MP}=\mathrm{MQ}=\dfrac{1}{\sqrt{3}}\mathrm{MR}=\dfrac{\sqrt{2}}{2}$ である．よって，$\overrightarrow{\mathrm{OP}}$，$\overrightarrow{\mathrm{OQ}}$ は

$$\overrightarrow{\mathrm{OM}}\pm\frac{\sqrt{2}}{2}\frac{\overrightarrow{\mathrm{OA}}}{|\overrightarrow{\mathrm{OA}}|}=\left(0,\ \frac{3}{2},\ -\frac{3}{2}\right)\pm\frac{\sqrt{2}}{2}\cdot\frac{1}{\sqrt{2}}(0,\ -1,\ 1)$$

となるので **P，Q** の座標は

$$\mathbf{(0,\ 1,\ -1),\ (0,\ 2,\ -2)} \qquad \cdots\cdots\textbf{(答)}$$

解説

MR の長さが最小となるのは $\mathrm{MR}\perp m$，$\mathrm{MR}\perp l$ のときである事実を利用すれば

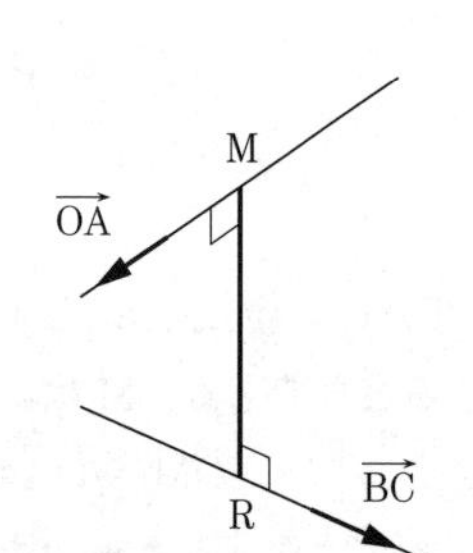

$$\overrightarrow{\mathrm{MR}}\cdot\overrightarrow{\mathrm{OA}}=\overrightarrow{\mathrm{MR}}\cdot\overrightarrow{\mathrm{BC}}=0$$

より

$$-2t-4s-1=0,\ 2t+10s-2=0$$

$$\therefore\quad t=-\frac{3}{2},\ s=\frac{1}{2}$$

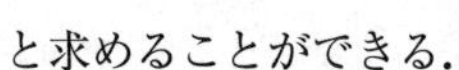

と求めることができる．

解答では単位ベクトルを利用して次のように P，Q を求めている．

P，Q は l 上にあり M から $\dfrac{\sqrt{2}}{2}$ だけ離れた点である．だから l に平行な単位ベクトル $\vec{a}$ を用いて，

$$\overrightarrow{\mathrm{MP}}=\pm\frac{\sqrt{2}}{2}\vec{a},\qquad \overrightarrow{\mathrm{MQ}}=\mp\frac{\sqrt{2}}{2}\vec{a}$$

と表せる．ただし，以下複号は同順．$l /\!/ \mathrm{OA}$ より $\vec{a}$ を

$$\vec{a}=\frac{\overrightarrow{\mathrm{OA}}}{|\overrightarrow{\mathrm{OA}}|}=\frac{1}{\sqrt{2}}(0,\ -1,\ 1)$$

と選べるから，

$$\overrightarrow{\mathrm{OP}}=\overrightarrow{\mathrm{OM}}+\overrightarrow{\mathrm{MP}}=\left(0,\ \frac{3}{2},\ -\frac{3}{2}\right)\pm\frac{\sqrt{2}}{2}\cdot\frac{1}{\sqrt{2}}(0,\ -1,\ 1)$$

$$\overrightarrow{\mathrm{OQ}}=\overrightarrow{\mathrm{OM}}+\overrightarrow{\mathrm{MQ}}=\left(0,\ \frac{3}{2},\ -\frac{3}{2}\right)\mp\frac{\sqrt{2}}{2}\cdot\frac{1}{\sqrt{2}}(0,\ -1,\ 1)$$

となる．

4

(1) (i) $q=1$ のとき，$\tan\beta=1$ より，$\beta=\dfrac{\pi}{4}+n\pi$ （n は整数）と表され

$$\tan(\alpha+2\beta)=\tan\left(\alpha+\frac{\pi}{2}+2n\pi\right)=-\frac{1}{\tan\alpha}=-p$$

となるので，$\tan(\alpha+2\beta)=2$ を満たす自然数 p は存在しない．

(ii) $q=2$，3 のとき，

$$\tan 2\beta=\frac{2\tan\beta}{1-\tan^2\beta}=\frac{2\cdot\dfrac{1}{q}}{1-\dfrac{1}{q^2}}=\frac{2q}{q^2-1}$$

であるから

$$\tan(\alpha+2\beta)=2$$

$$\frac{\tan\alpha+\tan 2\beta}{1-\tan\alpha\tan 2\beta}=2$$

$$\frac{\dfrac{1}{p}+\dfrac{2q}{q^2-1}}{1-\dfrac{1}{p}\cdot\dfrac{2q}{q^2-1}}=2$$

$$q^2-1+2pq=2\{p(q^2-1)-2q\}$$

$$\therefore\quad 2(q^2-q-1)p=q^2+4q-1 \qquad \cdots\cdots①$$

$q=2$ のとき，① より　$2p=11$　　$\therefore$　$p=\dfrac{11}{2}$

$q=3$ のとき，① より　$10p=20$　　$\therefore$　$p=2$

(i)，(ii) より，求める組 $(p,\ q)$ は

(2，3)　　　　　　　　　　　　　　　　……**(答)**

(2) $q>3$ のとき，つまり $q\geqq 4$ のとき，① を q について整理して

$$(2p-1)q^2-2(p+2)q-2p+1=0 \qquad \cdots\cdots②$$

(i) $p=1$ のとき

② より　$q^2-6q-1=0$　　$\therefore$　$q=3\pm\sqrt{10}$

q が自然数であることに反す．

(ii) $p\geqq 2$ のとき，② の左辺を $f(q)$ とおくと，qy 平面において，$y=f(q)$ のグラ

フは下に凸の放物線であり，その軸は $q=\dfrac{p+2}{2p-1}$ である．

$$4-\frac{p+2}{2p-1}=\frac{7p-6}{2p-1}>0$$

よって，軸は $q=4$ の左だから，$q \geqq 4$ においては $f(q)$ は増加関数である．

$$\begin{aligned} f(4)&=16(2p-1)-8(p+2)-2p+1\\ &=22p-31\\ &>0 \quad (\because \quad p \geqq 2) \end{aligned}$$

となるので，$q \geqq 4$ のとき，つねに $f(q)>0$ となる．つまり，② を満たす自然数 q は存在しない．

以上で題意は示された．　　　　　　　　　　　　　　　　　　**（証明終わり）**

別解

(2)(ii)　$p \geqq 2$ のとき

$0<\tan\alpha=\dfrac{1}{p} \leqq \dfrac{1}{2}<\dfrac{1}{\sqrt{3}}$ だから $0<\alpha<\dfrac{\pi}{6}$ としてよい．この区間では α は p の減少関数で $p=2$ のとき最大である．

$0<\tan\beta=\dfrac{1}{q} \leqq \dfrac{1}{4}<\dfrac{1}{\sqrt{3}}$ だから $0<\beta<\dfrac{\pi}{6}$ としてよい．この区間では β は q の減少関数で $q=4$ のとき最大である．

$0<\alpha+2\beta<\dfrac{\pi}{6}+2\cdot\dfrac{\pi}{6}=\dfrac{\pi}{2}$ だから，$\alpha+2\beta$ が最大となるとき $\tan(\alpha+2\beta)$ が最大で，それは $p=2$，$q=4$ のときである．よって

$$\begin{aligned} \tan(\alpha+2\beta)&=\frac{\dfrac{1}{p}+\dfrac{2q}{q^2-1}}{1-\dfrac{1}{p}\cdot\dfrac{2q}{q^2-1}}\\ &\leqq \frac{\dfrac{1}{2}+\dfrac{8}{15}}{1-\dfrac{1}{2}\cdot\dfrac{8}{15}}\\ &=\frac{31}{22}<2 \end{aligned}$$

したがって，等式を満たす p，q は存在しない．　　　　　　　　**（証明終わり）**

解説

$\tan 2\beta$ が定義できないときがあるので，$q=1$ の議論を行う．2β が $\dfrac{\pi}{2}+n\pi$ のとき

は定義できないから，別扱いしようとする議論である．このことに最初気がつかなくても $\tan 2\beta$ を2倍角の公式を利用して求めたとき，分母が q^2-1 となるのでここで $q=1$ を外しておかないといけないことに気がつけるはずである．

(1), (2) の流れは，不定方程式①に $q=1$, 2, 3, …… を代入していくと，$q=4$ 以降は不成立になっていくということ．ということは①を q の式と見るのが問題文としては自然であろう．不定方程式①を②と変形して q の2次方程式 $f(q)=0$ と見る．$f(q)=0$ が不成立であるというのは，$f(q)\neq 0$ ということ．$\neq 0$ ということは >0 または <0 ということ．しかし，$y=f(q)$ が下に凸だから $f(q)>0$ であることを示そうとする．すると，最小値を求めそれが正であることを示す感覚をもち，軸を調べたり端点を調べようとするはず．そこで $f(4)$ を求めると $p=1$ のときだけ $f(4)<0$ となるので都合が悪い．このときだけを別扱いしようとしているのが(2)の解答の場合分け(i)である．これは最初に気がつくものではない．(ii)の解答の最後で場合分けの必要性に気がつけばよい．

別解 の方針が三角関数で定義された問題なので自然かもしれない．式の形から p, q が大きくなると α, β が小さくなり $\tan(\alpha+2\beta)$ も小さくなるので2になりえないという感覚．p, q が最小のとき $\tan(\alpha+2\beta)$ が最大となり，その値は2未満になるので等式は不成立といった流れ．ただこれも場合分けを行っている．それは角度の大小が tan の大小につながるのは，角度が区間 $\left(-\dfrac{\pi}{2},\ \dfrac{\pi}{2}\right)$ 等に含まれるときだからである．$y=\tan x$ のグラフを考えれば分かるが，鈍角と鋭角では大小関係が崩れる．そこで $\alpha+2\beta$ を鋭角区間におさめるために場合分けを行った．

5

(1)　$X=1$ となるのは，$(L,\ M)=(1,\ 2)$, $(2,\ 3)$, $(3,\ 4)$, $(4,\ 5)$, $(5,\ 6)$ の5通り．

$L=1$, $M=2$ となるのは，n 回とも出る目は1または2で，n 回すべてが1の目またはすべてが2の目のときは除くので，その確率は

$$\left(\frac{2}{6}\right)^n-\left(\frac{1}{6}\right)^n-\left(\frac{1}{6}\right)^n=\left(\frac{1}{3}\right)^n-2\left(\frac{1}{6}\right)^n$$

他も同様なので求める確率は

$$\mathbf{5\left\{\left(\frac{1}{3}\right)^n-2\left(\frac{1}{6}\right)^n\right\}} \quad \cdots\cdots\textbf{(答)}$$

(2)　$X=5$ となるのは，$L=1$, $M=6$ のときである．この余事象は「(1の目が出な

い）または（6の目が出ない)」である．1の目が出ない確率は $\left(\frac{5}{6}\right)^n$．6の目が出ない確率は $\left(\frac{5}{6}\right)^n$．1と6の目がともに出ない確率は $\left(\frac{4}{6}\right)^n$．よって，求める確率は

$$1-\left(\frac{5}{6}\right)^n-\left(\frac{5}{6}\right)^n+\left(\frac{4}{6}\right)^n=\mathbf{1-2\left(\frac{5}{6}\right)^n+\left(\frac{2}{3}\right)^n} \quad \cdots\cdots(\text{答})$$

解説

⑵　最小値が1，最大値が6となるのは，少なくとも1回は1の目が出て，かつ少なくとも1回は6の目が出るということだから余事象を用いた．下図の斜線部の確率が求める確率である．

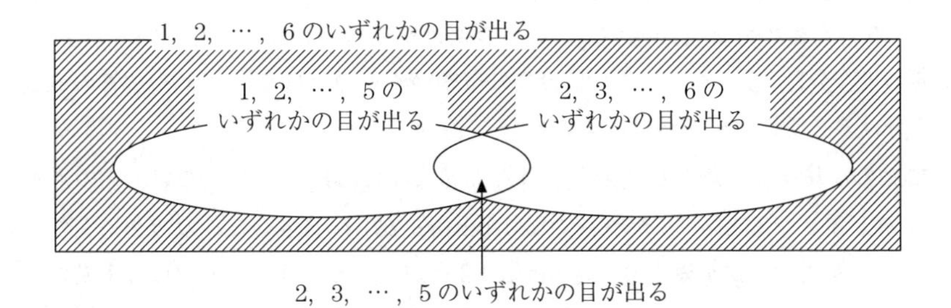

最小値が2，最大値が5となる確率なら下図のベン図を利用すると

$$\left(\frac{4}{6}\right)^n-\left(\frac{3}{6}\right)^n-\left(\frac{3}{6}\right)^n+\left(\frac{2}{6}\right)^n=\left(\frac{2}{3}\right)^n-2\left(\frac{1}{2}\right)^n+\left(\frac{1}{3}\right)^n$$

となる．

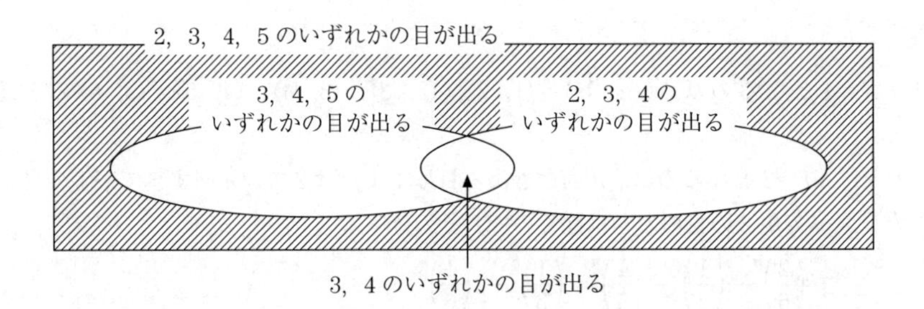

2016
年

1

C について

$y' = (3x-1)(x+1),$

x		-1		$\frac{1}{3}$	
y'	$+$	0	$-$	0	$+$
y	↗	1	↘	$-\frac{5}{27}$	↗

この増減と C が $(\pm 1,\ 1)$ を通ることに注意すると題意の領域は図１の斜線部になる.

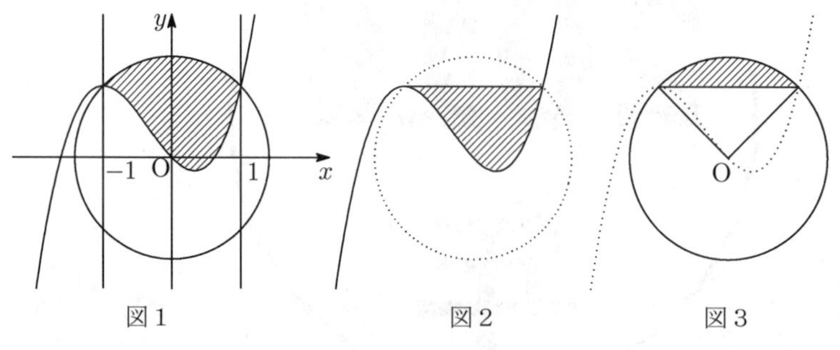

図１　　図２　　図３

これを図２，３のように分割する．図２の面積は

$$\int_{-1}^{1} \left\{1-(x^3+x^2-x)\right\} dx \qquad \cdots\cdots\cdots (*)$$

$$=2\int_{0}^{1}(1-x^2)dx = \frac{4}{3}$$

図３の面積は半径 $\sqrt{2}$ 中心角 90° の扇形の面積から２辺の長さが $\sqrt{2}$ である直角二等辺三角形の面積を引いたものだから

$$\frac{1}{4}\cdot(\sqrt{2})^2\pi - \frac{1}{2}\cdot(\sqrt{2})^2 = \frac{1}{2}\pi - 1$$

以上あわせて求める面積は

$$\boldsymbol{\frac{1}{2}\pi + \frac{1}{3}}$$

解説

$(*)$ の計算は次のように行ってもよい．これは区間に対称性がない場合に有効．

$$\begin{aligned}(*)&=\int_{-1}^{1}-(x+1)^2(x-1)dx\\&=-\int_{-1}^{1}(x+1)^2(x+1-2)dx\\&=-\int_{-1}^{1}\left\{(x+1)^3-2(x+1)^2\right\}dx\\&=\left[-\frac{1}{4}(x+1)^4+\frac{2}{3}(x+1)^3\right]_{-1}^{1}\\&=-\frac{1}{4}\cdot 2^4+\frac{2}{3}\cdot 2^3\end{aligned}$$

として計算してもよい．

流れ，目の動かし方，意識の持って行き方は次の通りである．

> まず $x^2+y^2=2$ の円をかく．これを $|x|\leqq 1$ の範囲で切り取る．次にこの図に 3 次関数を重ねたい．$y=x^3+x^2-x$ のグラフはどのあたりを通過するのか？定数項がないので原点を通る．領域の端では？$(\pm 1,\ 1)$ を通る．円との交点はこれ以外にないと願う．そのために増減を調べてみよう．題意の領域が把握できたので，面積計算ができるように領域を分割する．境界が円の一部になっている部分は扇形と三角形で処理し，3 次関数の部分は定積分を利用する．

一番のポイントは，要所をおさえて領域を正しく把握するところである．概形をつかまないうちに，先に連立して交点を求めようとすると計算がつぶれる可能性もある．

2

ボタンを 1 回押したとき「はずれ」が表示される確率を p とする．20 回押したとき少なくとも 1 回「あたり」が表示される確率が 36 %であることから

$$1-p^{20}=\frac{36}{100}\qquad\therefore\quad p=\left(\frac{64}{100}\right)^{\frac{1}{20}}\qquad\cdots\cdots\cdots①$$

少なくとも 1 回「あたり」が表示される確率が 90 %以上となるために，ボタンを最低 n 回押せばよいとすると

$$1-p^n\geqq\frac{90}{100}\qquad\therefore\quad p^n\leqq\frac{1}{10}$$

ここに①を代入して

$$\left(\frac{64}{100}\right)^{\frac{n}{20}}\leqq\frac{1}{10}\qquad\therefore\quad\left(\frac{8}{10}\right)^{\frac{n}{10}}\leqq\frac{1}{10}$$

両辺の常用対数をとると

$$\frac{n}{10}\log_{10}\frac{2^3}{10} \leqq \log_{10}\frac{1}{10} \qquad \therefore \quad n\,(1-3\log_{10}2) \geqq 10 \qquad \cdots\cdots\cdots ②$$

ここで

$$1-3\cdot 0.3011 < 1-3\log_{10}2 < 1-3\cdot 0.3010$$

より

$$\frac{967}{10000} < 1-3\log_{10}2 < \frac{97}{1000} \qquad \cdots\cdots ③$$

よって，$1-3\log_{10}2>0$ だから②は次のように変形できる．

$$n \geqq \frac{10}{1-3\log_{10}2} \qquad \cdots\cdots\cdots ④$$

これを満たす最小の自然数 n が求めるものである．③より上式の右辺は

$$\frac{10000}{97} < \frac{10}{1-3\log_{10}2} < \frac{100000}{967}$$

$$\therefore \quad 103+\frac{9}{97} < \frac{10}{1-3\log_{10}2} < 103+\frac{399}{967}$$

したがって，④を満たす最小の自然数 n は 104 だから，最低 **104 回**押せばよい．

解説

1回以上「あたり」が表示される確率というのは，少なくとも1回「あたり」が表示される確率だから余事象を考える．すべて「はずれ」となる確率を求めればよい．

未知数が問題文に設定されていないので，まずその設定からスタートする．上にあるように「あたり」の確率より「はずれ」の確率が必要なのでそれを p とでもおく．問題文の「最低何回」の「何」に対して文字 n を設定する．

無理数の近似は，京大の場合必ず不等式で与えてある．他大学なら「$\log_{10}2=0.3010$ とする」と書いてあるが,「=」扱いさせないのが京大のこだわりである．きちんと評価することがポイント．このような問題は最近では'11, '14 にある．

3

題意より与えられた等式は

$$2^{n+2}=n^3+3n^2+3n+1 \qquad \therefore \quad 2^{n+2}=(n+1)^3 \qquad \cdots\cdots\cdots ①$$

これを満たす4以上の自然数 n が求めるものである．

$n=4,\ 5,\ \cdots$ と代入すると，$n=4,\ 5,\ 6$ のときは不成立で $n=7$ のとき成立することがわかる．

$n \geqq 8$ のとき $2^{n+2}>(n+1)^3 \cdots\cdots\cdots ②$ であることを示す．

$n=8$ のとき②は成立する．

$n=k \geqq 8$ のとき②が成立すると仮定，つまり

$$2^{k+2}>(k+1)^3 \qquad \therefore \quad 2^{k+3}>2(k+1)^3 \qquad \cdots\cdots\cdots ③$$

が成立する．また，

$$\begin{aligned}2(k+1)^3-(k+2)^3&=k^3-6k-6\\&=k(k^2-6)-6\\&\geqq 8(8^2-6)-6>0\ (k\geqq 8\text{ より})\end{aligned}$$

$$\therefore\quad 2(k+1)^3>(k+2)^3 \qquad\cdots\cdots\cdots④$$

③, ④より

$$2^{k+3}>2(k+1)^3>(k+2)^3$$

よって，$n=k+1$ のときも②は成立する．

以上あわせて数学的帰納法より $n\geqq 8$ のとき②が成立することが示せた．

つまり，$n\geqq 8$ のとき①が不成立であることがわかったので，①を満たす自然数は $n=7$ のみである．

$\therefore\quad \boldsymbol{n=7}$

解説

n 進法表記された数を 10 進法表記にかえるときは

$$2_{(n)}=2\cdot n^0_{(10)}=2_{(10)}$$
$$12_{(n)}=1\cdot n^1+2\cdot n^0_{(10)}=n+2_{(10)}$$
$$1331_{(n)}=1\cdot n^3+3\cdot n^2+3\cdot n^1+1\cdot n^0_{(10)}=n^3+3n^2+3n+1_{(10)}$$

これがスタートライン．ここから本格的な整数問題が始まる．

指数関数の値と 3 次関数の値が等しくなるのは，n があまり大きくないときだという感覚が大切．小さい順に代入し答えを見つけ，それ以上では解がないことを示せばよい．n の値が十分大きいときは (指数関数の値)>(3 次関数の値) という感覚をもち，それが正しいことは帰納法で証明する．

本解答は①の右辺が $(\quad)^3$ の形でなくてもできる方法をとった．しかしこれに注目すると次のような別解も考えられる．

別解

①の左辺の素因数は 2 だけだから，

$$n+1=2^k$$

とおける．ただし $n\geqq 4$ だから k は 2 より大きい自然数．このとき①は

$$2^{2^k+1}=2^{3k}$$

となる．両辺の指数を比較して

$$2^k+1=3k \qquad \therefore\quad 2^k=3k-1 \qquad\cdots\cdots\cdots(*)$$

$k=3$ のとき $(*)$ は成立する．$k\geqq 4$ のとき $2^k>3k-1$ が成立することを示す．

(ここからは本解答通り帰納法でもよい)

$k\geqq 4$ のとき，二項定理より

$$
\begin{aligned}
2^k-(3k-1)&=(1+1)^k-3k+1\\
&={}_k\mathrm{C}_0+{}_k\mathrm{C}_1+{}_k\mathrm{C}_2+\cdots+{}_k\mathrm{C}_k-3k+1\\
&>1+k+\frac{k(k-1)}{2}-3k+1\\
&=\frac{(k-1)(k-4)}{2}\geqq 0\ (k\geqq 4\text{ より})\\
&\therefore\quad 2^k>3k-1
\end{aligned}
$$

よって，$(*)$ を満たす2より大きい自然数は3のみだから，求める n は **7**

4

$\overrightarrow{\mathrm{OA}}=\vec{a}$, $\overrightarrow{\mathrm{OB}}=\vec{b}$, $\overrightarrow{\mathrm{OC}}=\vec{c}$ とおく．

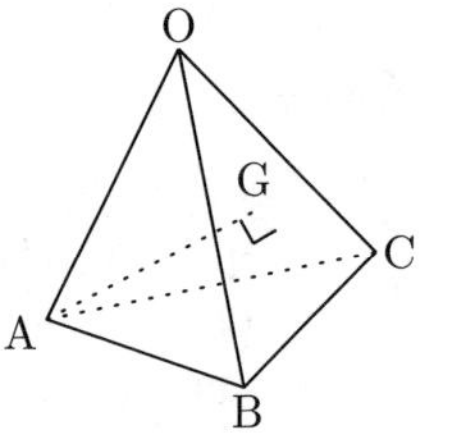

三角形OBCの重心をGとすると条件より

$$\overrightarrow{\mathrm{AG}}\cdot\vec{b}=0,\ \overrightarrow{\mathrm{AG}}\cdot\vec{c}=0$$

ここに $\overrightarrow{\mathrm{AG}}=\overrightarrow{\mathrm{OG}}-\vec{a}=\dfrac{\vec{b}+\vec{c}}{3}-\vec{a}$ を代入して整理すると

$$
\begin{cases}
|\vec{b}|^2=3\vec{a}\cdot\vec{b}-\vec{b}\cdot\vec{c} & \cdots\cdots\cdots ①\\
|\vec{c}|^2=3\vec{a}\cdot\vec{c}-\vec{b}\cdot\vec{c} & \cdots\cdots\cdots ②
\end{cases}
$$

同様に

$$
\begin{cases}
|\vec{a}|^2=3\vec{a}\cdot\vec{b}-\vec{a}\cdot\vec{c} & \cdots\cdots\cdots ③\\
|\vec{c}|^2=3\vec{b}\cdot\vec{c}-\vec{a}\cdot\vec{c} & \cdots\cdots\cdots ④\\
|\vec{a}|^2=3\vec{a}\cdot\vec{c}-\vec{a}\cdot\vec{b} & \cdots\cdots\cdots ⑤\\
|\vec{b}|^2=3\vec{b}\cdot\vec{c}-\vec{a}\cdot\vec{b} & \cdots\cdots\cdots ⑥
\end{cases}
$$

①, ⑥より

$$3\vec{a}\cdot\vec{b}-\vec{b}\cdot\vec{c}=3\vec{b}\cdot\vec{c}-\vec{a}\cdot\vec{b}$$

$$\therefore\quad \vec{b}\cdot\vec{c}=\vec{a}\cdot\vec{b}$$

③, ⑤についても同様にし，上式とあわせると

$$\therefore\quad \vec{a}\cdot\vec{b}=\vec{b}\cdot\vec{c}=\vec{c}\cdot\vec{a}$$

これと①, ②, ③より

$$|\vec{a}|^2=|\vec{b}|^2=|\vec{c}|^2=2\vec{a}\cdot\vec{b}=2\vec{b}\cdot\vec{c}=2\vec{c}\cdot\vec{a}\qquad\cdots\cdots\cdots(*)$$

前半3式からOA=OB=OCがいえ，これを用いて上式を内積の定義を用いてかきかえると

$$\cos\angle\mathrm{AOB}=\cos\angle\mathrm{BOC}=\cos\angle\mathrm{COA}=\frac{1}{2}$$

$$\therefore\quad \angle\mathrm{AOB}=\angle\mathrm{BOC}=\angle\mathrm{COA}=60^\circ$$

したがって，三角形 OAB，OBC，OCA は合同な正三角形であり，三角形 ABC もこれらと合同な正三角形になるので，四面体 OABC は正四面体である．　□

解説

最初のポイントはベクトルを導入して垂直条件を内積で表現すること．次に平面とあるベクトルが垂直である条件は，そのベクトルが平面上の 1 次独立な 2 つのベクトルと垂直であること.「頂点 A，B，C から …」とあるので A, B, C に関して対称性がありそれらに対し「同様に」という作業はよいが，頂点 O に関しては対称性がないことに注意すること．

また，$(*)$ から次のように説明してもよい．$(*)=l$ とおくと

$$|\overrightarrow{\mathrm{AB}}|^2=|\vec{b}-\vec{a}|^2=|\vec{b}|^2-2\vec{a}\cdot\vec{b}+|\vec{a}|^2=l-l+l=l$$

同様に $|\overrightarrow{\mathrm{BC}}|^2=|\overrightarrow{\mathrm{CA}}|^2=l$ がいえる．以上より

$$|\vec{a}|^2=|\vec{b}|^2=|\vec{c}|^2=|\overrightarrow{\mathrm{AB}}|^2=|\overrightarrow{\mathrm{BC}}|^2=|\overrightarrow{\mathrm{CA}}|^2=l$$

となるので正四面体になる．さらに図形的に処理することもできる．

別解

△OBC，△OAC の重心をそれぞれ G, H とし，OC の中点を M とする．H, G はそれぞれ中線 AM, BM 上にある．また条件より AG⊥(平面 OBC)，BH⊥(平面 OAC) だから，AG⊥OC，BH⊥OC.

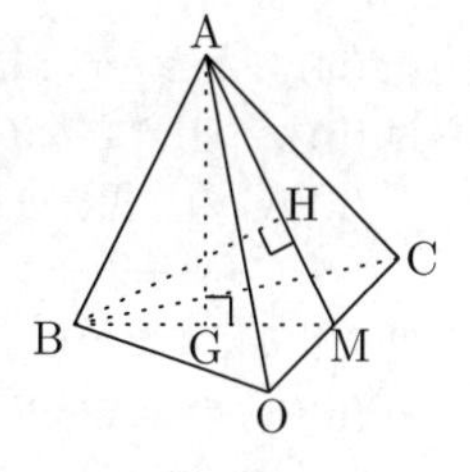

よって，(平面 ABM)⊥OC となるので，平面 ABM は OC の垂直二等分面となる．したがって，O, C はこの面に関して対称だから

OA=AC, OB=BC

同様に OB, OC の垂直二等分面を考えることにより各辺が等しいことがいえる．以上より，題意は示せた．　□

5

実数係数の 3 次方程式は少なくとも一つの実数解をもつ．$f(x)=0$ の実数解の一つを α とおくと

$$f(x)=(x-\alpha)(x^2+px+q)$$

と変形できる．ただし，a, b, c が実数だから p, q も実数である．

$x^2+px+q=0\cdots$① は (ロ) より虚数解をもつので，それは異なる 2 つの虚数解 β, γ となる．

$$(\text{判別式})=p^2-4q<0 \qquad \therefore\quad 4q>p^2 \qquad \cdots\cdots\cdots②$$

また，解の公式から

$$\beta=s+ti,\ \gamma=s-ti\ (s,t\ \text{は実数},\ t\neq 0) \qquad \cdots\cdots\cdots③$$

と表現される．(これらを共役という) さらに，解と係数の関係より

$$\beta+\gamma=-p,\ \beta\gamma=q \qquad \cdots\cdots\cdots④$$

(イ) より α^3, β^3, γ^3 が α, β, γ のいずれかと一致する．α^3 は実数だから β, γ と一致しない．よって

$$\alpha^3=\alpha \qquad \therefore \quad \alpha=0,\ 1,\ -1$$

$\beta^3=\beta$ のとき $\beta=0,\ 1,\ -1$ となり β が虚数であることに反す．よって，$\beta^3 \neq \beta$ であり，同様に $\gamma^3 \neq \gamma$

だから

「(i) $\beta^3=\alpha$ または (ii) $\beta^3=\gamma$」 かつ 「(iii) $\gamma^3=\alpha$ または (iv) $\gamma^3=\beta$」

となる．

(i) のとき $\alpha=0,\ 1,\ -1$ を代入し，β が虚数となるものを求める．その各々の β に対し γ は③の関係を用いて求めていくと $(\alpha,\ \beta,\ \gamma)$ は複号同順で

$$\left(1,\ \frac{-1\pm\sqrt{3}i}{2},\ \frac{-1\mp\sqrt{3}i}{2}\right),\ \left(-1,\ \frac{1\pm\sqrt{3}i}{2},\ \frac{1\mp\sqrt{3}i}{2}\right)$$

この値と④を用いて $(\alpha,\ p,\ q)$ を求めると

$$(1,\ 1,\ 1),\ (-1,\ -1,\ 1)$$

(iii) のときも同じ結果が得られるので，(i) と (iii) は必ず同時に起こる．だから後は (ii) かつ (iv) となるときだけを考えればよい．

(ii)(iv) の２式を辺々かけると

$$(\beta\gamma)^3=\beta\gamma \qquad \therefore \quad q^3=q \ (④より)$$

②より q は正だから $q=1$.

(ii)(iv) の２式を辺々引くと

$$(\beta-\gamma)(\beta^2+\beta\gamma+\gamma^2)=-(\beta-\gamma)$$

$\beta \neq \gamma$ だから上式は④と $\beta\gamma=q=1$ も用いて変形すると

$$(\beta+\gamma)^2-\beta\gamma=-1 \qquad \therefore \quad p^2=0$$

よって，このときは α の値によらず $p=0,\ q=1$(これは② を満たす) となる．

以上より求める $f(x)$ は

$$\boldsymbol{(x-1)(x^2+x+1),\ (x+1)(x^2-x+1)}$$
$$\boldsymbol{x(x^2+1),\ (x-1)(x^2+1),\ (x+1)(x^2+1)}$$

解説

IAIIB の範囲内できちんと論証していくのは非常に手間がかかる．流れ，目の動かし方，意識のもって行き方は次の通りである．

実数解は必ず含まれるので，$f(x)$ をその解を用いて因数分解.

↓

(ロ) から残りの２次方程式が虚数解 β, γ をもつことがわかる.

↓

実数解 α に関して (イ) を用いて α 決定.

$\downarrow$

$\beta,\ \gamma$ に関して (イ) を用いる．可能性としては β^3 が $\alpha,\ \beta,\ \gamma$ のどれかで 3 通り，γ^3 も同じく 3 通りで 9 通り．さらに α の値が 3 通りあるのでかなり煩雑になる.

$\downarrow$

しかし，解答の中で用いた「共役」という関係を用いれば，場合が限られてきて結局 2 通りの場合分けで議論が終わる.

2015
年

解答・解説

1

$y = px + q,\ y = x^2 - x$ が交わる条件は

$$x^2 - x = px + q \iff x^2 - (p+1)x - q = 0$$

が実数解をもつ条件だから

$$(p+1)^2 + 4q \geqq 0$$

$$\therefore \quad q \geqq -\frac{1}{4}(p+1)^2 \quad \cdots\cdots ①$$

$y = |x| + |x-1| + 1$ のグラフは左下図の通り

このグラフと $y = f(x) = px + q$ が共有点をもたない条件は

$$f(0) < 2,\ f(1) < 2,\ -2 \leqq (f(x) \text{の傾き}) \leqq 2$$

$$\therefore \quad q < 2,\ q < -p+2,\ -2 \leqq p \leqq 2 \quad \cdots\cdots ②$$

である．

①かつ ②を図示すると右下図の斜線部 (ただし境界は実線のみ含む)．

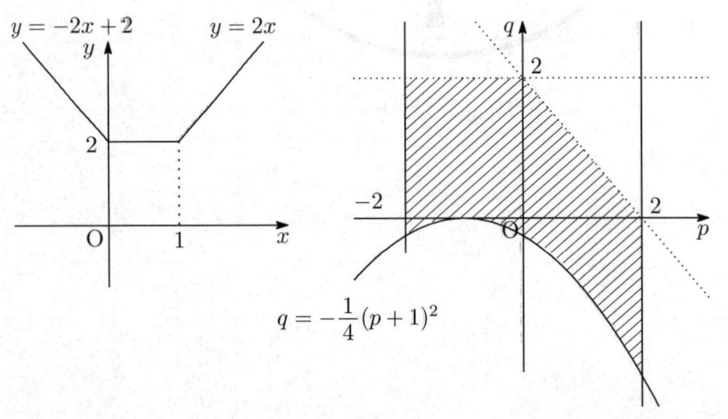

求める面積は，台形の面積と放物線と x 軸とではさまれた面積をあわせて

$$\frac{2+4}{2} \cdot 2 + \int_{-2}^{2} \frac{1}{4}(p+1)^2 dp$$

$$= 6 + \frac{1}{12}\Big[(p+1)^3\Big]_{-2}^{2} = \boldsymbol{\frac{25}{3}}$$

解説

この問題のポイントは，２つのグラフが共有点をもつ条件を前半と後半でやり方を変えるところである．前半は２式を連立した方程式に解が存在する条件で考える．後半は２つのグラフをかいて傾きやある点での y 座標に条件をつけて考える．後半を前半のように連立してしまうとなかなか答えにたどりつけない．

領域の面積を求めるときに，領域の境界が含まれていない部分があるが面積には影響ないので気にする必要はない．台形と放物線と x 軸で囲まれた領域に分けて計算を行う．

2

条件 (a) より四角形は次図の２通りが考えられる．つまり四角形の隣り合う２つの内角がともに 90° であるときと１組の対角がともに 90° であるとき．

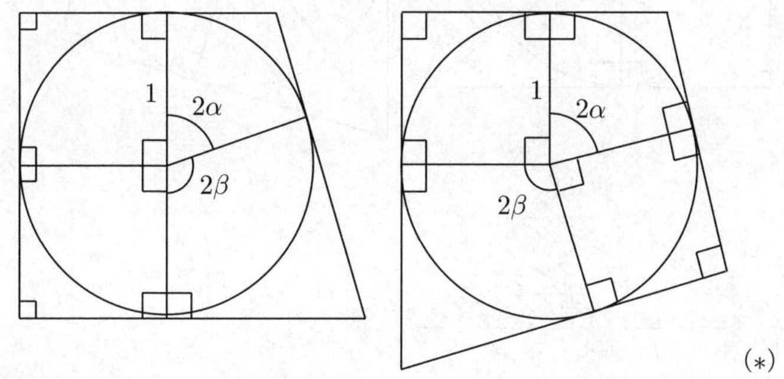

そこで上図のように α, β を定めると $\alpha+\beta=\dfrac{\pi}{2}\cdots\cdots$① であり，四角形の面積はいずれにしても１辺の長さが１の正方形２つと次図の直角三角形２つずつの面積和である．

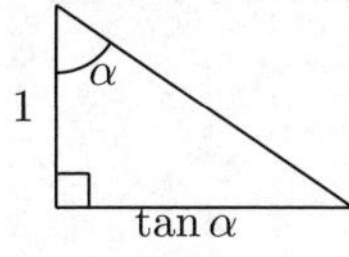

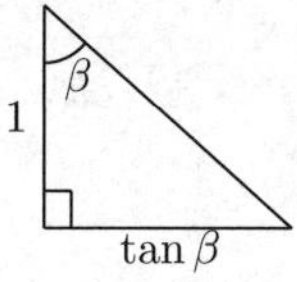

したがって，四角形の面積を S とすると

$$
\begin{aligned}
S &= 1+1+2\cdot\frac{1}{2}\cdot1\cdot\tan\alpha+2\cdot\frac{1}{2}\cdot1\cdot\tan\beta\\
&= 2+\tan\alpha+\tan\beta\\
&= 2+\tan\alpha+\tan\left(\frac{\pi}{2}-\alpha\right)\ (\text{①より})\\
&= 2+\tan\alpha+\frac{1}{\tan\alpha}
\end{aligned}
$$

α は鋭角だから $\tan\alpha > 0$ である．したがって，相加相乗平均の関係より

$$S \geqq 2 + 2\sqrt{\tan\alpha \cdot \frac{1}{\tan\alpha}} = 4$$

等号成立は $\tan\alpha = 1$ のとき，つまり $\alpha = \beta = \dfrac{\pi}{4}$ のとき．したがって，正方形のとき最小値 **4**

別解

本解答の $(*)$ までは同じ．

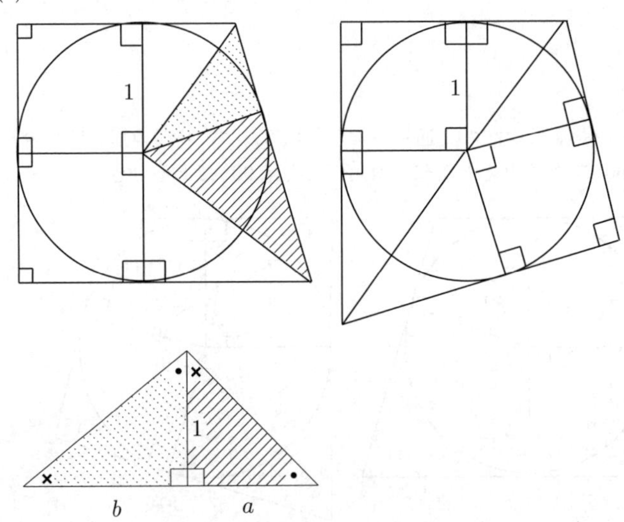

上図の斜線部の三角形と打点部の三角形の面積の２倍と１辺の長さが１の正方形２つの面積和の最小値を求めればよい．そこで上図のように a, b を定めると・と×の角度の和が 90° であることから，２つの三角形は相似であることが分かる．よって，

$$a : 1 = 1 : b \qquad \therefore \quad ab = 1$$

本解答と同様に S を定めると

$$\begin{aligned} S &= 1 + 1 + \frac{1}{2} \cdot a \cdot 1 \cdot 2 + \frac{1}{2} \cdot b \cdot 1 \cdot 2 \\ &= a + b + 2 \\ &\geqq 2\sqrt{ab} + 2 \quad (a > 0,\ b > 0 \text{ だから相加相乗平均の関係を用いた}) \\ &= 4 \quad (ab = 1 \text{ より}) \end{aligned}$$

等号成立は $a = b = 1$ のとき．以下同様.

解説

条件より２タイプの四角形が考えられるが，面積を考えるときにはそれらの区別は関係なくなる．というのは，内接円の中心と接点とを結ぶ線分でこの四角形を分割すると正方形２つと向かい合う２角が直角の四角形が２つできる．これらの四角形の組み合わせ方が変わるだけで，合計の面積には影響しない．なので面積の最小値を考えるときは場合分けせずに立式できる．ここまでこの問題をときほぐすのが最初のポイント．

次に正方形以外の２つの四角形は対称な図形なので対称軸で分けて２つの直角三角形の面積和を考えることになる．そのときの変数は角または辺であろうが，どちらもそれほど差はない．円が絡む図形なので中心角などを変数にするのが自然であろう．また２つの三角形が相似であることに注意すると辺でも簡単に立式できる．

最後は相加相乗平均の関係を利用して最小値を求めるが，等号成立を確認することを忘れずに．$S \geqq 4$ であることが示せても $S=4$ という図形が実現できるかの確認をしないと最小値が 4 といえない．

また (*) の左の図だけで考えればよいことが分かれば，次のように解答することもできる．

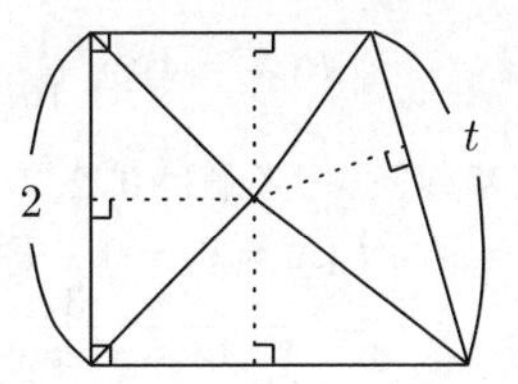

図のように t を定めると，円に外接する四角形の性質（向かい合う辺の和が等しい）より，四角形の周の長さは $2(t+2)$ となる．さらに図のよう円の中心と頂点を結ぶ線分で４分割すると，底辺が四角形の辺，高さが円の半径１の三角形ができるので，

$$S=\frac{1}{2}\cdot 2\cdot(2+t)=t+2$$

また図より $t \geqq 2$ だから $S_{min}=4$

3

$X=2$ となるのは，

①：AB，BE がともに赤く塗られる

または

②：AF，FE がともに赤く塗られる

ときである．

①となる確率 $\cdots\left(\frac{1}{2}\right)^2=\frac{1}{4}$

②となる確率 $\cdots\left(\frac{1}{2}\right)^2=\frac{1}{4}$

①②が同時におこる確率 $\cdots\left(\frac{1}{2}\right)^4=\frac{1}{16}$

したがって

$$P(X=2)=\frac{1}{4}+\frac{1}{4}-\frac{1}{16}=\mathbf{\frac{7}{16}}$$

$X=4$ となるのは

③ : AB, BC, CD, DE がすべて赤く塗られる

かつ

④ : BE が黒く塗られる

かつ

⑤ : AF, FE の少なくとも一方が黒く塗られる

ときである.

③となる確率 $\cdots\left(\frac{1}{2}\right)^4=\frac{1}{16}$

④となる確率 $\cdots\frac{1}{2}$

⑤となる確率 $\cdots 1-\left(\frac{1}{2}\right)^2=\frac{3}{4}$

したがって

$$P(X=4)=\frac{1}{16}\cdot\frac{1}{2}\cdot\frac{3}{4}=\mathbf{\frac{3}{128}}$$

X のとりうる値は 0, 2, 4 だから

$$\begin{aligned}&P(X=0)=1-P(X=2)-P(X=4)\\&=1-\frac{7}{16}-\frac{3}{128}\\&=\mathbf{\frac{69}{128}}\end{aligned}$$

解説

n のとりうる値は 0, 2, 4 しかないので，求めやすい2つの確率を求め残りは余事象を利用するのがよい．A から B へのルートは3通りある．このうち2つは長さ2で残りは長さ4である．$X=2$ は正方形 ABEF だけを考えればよいので，まずこれから求める．$X=0$, $X=4$ のどちらが求めやすいかは少しルートを考えればわかるが，$X=4$ の方が考えやすいことがわかる．

もし直接 $P(X=0)$ を求めるなら次のようになる．

(i) : AF, FE の少なくとも一方を黒で塗る

かつ

(ii) : AB を黒で塗る
または
(iii) : AB を赤で塗り, BE を黒で塗り, BC, CD の少なくとも一方を黒で塗る

(i) の確率 $\cdots 1-\left(\frac{1}{2}\right)^2=\frac{3}{4}$

(ii) の確率 $\cdots \dfrac{1}{2}$

(iii) の確率 $\cdots \dfrac{1}{2}\cdot\dfrac{1}{2}\cdot\left\{1-\left(\dfrac{1}{2}\right)^3\right\}=\dfrac{7}{32}$

よって

$$P(X=0)=\{\text{(i) かつ「(ii) または (iii)」となる確率}\}$$
$$=\frac{3}{4}\cdot\left(\frac{1}{2}+\frac{7}{32}\right)=\mathbf{\frac{69}{128}}$$

4

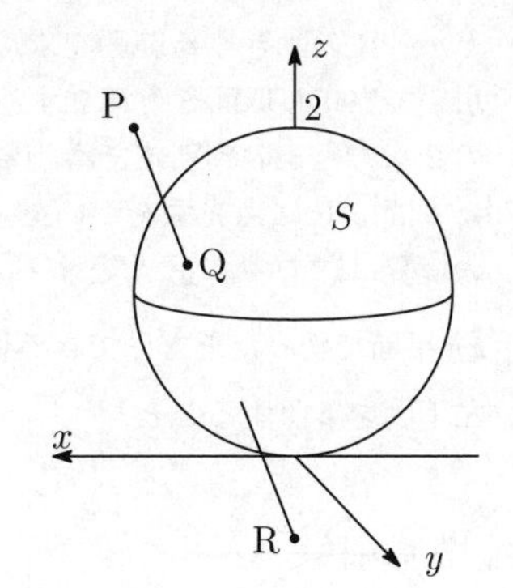

Q$(X,\ Y,\ Z)$, R$(x,\ y,\ 0)$ とおく．ただし

$X^2+Y^2+(Z-1)^2=1$ ……①

$Z \neqq 2$ ……②

Q は PR 上より

$$\overrightarrow{\mathrm{OQ}}=(1-t)\overrightarrow{\mathrm{OP}}+t\overrightarrow{\mathrm{OR}}$$

とかける．

ここに成分を代入して整理すると

$$X=(x-1)t+1,\ Y=yt,\ Z=-2t+2$$

これを①, ②に代入して整理すると

$$\left\{(x-1)^2+y^2+4\right\}t^2+2(x-3)t+1=0 \ \cdots\cdots ③$$

$$t \neqq 0 \ \cdots\cdots ④$$

③かつ④を同時にみたす実数 t が存在するような $x,\ y$ の条件を求める．③をみたす t は④をみたすので③をみたす実数 t が存在する条件を求めればよい．それは③の t^2 の係数が 0 でないことから

$$\frac{1}{4}(\text{③の判別式})=(x-3)^2-\left\{(x-1)^2+y^2+4\right\} \geqq 0$$

これを整理して

$$\boldsymbol{x \leqq -\frac{1}{4}y^2+1}$$

これを図示すると次図の斜線部．ただし境界は含む．

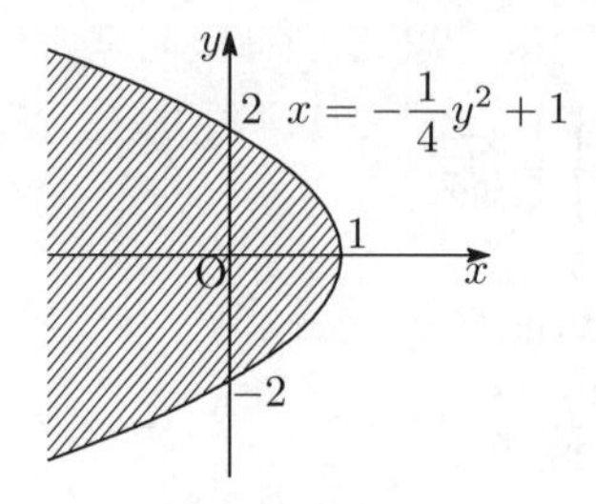

解説

軌跡の問題である．基本的に直線PRと球面が共有点をもつような条件を求めることが，Rの動きうる範囲を求めることになる．まず直線PRの方程式を媒介変数tを用いて立式し球面Sと連立する．共有点をもつ条件はtが存在する条件であるので，tの2次方程式の判別式で議論する．

本問はPに点光源をおいたときの球面Sのxy平面への影を求める問題である．その境界は球の中心をAとすると，Pを頂点，PAを軸，半頂角を$\frac{\pi}{4}$とする円錐面をxy平面で切ったときにできる切り口を求める問題である．半頂角が$\frac{\pi}{4}$である理由は左下図を参照すること．

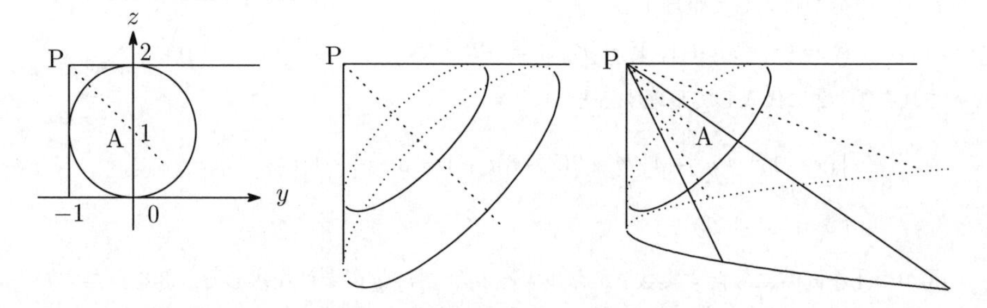

これを利用して求める領域の境界の方程式を求めることができる．A(0, 0, 1), R(x, y, 0)とおくと

$$\overrightarrow{\mathrm{PA}}=(-1,\ 0,\ -1),\ \overrightarrow{\mathrm{PR}}=(x-1,\ y,\ -2)$$

となる．これらのなす角は$\frac{\pi}{4}$だから

$$\overrightarrow{\mathrm{PA}}\cdot\overrightarrow{\mathrm{PR}}=|\overrightarrow{\mathrm{PA}}||\overrightarrow{\mathrm{PR}}|\cos\frac{\pi}{4}$$

$$\therefore\quad 3-x=\sqrt{2}\cdot\sqrt{(x-1)^2+y^2+4}\cdot\frac{1}{\sqrt{2}}$$

$3-x\geqq 0$のもとで両辺を2乗し整理すると

$$x = -\frac{1}{4}y^2 + 1 \quad (これは x \leqq 3 をみたす)$$

5

$f(x)$ を $g(x)$ で割ったときの商は1次式で余りは定数だから

$$f(x) = g(x)(px + q) + r$$

とおける．ただし $a,\ b,\ c,\ d,\ e$ が有理数だから $p,\ q,\ r$ も有理数である．示すべき内容は $r = 0$ ということである．また与えられた条件は任意の正の整数 n に対し

$$\frac{f(n)}{g(n)} = \frac{g(n)(pn + q) + r}{g(n)} = pn + q + \frac{r}{g(n)} \cdots\cdots ①$$

が整数であるということである．そこで $p,\ q$ は有理数だから既約分数で表せる．このときのそれぞれの分母の公倍数の1つを $m(>0)$ とする．つまり $pm,\ qm$ が整数になるとする．①は整数だから整数 m をかけたとしても整数である．
つまり

$$pmn + qm + \frac{mr}{dn + e}$$

は任意の正の整数 n に対して整数となる．$pmn + qm$ は整数だから結局任意の正の整数 n に対して

$$\frac{mr}{dn + e}$$

が整数となる．さてこれは十分大きな n のとき区間 $(-1,\ 1)$ の値をとる．この中で整数となるのは0だけだから

$$mr = 0 \qquad \therefore \quad r = 0 \ (m > 0 より)$$

以上より題意は示せた．　**証明終わり**

解説

「割り切れることを示せ」「割り切れるための条件を求めよ」というのは,「割ったときの余りを求めよ」という問題と同じ入口でよい．余りを求め，それが0になれば割り切れることの証明になるし，その余りが0となる条件を求めれば割り切れるための条件を求めたことになる．本問も余りを求める問題だと考えれば，商 $(px + q)$ と余り (r) を設定し本解答2行目のような設定をすることができる．

①式の余りの部分だけの議論を行うため，前半の $pn + q$ 部分を議論の対象から外したいと考える．そこで次のような式のイメージをもつ．

$$① = \frac{1}{3}n + \frac{1}{2} + \frac{r}{g(n)}$$

これが常に整数ということは，この式に 6 をかけた

$$6\times ① = 2n+3+\frac{6r}{g(n)}$$

も常に整数である．$2n+3$ は整数だから，$\dfrac{6r}{dn+e}$ が整数となる．これは $n=(1\text{億})$ のような大きい数のときを考えれば，0 かほぼ 0 であろうとわかる．0 付近の整数というのは 0 しかないので，$6r$ が 0 ということ．このイメージを持って数学らしい議論を進めることがポイントである．

また，次のように議論することもできる．これは条件が「有理数」ではなく「実数」でもできる解答である．

①までは本解答と同様．①$=F(n)$ とおく．$F(n)$ が任意の正の整数 n に対して整数値をとるので

$$F(n+1)-F(n)=p-\frac{dr}{g(n)g(n+1)}=G(n)$$

も整数値をとる．さらにこれより

$$G(n+1)-G(n)=\frac{2d^2r}{g(n)g(n+1)g(n+2)}$$

も整数値をとる．十分大きい n のとき上式は区間 $(-1,\ 1)$ の値をとる．この区間に含まれる整数値は 0 だけだから

$$d^2r=0 \qquad \therefore\quad r=0\ (d>0\ \text{より})$$

これで題意は示せた．　(証明終わり)

2014
年

解答・解説

1

与えられた方程式は

$$x^2-2(\cos\theta)x-\cos\theta+1=0 \qquad \cdots\cdots ①$$

または

$$x^2+2(\tan\theta)x+3=0 \qquad \cdots\cdots ②$$

となるので，①, ②の少なくとも一方が虚数解を持つことを示せばよい．そこでこれらの判別式をそれぞれ D_1, D_2 とすると

$$D_1/4=\cos^2\theta+\cos\theta-1,\ D_2/4=\tan^2\theta-3$$

となる．
$0^\circ \leqq \theta < 60^\circ$ のとき $0 \leqq \tan\theta < \sqrt{3}$ だから

$$D_2<0$$

$60^\circ \leqq \theta < 90^\circ$ のとき $0<\cos\theta \leqq \dfrac{1}{2}$ だから

$$D_1/4 \leqq \left(\frac{1}{2}\right)^2+\frac{1}{2}-1=-\frac{1}{4}<0$$

以上より①, ②の少なくとも一方が虚数解を持つ．

（証明終わり）

解説

まず最初のポイントは，元の4次方程式を2次方程式2つに分けて議論するところである．この2つの2次方程式の判別式 D_1, D_2 が，θ の区間において少なくとも一方が負になることを示せばよい．そこで符号の判定がやりやすい方，本解答でいえば D_2 から考える．D_2 が負になる区間以外で D_1 が負になることを示せばよい．

D_1 は $\cos\theta$ の増加関数なので $\cos\theta$ が最大のとき D_1 も最大となる．これが負であれば D_1 が負であることが示せる．

2

(1) $f(x)=x^3-x$ とおくと，$f'(x)=3x^2-1$ より点 $(a,\ f(a))$ における接線の方程式は

$$y=(3a^2-1)(x-a)+a^3-a \qquad \therefore \quad y=(3a^2-1)x-2a^3 \qquad \cdots\cdots ①$$

これが P $(1,\ t)$ を通る条件は

$$t=(3a^2-1)\cdot 1-2a^3 \qquad \therefore \quad t=-2a^3+3a^2-1 \qquad \cdots\cdots②$$

P から接線が 1 本だけ引ける条件は，a の方程式②がただ 1 つの実数解を持つ条件である．それは②の右辺を $g(a)$ とおくと，$y=g(a)$ と $y=t$ がただ 1 つの共有点を持つ条件である．そこで

$g'(a)=-6a(a-1)$,

a		0		1	
$g'(a)$	$-$	0	$+$	0	$-$
$g(a)$	↘	-1	↗	0	↘

$y=g(a)$ のグラフは右の通り．このグラフと $y=t$ がただ 1 つの共有点を持つような t の範囲は

$$\boldsymbol{t<-1,\ 0<t} \cdots\cdots(答)$$

(2) t が (1) で求めた範囲を動くとき，a の変域は $y=g(a)$ のグラフから，

$$a<-\frac{1}{2},\ \frac{3}{2}<a \qquad \cdots\cdots③$$

ここで C と接線①との共有点の x 座標は①の右辺を $h(x)$ とすると

$$f(x)=h(x)$$
$$\therefore \quad x^3-x=(3a^2-1)x-2a^3$$
$$\therefore \quad (x-a)^2(x+2a)=0$$
$$\therefore \quad x=a,\ -2a$$

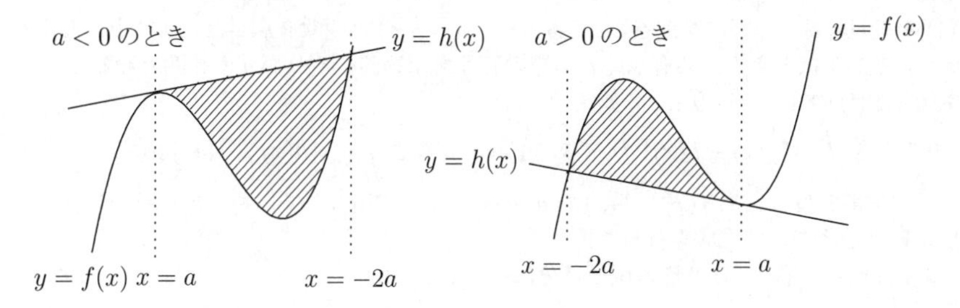

よって，$S(t)$ は a の範囲によらず次のように表される．

$$
\begin{aligned}
S(t) &= \left| \int_a^{-2a} \{f(x) - h(x)\}\, dx \right| \\
&= \left| \int_a^{-2a} (x-a)^2(x+2a)dx \right| \\
&= \left| \int_a^{-2a} (x-a)^2 \{(x-a) + 3a\}\, dx \right| \\
&= \left| \int_a^{-2a} \left\{(x-a)^3 + 3a(x-a)^2\right\} dx \right| \\
&= \left| \left[\frac{1}{4}(x-a)^4 + a(x-a)^3 \right]_a^{-2a} \right| \\
&= \left| \frac{1}{4}(-3a)^4 + a(-3a)^3 \right| \\
&= \frac{27}{4}a^4
\end{aligned}
$$

③のとき a^4 のとりうる値の範囲は $a^4 > \dfrac{1}{16}$ だから，$S(t)$ のとりうる値の範囲は

$$S(t) > \frac{27}{4} \cdot \frac{1}{16} \qquad \therefore \quad \boldsymbol{S(t) > \frac{27}{64}}$$ ……(答)

解説

曲線外の点から接線を引くときの流れは，
「接点を設定し接線を立式，その接線が通る点を代入，接点の方程式を解く」
というもの．(1) はこの流れに従う．また 3 次関数の場合，接点の個数と接線の本数は一致するので，接点の方程式の異なる解の個数が接線の本数になる．さらに，この接点の方程式は 1 次の文字定数を含む方程式となるので，解の個数を調べるときは定数分離を行うことがポイントである．

(2) において面積を $S(t)$ と書いてあるが，t の式で表そうとしないことが最大のポイントである．面積は共有点の座標で表されるので，接点の x 座標 a を主役にして立式しようとするところがポイントである．$S(t)$ の表記につられて t で表そうとすると泥沼に陥る．

(1) の範囲も a の範囲にかえること．$y = t$ と $y = g(a)$ との共有点がただ 1 つとなるように t を動かしたときの，共有点の a 座標の範囲を求める．それが a の範囲となる．

厳密に $S(t)$ の立式を行うと

$a > 0$ のとき $\displaystyle\int_{-2a}^{a} \{f(x) - h(x)\}\, dx$ であり，$a < 0$ のき $\displaystyle\int_a^{-2a} \{h(x) - f(x)\}\, dx$

となる．本解答は，結局 $f(x) - h(x)$ を a から $-2a$ まで積分して，負であれば正に変えればよいということで立式を行った．

一般に $(x-\alpha)^2(x-\beta)$ の形の微分積分は

$$(x-\alpha)^2 \{(x-\alpha) + \alpha - \beta\} = (x-\alpha)^3 + (\alpha-\beta)(x-\alpha)^2$$

の形にかえて計算を行うと楽である．

3

$p,\ q,\ r$ を実数として，P, Q, R の座標は

$$\mathrm{P}(2p+1,\ p,\ -p-2),\ \mathrm{Q}(q+1,\ -q+2,\ q-3),\ \mathrm{R}(r+1,\ 2r-1,\ r)$$

と表される．これより

$$\begin{cases}\overrightarrow{\mathrm{PQ}}=(q-2p,\ -q-p+2,\ q+p-1)\\ \overrightarrow{\mathrm{PR}}=(r-2p,\ 2r-p-1,\ r+p+2)\end{cases}$$

となる．$\overrightarrow{\mathrm{PQ}}\perp m,\ \overrightarrow{\mathrm{PR}}\perp n$ であるから，

$$\overrightarrow{\mathrm{PQ}}\cdot\vec{v}=0,\ \overrightarrow{\mathrm{PR}}\cdot\vec{w}=0$$

$$\therefore\quad 3q-3=0,\ 6r-3p=0$$

$$\therefore\quad q=1,\ p=2r$$

これより，

$$\begin{cases}\overrightarrow{\mathrm{PQ}}=(1-4r,\ 1-2r,\ 2r)\\ \overrightarrow{\mathrm{PR}}=(-3r,\ -1,\ 3r+2)\end{cases}$$

よって，

$$\mathrm{PQ}^2+\mathrm{PR}^2=\left|\overrightarrow{\mathrm{PQ}}\right|^2+\left|\overrightarrow{\mathrm{PR}}\right|^2$$
$$=\left\{(1-4r)^2+(1-2r)^2+(2r)^2\right\}+\left\{(-3r)^2+(-1)^2+(3r+2)^2\right\}$$
$$=42r^2+7$$

であるから，$r=0$ のとき $\mathrm{PQ}^2+\mathrm{PR}^2$ は最小値をとる．このとき $p=0$ であるから，求める最小値とそのときの P の座標は

P(1, 0, −2), $\mathbf{PQ^2+PR^2}$の最小値 7 　　……(答)

解説

Aを通りベクトル $\vec{v}$ に平行な直線上の点 P は次のように表される．

$$\overrightarrow{\mathrm{AP}}=p\vec{v}\iff\overrightarrow{\mathrm{OP}}-\overrightarrow{\mathrm{OA}}=p\vec{v}\qquad\therefore\quad\overrightarrow{\mathrm{OP}}=\overrightarrow{\mathrm{OA}}+p\vec{v}$$

上の内容を利用して3点 P, Q, R の座標を表現する．垂直であることを内積で表現すると，$p,\ q.\ r$ を含む条件式が2つ得られる．ここから一つの文字で他の2文字を表せば，一つの媒介変数で3点 P, Q, R が表され，$\left|\overrightarrow{\mathrm{PQ}}\right|^2+\left|\overrightarrow{\mathrm{PR}}\right|^2$ がその媒介変数の2次関数になる．後は平方完成するだけである．

4

(1)　$a_{n+1}=2a_n-1$ より $a_{n+1}-1=2(a_n-1)$
よって，

$$a_n-1=(a_1-1)\cdot 2^{n-1}=2^{n-1} \qquad \therefore \quad \boldsymbol{a_n=2^{n-1}+1} \qquad \cdots\cdots(\text{答})$$

(2)　${a_n}^2-2a_n>10^{15}$ より $a_n(a_n-2)>10^{15}$
ここに(1)の結果を代入すると

$$(2^{n-1}+1)(2^{n-1}-1)>10^{15} \qquad \therefore \quad 4^{n-1}-1>10^{15}\cdots\cdots ①$$

となる．①を満たす最小の自然数 n を求める．そこで，$n=1$ のとき不成立なので，$n \geqq 2$ のときを考える．①の左辺が奇数，右辺が偶数であることを考えると，①を満たす2以上の整数 n と次の②を満たす2以上の整数 n は同じである．

$$4^{n-1}>10^{15} \qquad \cdots\cdots ②$$

この両辺の常用対数をとると

$$\log_{10}4^{n-1}>\log_{10}10^{15} \qquad \therefore \quad (n-1)\log_{10}4>15$$

$\log_{10}4=2\log_{10}2$ であることを用いて変形すると

$$n>1+\frac{15}{2\log_{10}2} \qquad \cdots\cdots ③$$

となる．$0.3010<\log_{10}2<0.3011$ を用いると

$$1+\frac{15}{2\cdot 0.3011}<(③の右辺)<1+\frac{15}{2\cdot 0.3010}$$

となる．

$$1+\frac{15}{2\cdot 0.3011}=25.908\cdots,\ 1+\frac{15}{2\cdot 0.3010}=25.916\cdots$$

だから，③を満たす最小の自然数は $n=26$ であることが分かる．したがって，求める n の最小値は

26 ……(答)

である．

解説

(2)の不等式の本質は $4^{n-1}>10^{15}$ を満たす自然数の範囲を求めることである．これなら辺々対数をとることで解決できるが，元の不等式 $4^{n-1}-1>10^{15}$ のままでは対数をとっても計算ができない．この -1 の処理が大問題である．-1 がうまく処理できなかったら，この -1 があってもなくても結果は変わらないだろうから，本質の不等式を解いて答だけでも求めること．

-1 の処理の仕方の一つは，左辺右辺の偶奇に着目することである．左辺の奇数が右辺の偶数より大きいというのは，左辺の奇数より1大きい偶数が右辺の偶数より大きい

ことと同値である．感覚的には m を整数として

$$\boldsymbol{2m-1>6} \iff 2m>7 \iff m>3.5$$

m は整数だから上式は $m>3$ となる．つまり $\boldsymbol{2m>6}$ となる．同様に $2m-1>2n$ と $2m>2n$ を満たす自然数 m, n は等しい．本問はこれを利用した．ただこの議論を行うとき，$n=1$ のときだけ 4^{n-1} が奇数になるので最初に除外した．

もう一つは，10^{15} は16桁の最小の数だから，基本的に $4^{n-1}-1$ が16桁以上の数になるような n を求めることになる．4^{n-1} $(n=2,\ 3,\ \cdots)$ の一の位は0になることがなく，偶数だから1になることがない．よって，$4^{n-1}-1>10^{15}$ を満たす2以上の整数 n と $4^{n-1}>10^{15}$ を満たす2以上の整数 n は等しい．

京大は無理数の近似の値を必ず不等式で与える．他の大学のように「ただし $\log_{10}2=0.3010$ とする」という与え方はしない．だから近似したい値を大きめ小さめに見積もって，どのくらいの値であるかを求めないと駄目である．

5

A, B の目の出方は 20^2 通りである．A の得点が k $(k=2,\ 3,\ \cdots,\ 20)$ 点となる確率を p_k とする．A が k 点となるとき B の目は $1, 2, 3, \cdots,\ k-1$ の $k-1$ 通りあるので，

$$p_k=\frac{1\cdot(k-1)}{20^2}=\frac{k-1}{400}$$

よって，求める期待値は

$$\begin{aligned}
&\sum_{k=2}^{20}k\cdot p_k=\frac{1}{400}\sum_{k=2}^{20}k(k-1)\\
&=\frac{1}{400}\sum_{k=2}^{20}\frac{(k+1)k(k-1)-k(k-1)(k-2)}{3}\\
&=\frac{1}{400}\cdot\frac{1}{3}\{(3\cdot2\cdot1-2\cdot1\cdot0)+(4\cdot3\cdot2-3\cdot2\cdot1)+\cdots\\
&\qquad\cdots+(21\cdot20\cdot19-20\cdot19\cdot18)\}\\
&=\frac{1}{400}\cdot\frac{1}{3}\cdot19\cdot20\cdot21\\
&=\boldsymbol{\frac{133}{20}}\qquad\cdots\cdots(\text{答})
\end{aligned}$$

解説

得点を k と一般的におき，それに対する確率 p_k を求め，$\sum kp_k$ の計算を行う．$\sum$ 計算を行うとき，$k=1$ のとき $\sum$ 内は0になるので，$k=1$ にかえて計算してもよい．これなら $\sum$ 公式も使える．また，n 個の連続する整数の積は，$n+1$ 個の連続する整数の積の差にかえると計算がやりやすい．本問なら $k(k-1)$ の左右に $k+1$, $k-2$ を付けたものの差にすると

$$(k+1)k(k-1)-k(k-1)(k-2)=k(k-1)\{(k+1)-(k-2)\}=3k(k-1)$$

となるので，両辺を3で割った式を利用すると計算が楽になる．

2013
年

解答・解説

1

$f(x)=y$ とおくと，$a \geqq 2$ より

$$f(f(x))>0 \iff f(y)>0$$
$$\iff (y+a)(y+2)>0$$
$$\iff y<-a \text{ または } -2<y \quad \cdots\cdots①$$

一方，

$$y=x^2+(a+2)x+2a=\left(x+\frac{a+2}{2}\right)^2-\frac{1}{4}(a-2)^2$$

より，x がすべての実数値をとって変化するときの y の値域は

$$y \geqq -\frac{1}{4}(a-2)^2 \quad \cdots\cdots②$$

だから，

「すべての実数 x に対して
　$f(f(x))>0$」　　$\cdots\cdots(*)$

$\iff$「② をみたす実数 y は ① をみたす」

①
②
$-a$　-2　y

すなわち，② が ① に含まれるときであり

$$-2<-\frac{1}{4}(a-2)^2 \quad \therefore \quad a^2-4a-4<0$$

これと $a \geqq 2$ より，求める a の範囲は

$$2 \leqq a < 2+2\sqrt{2} \quad \cdots\cdots \textbf{(答)}$$

別解

$$f(f(x))=\{f(x)+a\}\{f(x)+2\}$$
$$=\{x^2+(a+2)x+3a\}\{x^2+(a+2)x+2a+2\}$$

より，

「すべての実数 x に対して $f(f(x))>0$」　$\cdots\cdots(*)$

であるためには2つの2次方程式

$$x^2+(a+2)x+3a=0,\ x^2+(a+2)x+2a+2=0$$

がいずれも実数解をもたないことが必要である。よって，それぞれの判別式を考えて

$$\begin{cases}(a+2)^2-12a<0\\(a+2)^2-4(2a+2)<0\end{cases} \quad \therefore \quad \begin{cases}a^2-8a+4<0\\a^2-4a-4<0\end{cases}$$

逆にこれが成り立つとき，すべての実数 x に対して

$$x^2+(a+2)x+3a>0,\quad x^2+(a+2)x+2a+2>0$$

が成り立つので，(*) が成り立つ。

したがって，求める a の範囲は

$$4-2\sqrt{3}<a<4+2\sqrt{3} \text{ かつ } 2-2\sqrt{2}<a<2+2\sqrt{2} \text{ かつ } a \geqq 2$$

$$\therefore\quad 2 \leqq a<2+2\sqrt{2} \qquad \cdots\cdots(\text{答})$$

解説

$$f(f(x))>0 \iff \{f(x)+a\}\{f(x)+2\}>0$$
$$\iff f(x)<-a \text{ または } -2<f(x) \qquad \cdots\cdots③$$

より

(*) $\iff$ 「すべての実数 x に対して ③ が成り立つ」

であるが，これを

「すべての実数 x に対して $f(x)<-a$」　……Ⓐ

　または「すべての実数 x に対して $-2<f(x)$」　……Ⓑ

と考えて，x^2 の係数が正の2次式 $f(x)$ で Ⓐ が成り立つことはないので，Ⓑ が成り立つ条件から

$-2<$（$f(x)$ の最小値）

としても，結果的に正解が得られるが，これは論理に少しギャップがある。(*) は

「(すべての) 各 x に対して $f(x)<-a$，$-2<f(x)$ のいずれかが成り立つ」

ことであり，Ⓐ，Ⓑ のようにすべての x に対して一様に $f(x)<-a$，$-2<f(x)$ の一方だけが成り立つことは断定できないからである。

③ のように考える場合も，上の解答と同様に $y=f(x)$ とおいて

$$y<-a \text{ または } -2<y \qquad \cdots\cdots①$$

とし，

(*) $\iff$ 「すべての x に対して ① が成り立つ」

$\iff$ 「$y=f(x)$ をみたすすべての x，y が ① をみたす」

$\iff$ 「xy 平面で $y=f(x)$ のグラフが領域 ① に含まれる」

と展開して行く方がよいだろう。

$f(f(x))$ のような4次式の問題では，$f(x)$ をカタマリと見てその形の通り2段階の2次関数に分けて考えるのが一般的であり，4次式としてまるごと扱うと難しくなる場合が多いが，本問の場合は $f(x)$ が因数分解できているので $f(f(x))$ も2つの2次式の積として表せ，それから考える方がわかりやすい。それが **別解** である。

2

Pは直線CE上にあるので，実数sを用いて

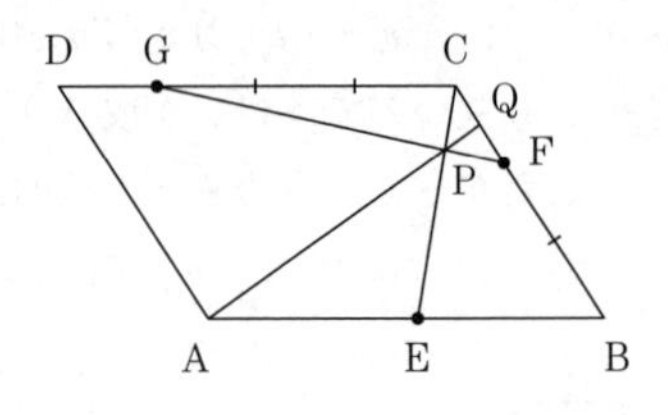

$$\overrightarrow{AP}=(1-s)\overrightarrow{AC}+s\overrightarrow{AE}$$
$$=(1-s)(\overrightarrow{AB}+\overrightarrow{AD})+s\cdot\frac{1}{2}\overrightarrow{AB}$$
$$=\left(1-\frac{s}{2}\right)\overrightarrow{AB}+(1-s)\overrightarrow{AD}\quad\cdots\cdots①$$

と表せる。Pは直線FG上にもあるので，同様に

$$\overrightarrow{AP}=(1-t)\overrightarrow{AF}+t\overrightarrow{AG}$$
$$=(1-t)\left(\overrightarrow{AB}+\frac{2}{3}\overrightarrow{AD}\right)+t\left(\overrightarrow{AD}+\frac{1}{4}\overrightarrow{AB}\right)$$
$$=\left(1-\frac{3}{4}t\right)\overrightarrow{AB}+\left(\frac{2}{3}+\frac{1}{3}t\right)\overrightarrow{AD}\quad\cdots\cdots②$$

と表せ，$\overrightarrow{AB}\not\parallel\overrightarrow{AD}$ であるので，①，②より

$$\begin{cases}1-\dfrac{s}{2}=1-\dfrac{3}{4}t\\[2mm]1-s=\dfrac{2}{3}+\dfrac{1}{3}t\end{cases}\qquad\therefore\quad\begin{cases}2s=3t\\3s+t=1\end{cases}$$

これより $s=\dfrac{3}{11}$，$t=\dfrac{2}{11}$ となり

$$\overrightarrow{AP}=\frac{19}{22}\overrightarrow{AB}+\frac{8}{11}\overrightarrow{AD}$$

Qは直線AP上にあるので

$$\overrightarrow{AQ}=\alpha\overrightarrow{AP}=\frac{19}{22}\alpha\overrightarrow{AB}+\frac{8}{11}\alpha\overrightarrow{AD}\quad\cdots\cdots③$$

Qは直線BC上にもあるので

$$\overrightarrow{AQ}=\overrightarrow{AB}+\overrightarrow{BQ}=\overrightarrow{AB}+\beta\overrightarrow{AD}\quad\cdots\cdots④$$

③，④より

$$\frac{19}{22}\alpha=1,\ \frac{8}{11}\alpha=\beta\qquad\therefore\quad\alpha=\frac{22}{19},\ \beta=\frac{16}{19}$$

よって

$$\overrightarrow{AQ}=\frac{22}{19}\overrightarrow{AP}$$

となるので

AP：PQ＝19：3　……**(答)**

解説

$$\text{「CEとFGの交点がP」} \iff \begin{cases}\text{「PはCE上にある」}\\ \text{「PはFG上にある」}\end{cases}$$

$$\iff \begin{cases}\overrightarrow{\mathrm{CP}}=s\overrightarrow{\mathrm{CE}}\\ \overrightarrow{\mathrm{FP}}=t\overrightarrow{\mathrm{FG}}\end{cases}$$

$$\text{「APとBCの交点がQ」} \iff \begin{cases}\text{「QはAP上にある」}\\ \text{「QはBC上にある」}\end{cases}$$

$$\iff \begin{cases}\overrightarrow{\mathrm{AQ}}=\alpha\overrightarrow{\mathrm{AP}}\\ \overrightarrow{\mathrm{BQ}}=\beta\overrightarrow{\mathrm{BC}}\end{cases}$$

とベクトルを用いてP，Qを求める典型的な問題であり，類題を経験している諸君も多いだろう。A(0，0)，B(a，0)，C(b，c)のように座標を設定して，2直線の交点としてP，Qを求めることもできるが，やはりベクトルを使って確実に完答してほしい問題である。

3

(1)　x^n を $(x-k)(x-k-1)$ で割ったときの商を $Q(x)$ とすると

$$x^n=(x-k)(x-k-1)Q(x)+ax+b \quad \cdots\cdots(*)$$

これに $x=k$，$k+1$ を代入すると

$$\begin{cases}k^n=ak+b & \cdots\cdots① \\ (k+1)^n=a(k+1)+b & \cdots\cdots②\end{cases}$$

②－① より

$$a=(k+1)^n-k^n$$

これと ① より

$$b=k^n-k\{(k+1)^n-k^n\}$$

n，k は自然数だから，a，b は整数である。

(2)　a と b をともに割り切る素数 p が存在するとすると

$$a=pc,\ b=pd \quad (c,\ d\text{は整数})$$

と表せ，①，② より

$$k^n=p(ck+d),\ (k+1)^n=p(ck+c+d)$$

k^n，$(k+1)^n$ はともに素数 p の倍数だから，k，$k+1$ とも p の倍数となり

$$k=pq \qquad k+1=pr \quad (q,\ r\text{は整数})$$

と表せる。このとき

$$1=p(r-q)$$

より，2以上の整数pが1の約数となり矛盾。

したがって，aとbをともに割り切る素数は存在しない。

解説

整式の余りの問題ではその商，余りとの関係 (*) がもっとも重要であり，これが (xの恒等式として) 成り立つことを目標もしくは出発点として考える。

本問では (*) に $x=k$, $k+1$ を代入して①，②を出すことは当然であり，これからa，bが求められて，(1) は簡単に示される。

(2) は「……の素数は存在しない」という否定的な命題の証明であるので，まず背理法が考えられ

1)　a，bをともに割り切る素数pが存在するとする ⟶　$a=pc$, $b=pd$

2)　(何らかの論理で) 矛盾を導く

という流れになる。ここで

$$a=(k+1)^n-k^n,\quad b=(k+1)k^n-k(k+1)^n$$

に 1) を用いて

$$(k+1)^n-k^n=pc,\quad (k+1)k^n-k(k+1)^n=pd$$

とすると矛盾を導きにくい (不可能ではないが)。①，②に代入する方が簡単であるが，そこでpが素数であることから

「k^nがpの倍数ならkがpの倍数」

とできることが重要である。

4

(1)　A(0, 3)，$f(x)=-\dfrac{x^2}{3}+\alpha x-\beta$ とすると

$$f'(x)=-\frac{2}{3}x+\alpha$$

APの傾きは $\dfrac{0-3}{\sqrt{3}-0}=-\sqrt{3}$ だから，CのPにおける接線の傾きは $\dfrac{1}{\sqrt{3}}$

この接線が放物線 $y=f(x)$ のPにおける接線でもあるので

$$f(\sqrt{3})=0,\quad f'(\sqrt{3})=\frac{1}{\sqrt{3}}$$

$$\therefore\quad \begin{cases} -1+\sqrt{3}\,\alpha-\beta=0 \\ -\dfrac{2\sqrt{3}}{3}+\alpha=\dfrac{1}{\sqrt{3}} \end{cases}$$

$\therefore$　$\alpha=\sqrt{3}$，$\beta=2$　……**(答)**

(2) (1)より

$$f(x)=-\frac{x^2}{3}+\sqrt{3}\,x-2$$

直線APの方程式は $y=-\sqrt{3}\,x+3$ であり，

$$\mathrm{AP}=2\sqrt{3},\ \angle\mathrm{OAP}=\frac{\pi}{6}$$

Qを図の点とすると，求める面積は

$$\int_0^{\sqrt{3}}\{(-\sqrt{3}\,x+3)-f(x)\}dx-(\text{扇形 APQ})$$

$$=\int_0^{\sqrt{3}}\left(\frac{x^2}{3}-2\sqrt{3}\,x+5\right)dx-\frac{1}{2}(2\sqrt{3})^2\cdot\frac{\pi}{6}$$

$$=\left[\frac{x^3}{9}-\sqrt{3}\,x^2+5x\right]_0^{\sqrt{3}}-\pi$$

$$=\frac{7\sqrt{3}}{3}-\pi$$

……(答)

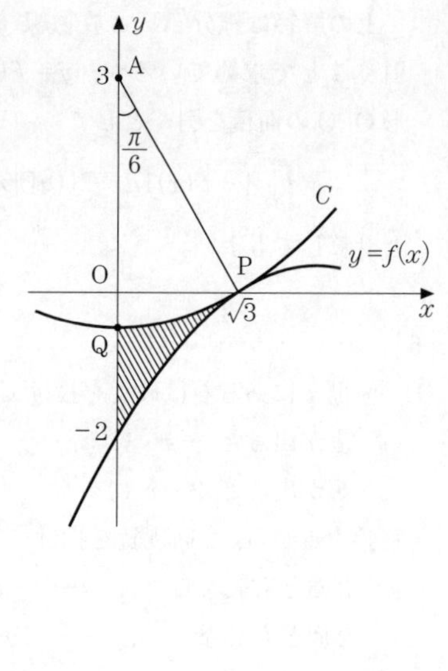

解説

すべきことはほぼ決まっている計算主体の問題で，標準というよりも基本に近いものである。2 と同様に確実にできてほしい。

(1) 円の接線はその点を通る半径に垂直だから，その傾きは $\frac{1}{\sqrt{3}}$ である。したがって，放物線 $y=f(x)$ が $\mathrm{P}(\sqrt{3},\ 0)$ において傾き $\frac{1}{\sqrt{3}}$ の接線をもつ条件として，

$f(\sqrt{3})=0,\ f'(\sqrt{3})=\frac{1}{\sqrt{3}}$ が得られる。

円 C の方程式は $x^2+(y-3)^2=12$ であるから，$\mathrm{P}(\sqrt{3},\ 0)$ における接線は公式より $\sqrt{3}\,x+(0-3)(y-3)=12$，すなわち $\sqrt{3}\,x-3y=3$ と求められる。これが2次関数 $y=f(x)$ と接する条件として重解条件から考えてもよい。

(2) 問題となるのは図の斜線部であるが，その境界として円弧 $\overset{\frown}{\mathrm{PQ}}$ が現れている。円弧を境界にもつ図形の面積は扇形と三角形に分解して計算するのが原則であり，扇形の面積は必ずその中心角を求めておかねばならない。今の場合

$\mathrm{OP}:\mathrm{OA}=\sqrt{3}:3$ だから，$\angle\mathrm{PAQ}=\frac{\pi}{6}$

とわかる。

上の解答は線分APと放物線 $y=f(x)$ と y 軸で囲まれた部分から扇形APQを引くことで求めているが，$y=f(x)$ と x 軸，y 軸で囲まれた部分の面積から，図形OPQの面積を引くとして

$$\int_0^{\sqrt{3}}\{-f(x)\}dx-\{(\text{扇形 APQ})-\triangle\text{OAP}\}$$

と計算してもよい。

5

(1)　座標 x にある石は硬貨を投げて

表が出ると $-x$ に

裏が出ると $2-x$ に

移動するから，2回硬貨を投げて

2回とも表なら　$x \longrightarrow -x \longrightarrow -(-x)=x$

2回とも裏なら　$x \longrightarrow 2-x \longrightarrow 2-(2-x)=x$

表，裏と出ると　$x \longrightarrow -x \longrightarrow 2-(-x)=x+2$

裏，表と出ると　$x \longrightarrow 2-x \longrightarrow -(2-x)=x-2$

と移動する。

よって，求める確率は2回とも表，または2回とも裏が出る確率で

$$\frac{1}{2}\cdot\frac{1}{2}+\frac{1}{2}\cdot\frac{1}{2}=\frac{1}{2}$$　……**(答)**

(2)　(1)より2回の操作で石は

$+2$ 移動する，-2 移動する，移動しない

のいずれかであり，それぞれの事象を A，B，C とすると，2回の操作でそれらの起こる確率はそれぞれ $\frac{1}{4}$，$\frac{1}{4}$，$\frac{1}{2}$ である。

$2n$ 回の操作で $+2n$ 移動するのは A が n 回続けて起こるときだから，求める確率は

$$\left(\frac{1}{4}\right)^n=\frac{1}{4^n}$$　……**(答)**

解説

各回ごとの移動を考えるとわかりにくいが，2回ずつに分けると移動の仕方は上のように3通りしかない。(1)がそれをわからせるための大きなヒントになっており，(2)がどのような確率であるかはそれから直ちにわかる。

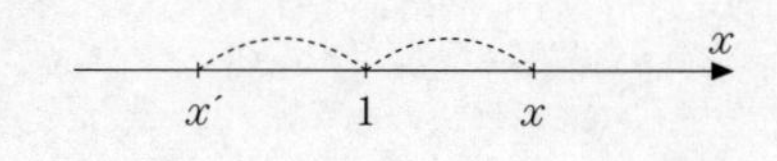

数直線上で点1に関して点xと対称な点をx'とすると，xとx'の中点が1だから

$$\frac{x+x'}{2}=1$$

よって，$x'=2-x$ となる。

2012
年

解答・解説

1

(1)　　$x^4-(x^2+2)=(x^2-2)(x^2+1)$

より，この2曲線の交点は $x=\pm\sqrt{2}$ であり，

$-\sqrt{2}<x<\sqrt{2}$ のとき

$x^4-(x^2+2)<0$ より $x^4<x^2+2$

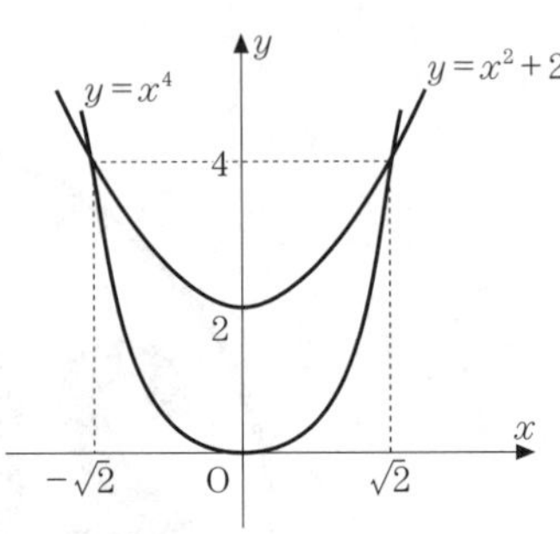

よって，求める面積は

$$\int_{-\sqrt{2}}^{\sqrt{2}}(x^2+2-x^4)\,dx$$

$$=\left[\frac{1}{3}x^3+2x-\frac{1}{5}x^5\right]_{-\sqrt{2}}^{\sqrt{2}}$$

$$=\left(\frac{2\sqrt{2}}{3}+2\sqrt{2}-\frac{4\sqrt{2}}{5}\right)-\left(-\frac{2\sqrt{2}}{3}-2\sqrt{2}+\frac{4\sqrt{2}}{5}\right)$$

$$=\frac{56\sqrt{2}}{15}$$

……**(答)**

(2)　3回の札の取り出し方は，札を元に戻さないので

$${}_{2n}\mathrm{P}_3=2n(2n-1)(2n-2) \text{ 通り}$$

あり，これらは同様に確からしい。そのうち，条件をみたすのは $X_1<X_2<X_3$ に入る3数の決め方が ${}_n\mathrm{C}_3$ 通りあり，その各々に対して，各数字の札が2枚ずつあるので札の取り方が 2^3 通りある。

よって，求める確率は

$$\frac{{}_n\mathrm{C}_3\cdot 2^3}{2n(2n-1)(2n-2)}=\frac{n(n-1)(n-2)}{3n(2n-1)(n-1)}=\frac{n-2}{3(2n-1)}$$

……**(答)**

解説

(1)　交点を求めるだけなら

$$x^4=x^2+2 \iff (x^2-2)(x^2+1)=0$$

から $x=\pm\sqrt{2}$ とできるが，面積を求めるためにはその上下(大小)関係が必要なので，少なくとも図をかくか，上記のように

$$-\sqrt{2}<x<\sqrt{2} \text{ のとき } x^4-(x^2+2)<0 \iff x^4<x^2+2$$

とその大小を調べておかないといけない。

(2)　$2n$ 枚から3枚まとめての取り出し方は ${}_{2n}\mathrm{C}_3$ 通りであるが，本問は1枚ずつ順に

3 回取り出すので全部の起こり方（確率の分母）は ${}_{2n}\mathrm{P}_3$ 通りとしなければいけない，その中で条件 $(X_1<X_2<X_3)$ をみたすのは，例えば $(X_1,\ X_2,\ X_3)=(1,\ 2,\ 3)$ となるのは，$2n$ 枚のカードを

　　1，2，3，……，n（四角囲み）

　　①，②，③，……，n（丸囲み）

とすればわかるように，

　　$X_1=1$ が 1（四角囲み）か①かの 2 通り

　　$X_2=2$ が 2（四角囲み）か②かの 2 通り

　　$X_3=3$ が 3（四角囲み）か③かの 2 通り

で 2^3 通りとなる。したがって，X_1，X_2，X_3 に入る 3 数の組の個数がわかればよいが，

　「大小順に並んだ 3 数」 $\Longleftrightarrow$ 「異なる 3 数の組合せ」

と 1 対 1 に対応するので，それは ${}_n\mathrm{C}_3$ 通りと求められる。

2

OP$=p$，OQ$=q$，OR$=r$ とすると，△OPQ に余弦定理を用いて

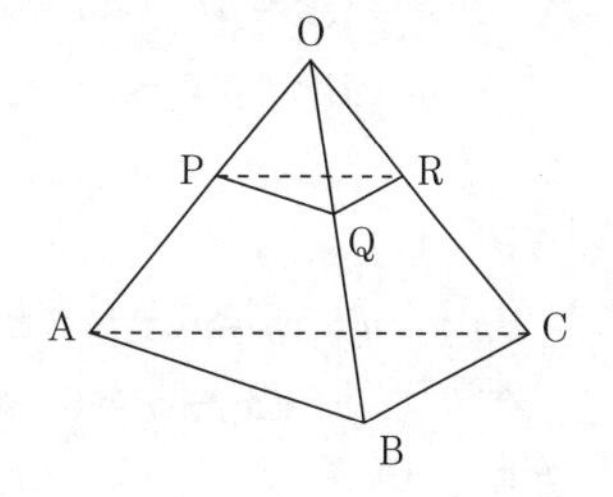

$$\mathrm{PQ}^2=p^2+q^2-2pq\cos 60^\circ=p^2+q^2-pq$$

同様に

$$\mathrm{QR}^2=q^2+r^2-qr,\quad \mathrm{RP}^2=r^2+p^2-rp$$

であり，△PQR が正三角形であるから

$$p^2+q^2-pq=q^2+r^2-qr=r^2+p^2-rp$$

$$\therefore\ \begin{cases}(p-r)(p+r-q)=0 & \cdots\cdots① \\ (p-q)(p+q-r)=0 & \cdots\cdots②\end{cases}$$

① より $p=r$ または $q=p+r$ であるが，$q=p+r$ のときこれを ② に代入すると $2rp=0$ となり，$p>0$，$r>0$ に反する。

　よって，$p=r$ であり，これと ② より　$(p-q)q=0$

$q>0$ だから $p=q$，よって，$p=q=r$ となり

$$\mathrm{OP}:\mathrm{OA}=\mathrm{OQ}:\mathrm{OB}=\mathrm{OR}:\mathrm{OC}$$

　よって，3 辺 PQ，QR，RP はそれぞれ 3 辺 AB，BC，CA に平行である。

解説

PQ$=$QR$=$RP から PQ∥AB，QR∥BC，RP∥CA を示す問題であるが，純粋に幾何の論理だけでは示しにくい。余弦定理を用いて OP$=$OQ$=$OR を導くのがもっ

とも簡単である。ベクトルを用いる人も多いと思われるが，次のように本質的には上の解答とほとんど同じである。

別解

$\overrightarrow{OA}=\overrightarrow{a}$，$\overrightarrow{OB}=\overrightarrow{b}$，$\overrightarrow{OC}=\overrightarrow{c}$ とすると，仮定より

$$|\overrightarrow{a}|=|\overrightarrow{b}|=|\overrightarrow{c}|,\quad \overrightarrow{a}\cdot\overrightarrow{b}=\overrightarrow{b}\cdot\overrightarrow{c}=\overrightarrow{c}\cdot\overrightarrow{a}=\frac{1}{2}|\overrightarrow{a}|^2$$

$\overrightarrow{OP}=p\overrightarrow{a}$，$\overrightarrow{OQ}=q\overrightarrow{b}$，$\overrightarrow{OR}=r\overrightarrow{c}$ とおくと，$\overrightarrow{PQ}=q\overrightarrow{b}-p\overrightarrow{a}$ より

$$\begin{aligned}PQ^2&=|q\overrightarrow{b}-p\overrightarrow{a}|^2=q^2|\overrightarrow{b}|^2-2pq\overrightarrow{a}\cdot\overrightarrow{b}+p^2|\overrightarrow{a}|^2\\&=(p^2-pq+q^2)|\overrightarrow{a}|^2\end{aligned}$$

同様に

$$QR^2=(q^2-qr+r^2)|\overrightarrow{a}|^2,\quad RP^2=(r^2-rp+p^2)|\overrightarrow{a}|^2$$

となるので，PQ＝QR＝RP より

$$p^2-pq+q^2=q^2-qr+r^2=r^2-rp+q^2$$

上と同様にして $p=q=r$ となるので

$$\overrightarrow{PQ}=p\overrightarrow{b}-p\overrightarrow{a}=p\overrightarrow{AB}\qquad \therefore\ PQ /\!/ AB$$

$$\overrightarrow{QR}=p\overrightarrow{c}-p\overrightarrow{b}=p\overrightarrow{BC}\qquad \therefore\ QR /\!/ BC$$

$$\overrightarrow{RP}=p\overrightarrow{a}-p\overrightarrow{c}=p\overrightarrow{CA}\qquad \therefore\ RP /\!/ CA$$

3

$x+y=u$，$xy=v$ とおくと

$$x^2+xy+y^2=6 \iff (x+y)^2-xy=6$$

より

$$u^2-v=6\qquad \therefore\ v=u^2-6 \qquad \cdots\cdots①$$

また，x，y は t の2次方程式 $t^2-ut+v=0$ の2解だから，x，y が実数であることより，その判別式を考えて

$$u^2-4v\geqq 0$$

① を用いると

$$u^2-4(u^2-6)\geqq 0 \iff u^2\leqq 8 \qquad \therefore\ -2\sqrt{2}\leqq u\leqq 2\sqrt{2} \qquad \cdots\cdots②$$

このとき

$$P=x^2y+xy^2-x^2-2xy-y^2+x+y$$

とおくと

$$\begin{aligned}P&=xy(x+y)-(x+y)^2+(x+y)\\&=vu-u^2+u\end{aligned}$$

$=(u^2-6)u-u^2+u \quad (\because \ ①)$
$=u^3-u^2-5u$

よって，$f(u)=u^3-u^2-5u$ として，② における $f(u)$ の値域を求めればよい。

$f'(u)=3u^2-2u-5$
$=(u+1)(3u-5)$

より $f(u)$ の増減は次のようになり

u	$-2\sqrt{2}$		-1		$\frac{5}{3}$		$2\sqrt{2}$
$f'(u)$		$+$	0	$-$	0	$+$	
$f(u)$	$-8-6\sqrt{2}$	↗	3	↘	$-\frac{175}{27}$	↗	$-8+6\sqrt{2}$

$$-8-6\sqrt{2}<-\frac{175}{27}, \quad -8+6\sqrt{2}<3$$

であるから，$P=f(u)$ がとりうる値の範囲は

$$-8-6\sqrt{2} \leqq P \leqq 3 \quad \cdots\cdots(\text{答})$$

解説

本問では条件式 $(x^2+xy+y^2=6)$ も値域を求める式 P も x，y の対称式であることに気づくのが第一である。気づくことができれば

「x，y の対称式」 $\Longrightarrow$ 「$x+y$ と xy で表す」

という原則に従って，$x+y=u$，$xy=v$ とおくと

$x^2+xy+y^2=6 \iff u^2-v=6$
$P=vu-u^2+u$

より

$P=u^3-u^2-5u$

となり，u の3次式 $f(u)=u^3-u^2-5u$ の値域を求めることになる。

ただし，対称式を和と積で表して考えるときにはその表面的な変形だけでなく

$$\begin{cases} x+y=u \\ xy=v \end{cases} \iff 「x，y \text{ は } t^2-ut+v=0 \text{ の2解}」$$

から

「x，y が実数」 $\iff$ 「$t^2-ut+v=0$ の2解が実数」
$\iff u^2-4v \geqq 0$

も合わせて考えることを忘れてはいけない。

$-8-6\sqrt{2}<-\dfrac{175}{27}$ は $-\dfrac{175}{27}>-7$ より明らかであるが，$-8+6\sqrt{2}<3$ については厳密には

$$3-(-8+6\sqrt{2})=11-6\sqrt{2}=\sqrt{121}-\sqrt{72}>0$$

として示される。

4

(p)　正しい

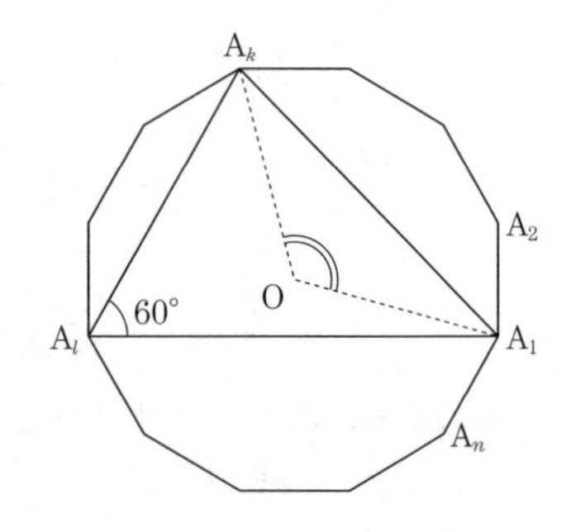

【証明】　正 n 角形の頂点を順に A_1，A_2，……，A_n とする。1つの内角が60°の三角形が作れるとき（必要なら番号をつけ変えることにより）

$$\angle A_1A_lA_k=60° \quad (1<k<l\leqq n)$$

としてよい。正 n 角形は円に内接するから，その中心をOとすると円周角と中心角の関係より

$$\angle A_1OA_k=2\angle A_1A_lA_k=120°$$

$\angle A_iOA_{i+1}=\dfrac{360°}{n}$ だから $(k-1)\cdot\dfrac{360°}{n}=120°$ となり　$n=3(k-1)$

$\therefore$　n は3の倍数

(q)　正しくない

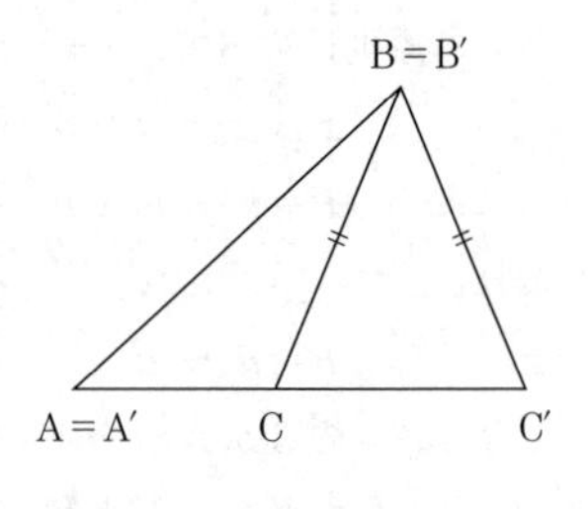

【反例】　BC＝BC′ である2等辺三角形BCC′ の辺CC′ の延長上に点Aをとり，A′＝A，B′＝B とすると

$$AB=A'B',\ BC=B'C',\ \angle A=\angle A'$$

であるが，$AC\neq A'C'$ なので $\triangle ABC$ と $\triangle A'B'C'$ は合同でない。

解説

(p)　正 n 角形は円に内接するから，三角形の内角は対辺に対する円周角であり，円周角と中心角の関係に気がつけば

$$\angle A_iA_lA_k=60° \iff 「辺 A_iA_k に対する中心角が 120°」$$

$$\iff 「A_iA_k が全円周の \frac{1}{3}」$$

と解答方針もほとんど同時に見つけられる。

(q)「2辺・狭角相等」が三角形の合同条件の1つであることは基本事項であるが，「2辺と端の角」は合同条件の1つとしては学習していない。したがって，これは正しくないだろうと予想して反例を考えてみる。

△ABC，△A′B′C′ において

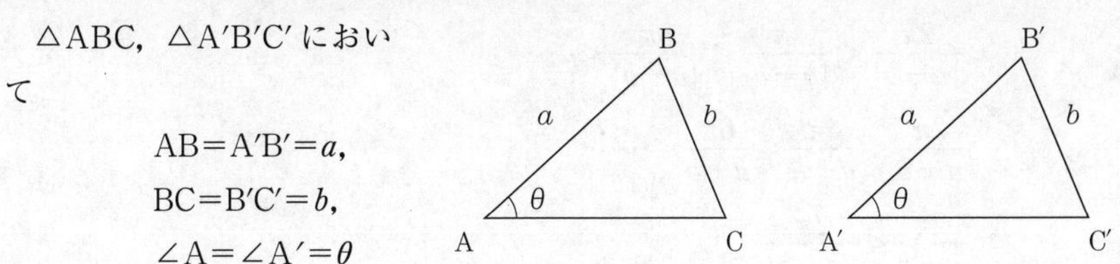

$$AB=A'B'=a,$$
$$BC=B'C'=b,$$
$$\angle A=\angle A'=\theta$$

とすると，余弦定理より

$$b^2=a^2+AC^2-2a\cdot AC\cos\theta$$
$$b^2=a^2+A'C'^2-2a\cdot A'C'\cos\theta$$

この2式より

$$AC^2-2a\cdot AC\cos\theta=A'C'^2-2a\cdot A'C'\cos\theta$$
$$\therefore\quad (AC-A'C')(AC+A'C'-2a\cos\theta)=0$$

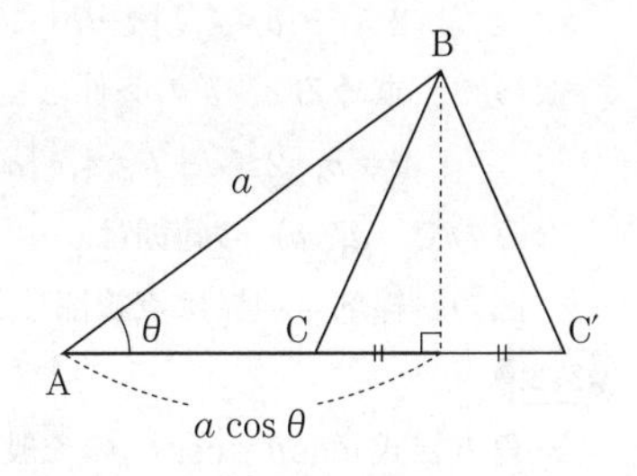

AC＝A′C′ のときは「3辺相等」で

$$\triangle ABC\equiv\triangle A'B'C'$$

となるが

$$AC+A'C'=2a\cos\theta$$
$$\iff\quad \frac{AC+A'C'}{2}=a\cos\theta$$

のとき，すなわち AC と A′C′ の平均が $a\cos\theta$ に等しいときを考えても同じ反例を見つけることができる。

5

$a=b$ のとき，$0<\theta\leqq\pi$ の範囲の θ はすべて $\cos a\theta=\cos b\theta$　……①

をみたすので，(＊) は成立しない。

$a\neq b$ のとき，

$$① \iff a\theta=\pm b\theta+2n\pi\quad (n\text{ は整数})$$

$a>0$，$b>0$ より

$$\theta=\frac{2n\pi}{a-b},\ \frac{2n\pi}{a+b}\quad (n\text{ は整数})$$

となるので，① をみたす θ で正のものは

$$\frac{2\pi}{|a-b|},\ \frac{4\pi}{|a-b|},\ \frac{6\pi}{|a-b|},\ \cdots\cdots,\ \frac{2\pi}{a+b},\ \frac{4\pi}{a+b},\ \frac{6\pi}{a+b},\ \cdots\cdots$$

ここで $0<|a-b|<a+b$ より

$$\frac{2\pi}{|a-b|}<\frac{4\pi}{|a-b|}<\frac{6\pi}{|a-b|}<\cdots\cdots$$

$$\frac{2\pi}{a+b}<\frac{4\pi}{a+b}<\frac{6\pi}{a+b}<\cdots\cdots$$

$$\frac{2\pi}{a+b}<\frac{2\pi}{|a-b|}$$

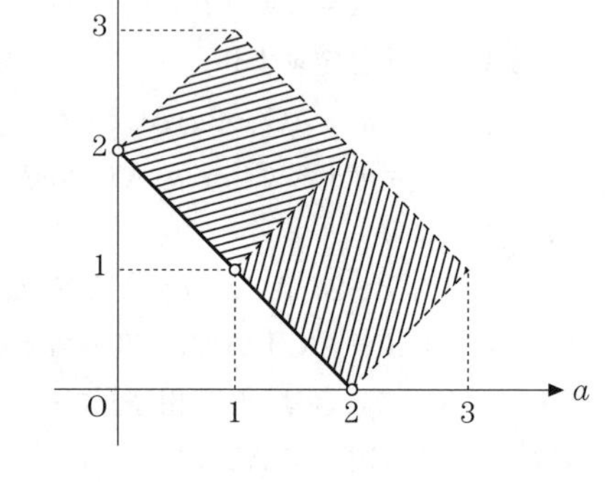

だから，(＊) が成立するための条件は

$$\frac{2\pi}{a+b}\leqq\pi,\ \pi<\frac{4\pi}{a+b},$$

$$\pi<\frac{2\pi}{|a-b|}$$

$\therefore\ 2\leqq a+b<4,\ |a-b|<2$

よって，求める a，b の条件は

$a\neq b,\ 2\leqq a+b<4,\ |a-b|<2$

となるので $(a,\ b)$ の範囲は

図の斜線部（境界は点線部分と。印の点を除く）

解説

三角方程式 $\cos\theta=\cos\alpha$ の一般解が

$\theta=\pm\alpha+2n\pi$（n は任意の整数）

であることはよく知っているはずである。これから，① をみたす θ は

$$a\theta=\pm b\theta+2n\pi \text{ より } \theta=\frac{2n\pi}{a-b},\ \frac{2n\pi}{a+b}\quad(n\text{ は整数})\qquad\cdots\cdots Ⓐ$$

と求められるが，ここで $a\pm b$ で割るためにこれらが 0 でないことを確かめておかないといけない。$a>0$，$b>0$ より $a+b\neq0$ であるが $a-b$ は $a=b$ のとき 0 となってしまうので，それは別扱いしている。

(＊)$\Longleftrightarrow$「Ⓐ の形の θ で $0<\theta\leqq\pi$ のものが 1 つだけ」

$\Longleftrightarrow$「Ⓐ の形の正の数 θ で最小のものが π 以下，他はすべて π より大」

だから，Ⓐ の形の正の数の大小を考えてみる。

$\theta=\dfrac{2n\pi}{a+b}$ が正であるのは $n=1,\ 2,\ 3,\ \cdots\cdots$ のときであるが，$\theta=\dfrac{2n\pi}{a-b}$ については $a-b$ と n が同符号のときなので，a，b の大小で場合分けが必要となる。それをせずに済ませるため絶対値を用いている。勿論，$a>b$ と $a<b$ で場合分けをしてもよい

が，そのときは次のようになる。

$a>b$ のとき，$\dfrac{2\pi}{a+b} \leqq \pi$，$\pi < \dfrac{4\pi}{a+b}$，$\pi < \dfrac{2\pi}{a-b}$ より

$2 \leqq a+b < 4$，$a-b < 2$

$a<b$ のとき，$\dfrac{2\pi}{a+b} \leqq \pi$，$\pi < \dfrac{4\pi}{a+b}$，$\pi < \dfrac{2\pi}{b-a}$ より

$2 \leqq a+b < 4$，$b-a < 2$

2011
年

解答・解説

1

(1)　∠BAD＝∠CAD より

$$\mathrm{BD}:\mathrm{CD}=\mathrm{AB}:\mathrm{AC}=6:5$$

だから

$$\mathrm{BD}=\frac{6}{6+5}\mathrm{BC}=6$$

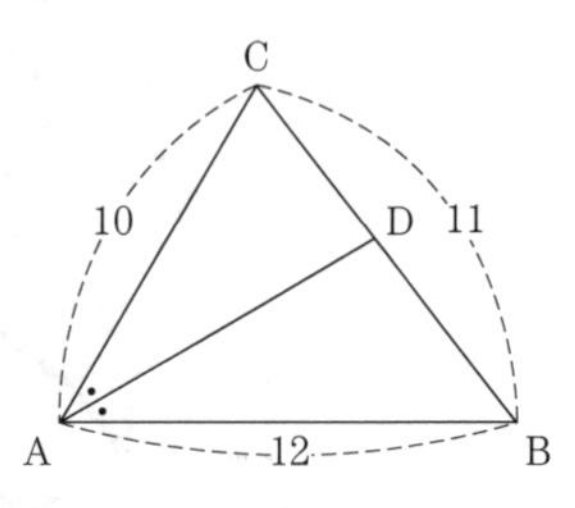

△ABC，△ABD に余弦定理を用いると

$$10^2=12^2+11^2-2\cdot12\cdot11\cos B \quad \cdots\cdots ①$$

$$\mathrm{AD}^2=12^2+6^2-2\cdot12\cdot6\cos B \quad \cdots\cdots ②$$

① より

$$\cos B=\frac{144+121-100}{2\cdot12\cdot11}=\frac{5}{8}$$

だから ② に代入して

$$\mathrm{AD}^2=144+36-90=90 \qquad \therefore\quad \mathrm{AD}=\sqrt{90}=3\sqrt{10} \quad \cdots\cdots(\text{答})$$

(2)　9枚から2枚の取り出し方 ${}_9\mathrm{C}_2=36$ 通り のうち，$X=k$ $(1\leqq k\leqq 8)$ となるのは1枚が k，もう1枚が $k+1$ 以上9以下の番号のときの $9-k$ 通りだから，その確率は $\dfrac{9-k}{36}$

$Y=k$ となる確率も同じだから，$X=Y$ となる確率は

$$\sum_{k=1}^{8}\left(\frac{9-k}{36}\right)^2=\frac{1}{36^2}(8^2+7^2+\cdots\cdots+2^2+1^2)=\frac{1}{36^2}\cdot\frac{1}{6}\cdot8\cdot9\cdot17$$

$$=\frac{17}{108} \quad \cdots\cdots(\text{答})$$

解説

(1)「2等分線」という言葉があればまず角の2等分線の定理（BD：CD＝AB：AC）を思い出してほしい。これから BD＝6（，CD＝5）とわかるので，AD を求めるために AD を辺として含む三角形（△ABD または△ACD）を考え，そこで未知の量 AD を既知の量（AB，BD，∠B など）で表そうとすれば，余弦定理を ①，② のように使うことはほとんど一本道である。

BD＝6，CD＝5 とした後で，△ABD，△ACD の両方を考えて次のようにしてもよい。

「AD$=x$，$\angle$BAD$=\angle$CAD$=\theta$ とすると余弦定理より

$$\begin{cases} 6^2=12^2+x^2-2\cdot 12x\cos\theta \\ 5^2=10^2+x^2-2\cdot 10x\cos\theta \end{cases} \quad \therefore \quad \begin{cases} 24x\cos\theta=x^2+108 \\ 20x\cos\theta=x^2+75 \end{cases}$$

この2式より $\cos\theta$ を消去すると

$$\frac{x^2+108}{6}=\frac{x^2+75}{5} \quad \therefore \quad x^2=90 \quad \therefore \quad x=3\sqrt{10}$$ 」

(2) X，Y が1，2，……，8のいずれかであることから，

$X=Y=k$ (k=1，2，……，8) となる確率を p_k とすると求める確率は

$p_1+p_2+\cdots\cdots+p_8$ であり，$X=k$ (k=1，2，……，8) である確率を q_k とすると，

$Y=k$ となる確率も q_k であるので $p_k={q_k}^2$，したがって

1)　q_k を求める

2)　${q_1}^2+{q_2}^2+\cdots\cdots+{q_8}^2$ を計算する

という手順になる。

q_k については q_1，q_2，……から類推してもよいが，答案ではなるべく上のように文字 k を用いて一般的に書く方がよい。

2

$\overrightarrow{\mathrm{OA}}=\vec{a}$，$\overrightarrow{\mathrm{OB}}=\vec{b}$，$\overrightarrow{\mathrm{OC}}=\vec{c}$ とすると

$$|\vec{a}|=2,\ |\vec{b}|=|\vec{c}|=3 \qquad \cdots\cdots①$$

であり，$\overrightarrow{\mathrm{OA}}\perp\overrightarrow{\mathrm{BC}}$，$\overrightarrow{\mathrm{OB}}\perp\overrightarrow{\mathrm{OC}}$，$|\overrightarrow{\mathrm{AB}}|=\sqrt{7}$ より

$$\vec{a}\cdot(\vec{c}-\vec{b})=0,\ \vec{b}\cdot\vec{c}=0,\ (\vec{b}-\vec{a})\cdot(\vec{b}-\vec{a})=7$$

$$\therefore \quad \vec{a}\cdot\vec{c}=\vec{a}\cdot\vec{b},\ \vec{b}\cdot\vec{c}=0,\ 9-2\vec{a}\cdot\vec{b}+4=7$$

$$\therefore \quad \vec{a}\cdot\vec{b}=\vec{a}\cdot\vec{c}=3,\ \vec{b}\cdot\vec{c}=0 \qquad \cdots\cdots②$$

HがA，B，Cを含む平面上にあることより $\overrightarrow{\mathrm{AH}}=s\overrightarrow{\mathrm{AB}}+t\overrightarrow{\mathrm{AC}}$ と表せるから

$$\begin{aligned}\overrightarrow{\mathrm{OH}}&=\overrightarrow{\mathrm{OA}}+s\overrightarrow{\mathrm{AB}}+t\overrightarrow{\mathrm{AC}}\\&=(1-s-t)\vec{a}+s\vec{b}+t\vec{c}\end{aligned}$$

$\overrightarrow{\mathrm{OH}}\perp\overrightarrow{\mathrm{AB}}$，$\overrightarrow{\mathrm{OH}}\perp\overrightarrow{\mathrm{AC}}$ より $\overrightarrow{\mathrm{OH}}\cdot\overrightarrow{\mathrm{AB}}=\overrightarrow{\mathrm{OH}}\cdot\overrightarrow{\mathrm{AC}}=0$ だから

$$\begin{cases} \{(1-s-t)\vec{a}+s\vec{b}+t\vec{c}\}\cdot(\vec{b}-\vec{a})=0 \\ \{(1-s-t)\vec{a}+s\vec{b}+t\vec{c}\}\cdot(\vec{c}-\vec{a})=0 \end{cases}$$

①，②を用いると

$$\begin{cases} 3(1-s-t)+9s-4(1-s-t)-3s-3t=0 \\ 3(1-s-t)+9t-4(1-s-t)-3s-3t=0 \end{cases} \quad \therefore \quad \begin{cases} 7s-2t=1 \\ 7t-2s=1 \end{cases}$$

これより $s=t=\frac{1}{5}$ となるので

$$\overrightarrow{OH}=\frac{3}{5}\vec{a}+\frac{1}{5}\vec{b}+\frac{1}{5}\vec{c}$$

$$|\overrightarrow{OH}|^2=\left(\frac{3}{5}\vec{a}+\frac{1}{5}\vec{b}+\frac{1}{5}\vec{c}\right)\cdot\left(\frac{3}{5}\vec{a}+\frac{1}{5}\vec{b}+\frac{1}{5}\vec{c}\right)$$

$$=\frac{1}{25}(9|\vec{a}|^2+|\vec{b}|^2+|\vec{c}|^2+6\vec{a}\cdot\vec{b}+6\vec{a}\cdot\vec{c}+2\vec{b}\cdot\vec{c})$$

$$=\frac{1}{25}(36+9+9+18+18)$$

$$=\frac{90}{25}$$

$$\therefore\quad |\overrightarrow{OH}|=\sqrt{\frac{90}{25}}=\frac{3\sqrt{10}}{5}$$ ……(答)

別解

$\overrightarrow{OB}\perp\overrightarrow{OC}$，$|\overrightarrow{OB}|=|\overrightarrow{OC}|=3$ より O(0，0，0)，B(3，0，0)，C(0，3，0) となるように座標軸をとることができて，A(x，y，z) ($z>0$) とすると

$$\overrightarrow{OA}\cdot\overrightarrow{BC}=0,\ |\overrightarrow{OA}|=2,\ |\overrightarrow{AB}|=\sqrt{7}$$

より

$$-3x+3y=0,\ x^2+y^2+z^2=4,\ (x-3)^2+y^2+z^2=7$$

これから $x=y=1$，$z=\sqrt{2}$ となるので，3点A，B，Cを通る平面の方程式を $ax+by+cz+d=0$ とおくと

$$3a+d=0,\ 3b+d=0,\ a+b+\sqrt{2}c+d=0$$

$$\therefore\quad a=-\frac{d}{3},\ b=-\frac{d}{3},\ c=-\frac{d}{3\sqrt{2}}$$

　よって，3点A，B，Cを通る平面の方程式は

$$\sqrt{2}x+\sqrt{2}y+z-3\sqrt{2}=0$$

となり，$|\overrightarrow{OH}|$ はこの平面と原点Oの距離に等しいので

$$|\overrightarrow{OH}|=\frac{|-3\sqrt{2}|}{\sqrt{(\sqrt{2})^2+(\sqrt{2})^2+1^2}}=\frac{3\sqrt{10}}{5}$$ ……(答)

解説

　ベクトルが現れている問題なので，そのままベクトルで考えるとすれば，その原則に従って「(空間図形では) 3つの基本となる1次独立なベクトルだけで表す」という方針で解答を進めることになる。その3つのベクトルは当然 $\overrightarrow{OA}$，$\overrightarrow{OB}$，$\overrightarrow{OC}$ であり，$|\overrightarrow{OH}|$ が目標だから

1)　$\overrightarrow{OH}$ を $\vec{a}$，$\vec{b}$，$\vec{c}$ で表す。

2)　そのためにはHの条件を $\vec{a}$，$\vec{b}$，$\vec{c}$ で表す。

「HはOから平面ABCに下ろした垂線とその平面の交点」

$\iff$ 「HはOから平面ABCに下ろした垂線上にある」　……(ア)
　　「Hは平面ABCにある」　……(イ)

であり

(ア) $\iff$ $\overrightarrow{OH}\perp$(平面ABC)

$\iff$ $\overrightarrow{OH}\perp\overrightarrow{AB}$，$\overrightarrow{OH}\perp\overrightarrow{AC}$

$\iff$ $\overrightarrow{OH}\cdot\overrightarrow{AB}=\overrightarrow{OH}\cdot\overrightarrow{AC}=0$

(イ) $\iff$ 「$\overrightarrow{AH}=s\overrightarrow{AB}+t\overrightarrow{AC}$ と表せる」

$\iff$ 「$\overrightarrow{OH}=k\vec{a}+s\vec{b}+t\vec{c}$ $(k+s+t=1)$ と表せる」

3)　(ア)，(イ)より，s，t (，k) の値を求める。

4)　$\overrightarrow{OH}$ がわかれば，$|\overrightarrow{OH}|$ を $|\overrightarrow{OH}|^2=\overrightarrow{OH}\cdot\overrightarrow{OH}$ から計算する。

という手順で解答方針が決定できる。その途中では内積計算が現れるので予め基本とするベクトル $\vec{a}$，$\vec{b}$，$\vec{c}$ についての内積の値（①，②）を求めておく必要がある。

$|\overrightarrow{OH}|$ はOと平面ABCの距離だから，「点と平面の距離の公式」を使うという方針に思い当たる人もいるかも知れない。そのときには座標設定をして，Oの座標と平面ABCの方程式を求めなければならない。仮定よりOを原点として，B(3，0，0)，C(0，3，0)となる座標が設定できるので，そこから

1)　残りの条件よりAの座標を求める。

2)　平面ABCの方程式を求める。

3)　原点Oと平面ABCの距離を求める。

としたのが 別解 である。

3

$y=x^3-4x^2+6x$，$y=x+a$ より

$$x^3-4x^2+6x=x+a$$

$$\therefore\ x^3-4x^2+5x=a$$

$f(x)=x^3-4x^2+5x$ とおくと，

$$f'(x)=3x^2-8x+5$$
$$=(x-1)(3x-5)$$

x		1		$\frac{5}{3}$	
$f'(x)$	+	0	−	0	+
$f(x)$	↗	2	↘	$\frac{50}{27}$	↗

求める個数は $f(x)=a$ の異なる実数解の個数，すなわち $y=f(x)$ のグラフと直線 $y=a$ の交点の個数に等しいので

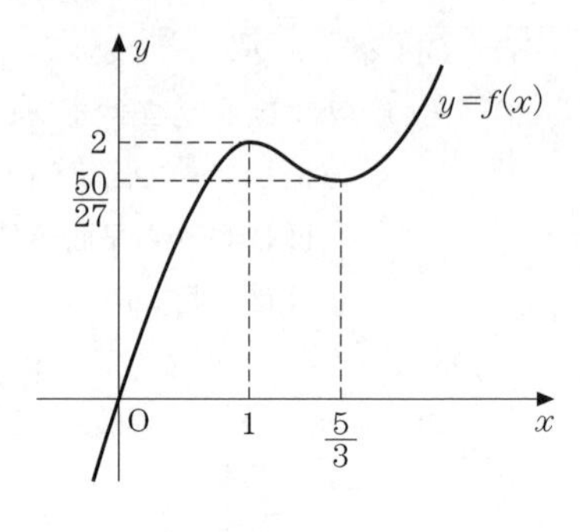

$$\begin{cases} a<\frac{50}{27},\ 2<a \text{ のとき} & 1\text{個} \\ a=\frac{50}{27},\ 2 \text{ のとき} & 2\text{個} \\ \frac{50}{27}<a<2 \text{ のとき} & 3\text{個} \end{cases}$$

……(答)

解説

「$y=f(x)$ と $y=g(x)$ の共有点の x 座標」=「$f(x)=g(x)$ の実数解」
=「$f(x)-g(x)=0$ の実数解」
=「$y=f(x)-g(x)$ と x 軸の共有点の x 座標」

という原則に従うと

$$x^3-4x^2+6x=x+a \iff x^3-4x^2+5x-a=0$$

より

「$y=x^3-4x^2+5x-a$ と x 軸の共有点の個数」

を求めることになる。この方針でもほぼ上と同様になるが，本問のように x 以外の文字がある場合には

「$f(x)=a$ の実数解」 $\iff$ 「$y=f(x)$ と直線 $y=a$ の共有点の x 座標」

として文字 a を分離する方がわかりやすい。これが上の解答である。

$y=x^3-4x^2+6x$ と $y=x+a$ が接するときの値 $\left(a=2,\ \frac{50}{27}\right)$ を求め，そこから図形的に交点の個数をそのまま直接に考える方針もあり得るが，一般の直線との共有点を図から判定するのはやや説明不足とみられたり，勘違いをしやすいこともあるので避ける方がよい。x 軸もしくは x 軸に平行な直線との共有点を考えるのを第一としてほしい。

4

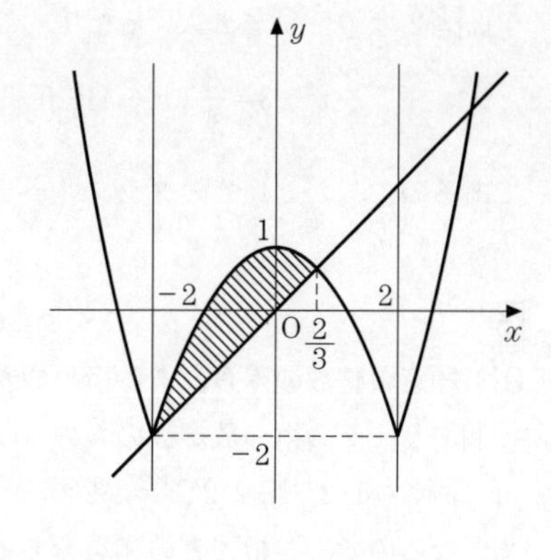

$$|x| \leqq 2 \iff -2 \leqq x \leqq 2$$

であり

$$\left|\frac{3}{4}x^2-3\right|-2=\begin{cases}\frac{3}{4}x^2-5 & (x^2 \geqq 4) \\ -\frac{3}{4}x^2+1 & (x^2 \leqq 4)\end{cases}$$

$y=x$ と $y=-\frac{3}{4}x^2+1$ の交点の x 座標は

$$x=-\frac{3}{4}x^2+1 \iff (x+2)(3x-2)=0$$

より $x=-2,\ \frac{2}{3}$ であるので，題意の領域は図の斜線部となる。したがって，求める面積は

$$\int_{-2}^{\frac{2}{3}}\left(-\frac{3}{4}x^2+1-x\right)dx=-\frac{3}{4}\int_{-2}^{\frac{2}{3}}(x+2)\left(x-\frac{2}{3}\right)dx \qquad \cdots\cdots①$$

$$=-\frac{3}{4}\left(-\frac{1}{6}\right)\left\{\frac{2}{3}-(-2)\right\}^3$$

$$=\frac{64}{27} \qquad \cdots\cdots(答)$$

解説

$y=\left|\frac{3}{4}x^2-3\right|-2$ と $y=x$ のグラフを図示すれば，題意の領域は $y=-\frac{3}{4}x^2+1$ と $y=x$ で囲まれた部分とわかり，その面積を定積分で計算するだけの基本的な問題である。

積分計算において上の解答では公式

$$\int_{\alpha}^{\beta}(x-\alpha)(x-\beta)\,dx=-\frac{1}{6}(\beta-\alpha)^3 \qquad \cdots\cdots(*)$$

を用いているが，もちろんそのまま

$$\left[-\frac{1}{4}x^3+x-\frac{1}{2}x^2\right]_{-2}^{\frac{2}{3}}=\left\{-\frac{1}{4}\left(\frac{2}{3}\right)^3+\frac{2}{3}-\frac{1}{2}\left(\frac{2}{3}\right)^2\right\}-\left(\frac{8}{4}-2-\frac{4}{2}\right)$$

より計算してもよい。(＊) を用いる方針では

$$\int_{-2}^{\frac{2}{3}}\left(-\frac{3}{4}x^2+1-x\right)dx=\frac{1}{6}\left\{\frac{2}{3}-(-2)\right\}^3$$

と $\frac{3}{4}$ を忘れてしまう誤りが非常に多いので，(＊) は面積公式ではなくて積分公式と考え，必ず (＊) の左辺の形（① 式）を書くように心がけてほしい。

$|x| \leqq 2$ より $-2 \leqq x \leqq 2$ となり，この範囲では

$$\frac{3}{4}x^2-3=\frac{3}{4}(x^2-4) \leqq 0$$

であるので，$x^2 \geqq 4$ でのグラフ $\left(y=\frac{3}{4}x^2-5\right)$ は考えなくても差しつかえない。

5

(1)　題意の整数のうち，ある桁の数が1のものは他の $n-1$ 桁の数の決め方から 2^{n-1} 個あり，その桁の数が2のものも同様に 2^{n-1} 個ある。よって，その桁の数の和は

$$1 \cdot 2^{n-1}+2 \cdot 2^{n-1}=3 \cdot 2^{n-1}$$

となるので，各桁ごとの和を考えて

$$\begin{aligned} T_n &= 3 \cdot 2^{n-1}+3 \cdot 2^{n-1} \cdot 10+3 \cdot 2^{n-1} \cdot 10^2+\cdots\cdots+3 \cdot 2^{n-1} \cdot 10^{n-1} \\ &= 3 \cdot 2^{n-1} \cdot \frac{10^n-1}{10-1} \\ &= \frac{2^{n-1}}{3}(10^n-1) \end{aligned}$$

……(答)

(2)　桁数が n 未満のものは頭に0を埋めることによって，題意の整数は0，1，2を n 個並べたものと考えることができる。

よって，各桁について0，1，2であるものは(1)と同様に考えてそれぞれ 3^{n-1} 個ずつあることがわかり，その桁の数の和は

$$0 \cdot 3^{n-1}+1 \cdot 3^{n-1}+2 \cdot 3^{n-1}=3^n$$

$$\begin{aligned} \therefore\quad S_n &= 3^n+3^n \cdot 10+3^n \cdot 10^2+\cdots\cdots+3^n \cdot 10^{n-1} \\ &= 3^n \cdot \frac{10^n-1}{10-1} \\ &= 3^{n-2}(10^n-1) \end{aligned}$$

$$\begin{aligned} \therefore\quad S_n \geqq 15T_n &\iff 3^{n-2}(10^n-1) \geqq 15 \cdot \frac{2^{n-1}}{3}(10^n-1) \\ &\iff 3^{n-2} \geqq 10 \cdot 2^{n-2} \\ &\iff \left(\frac{3}{2}\right)^{n-2} \geqq 10 \\ &\iff (n-2)\log_{10}\frac{3}{2} \geqq 1 \\ &\iff n \geqq \frac{1}{\log_{10}\frac{3}{2}}+2 \end{aligned}$$

……①

$0.301<\log_{10}2<0.302$，$0.477<\log_{10}3<0.478$ より

$$0.477-0.302<\log_{10}3-\log_{10}2<0.478-0.301$$

$$\iff 0.175<\log_{10}\frac{3}{2}<0.177$$

$$\iff \frac{1000}{175}+2>\frac{1}{\log_{10}\frac{3}{2}}+2>\frac{1000}{177}+2$$

であり，$\frac{1000}{175}=5.7\cdots$，$\frac{1000}{177}=5.6\cdots$だから，① をみたす整数 n の範囲は

$n\geqq 8$ ……(答)

解説

(1)　題意の整数は

$n=2$ のとき　11，12，21，22

$n=3$ のとき　111，112，121，122，211，212，221，222

$n=4$ のとき　1111，1112，1121，1122，1211，1212，1221，1222

2111，2112，2121，2122，2211，2212，2221，2222

のように具体的に書き出してみても 2^n 個あることはすぐにわかる。問題はこれらの和 T_n であるが，例えば T_3 を求めるときに

$$T_3=111+112+121+122+211+212+221+222$$

をそのまま計算することは電卓でもない限り，まずしないだろう。普通は

```
    111
    112
    121
    122
    211
    212
    221
 +) 222
 ------
```

として各桁ごとに加えていくはずであり，そのときに各桁に 1 と 2 が 4 回ずつ現れることはすぐに気がつく。したがって

```
        12
       12
   +) 12
   --------
   T3=1332
```

となり，T_n についてもまったく同様にすることができる。

(2)　n 桁以下の整数は桁数が 1，2，……，n で分類して考えるのが一般的であるが，本問では間の桁に 0 を使うことができるので，S_n を求めるときに(1)の T_n をその

まま利用することは難しい。0 を使えることから逆に，桁数が n より小さいものも頭に 0 を入れることによって n 桁と見なすことができ，あとは(1)と同様に考えられる。

後半は指数 n の範囲を対数計算から求めるという京大では頻出の問題である。その際には例によって，$\log_{10}2=0.301$，$\log_{10}3=0.477$ などとして概数計算をするのではなく，不等式を示してキチンとその範囲を確定させなければいけない。

2010
年

解答・解説

1

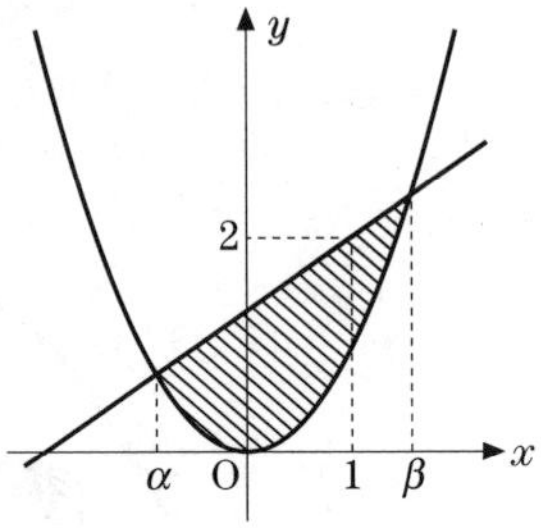

(1) 題意の直線の方程式は

$$y-2=a(x-1) \qquad \therefore \quad y=ax-a+2$$

これと放物線 $y=x^2$ の交点の x 座標は

$$x^2=ax-a+2 \iff x^2-ax+a-2=0$$

より $x=\dfrac{a\pm\sqrt{a^2-4a+8}}{2}$ だから

$$\alpha=\frac{a-\sqrt{a^2-4a+8}}{2},\ \beta=\frac{a+\sqrt{a^2-4a+8}}{2}$$

とすると

$$S(a)=\int_\alpha^\beta\{(ax-a+2)-x^2\}\,dx$$

$$=-\int_\alpha^\beta(x-\alpha)(x-\beta)\,dx$$

$$=\frac{1}{6}(\beta-\alpha)^3$$

$$=\frac{1}{6}(\sqrt{a^2-4a+8})^3$$

$$=\frac{1}{6}\{\sqrt{(a-2)^2+4}\}^3$$

よって，$0\leqq a\leqq 6$ において $S(a)$ が最小となるのは $(a-2)^2+4$ が最小となるときだから

$$a=2$$ ……(答)

(2) $\angle\mathrm{BAD}=\angle\mathrm{CAD}=\theta$，$\mathrm{AD}=x$ とすると，

$\triangle\mathrm{ABD}+\triangle\mathrm{ACD}=\triangle\mathrm{ABC}$ より

$$\frac{1}{2}\cdot 2x\sin\theta+\frac{1}{2}\cdot 1\cdot x\sin\theta=\frac{1}{2}\cdot 2\cdot 1\cdot\sin 2\theta$$

$$\therefore \quad 3x\sin\theta=4\sin\theta\cos\theta$$

$\sin\theta\neq 0$ だから

$$x=\frac{4}{3}\cos\theta$$ ……①

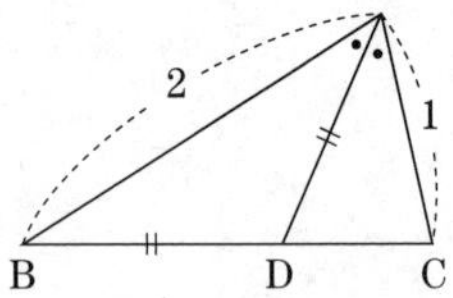

$\mathrm{BD}=\mathrm{AD}=x$ だから，$\triangle\mathrm{ABD}$ に余弦定理を用いて

$$x^2=x^2+4-2\cdot 2x\cos\theta \qquad \therefore \quad x\cos\theta=1 \qquad \cdots\cdots②$$

①，②より

$$\frac{4}{3}\cos^2\theta=1 \qquad \therefore \quad \cos^2\theta=\frac{3}{4}$$

$0<2\theta<\pi$ より $\cos\theta>0$ だから，$\cos\theta=\dfrac{\sqrt{3}}{2}$

よって，$\theta=\dfrac{\pi}{6}$ であるので

$$\triangle \mathrm{ABC}=\frac{1}{2}\cdot 2\cdot 1\sin\frac{\pi}{3}=\frac{\sqrt{3}}{2} \qquad \cdots\cdots(答)$$

解説

(1)　直線と放物線で囲まれる部分の面積の最小値という極めて定形的な問題であり，誰もが必ずやったことがある問題である。直線と放物線の交点を求めて，その範囲で積分を計算するだけであるが，

$$\int_\alpha^\beta \{(ax-a+2)-x^2\}\,dx=\left[\frac{a}{2}x^2-(a-2)x-\frac{1}{3}x^3\right]_\alpha^\beta$$

$$=\frac{a}{2}(\beta^2-\alpha^2)-(a-2)(\beta-\alpha)-\frac{1}{3}(\beta^3-\alpha^3)$$

として，解と係数の関係 $\alpha+\beta=a$，$\alpha\beta=a-2$ から α，β を消去するよりも，定積分の公式

$$\int_\alpha^\beta (x-\alpha)(x-\beta)\,dx=-\frac{1}{6}(\beta-\alpha)^3$$

を用いる方が計算ミスの可能性もなくて速い。ただし，その際には必ずこの左辺の式を入れるようにする方がよい。

(2)　θ，x という2つの未知数があるので，θ と x の2つの関係式を何らかの方法で導いてそれを解けばよい。三角形の未知の辺の長さや角度を求めるときには正弦定理や余弦定理を用いることが多いが，ここでは目標が△ABCの面積であるので，面積の関係から1つ目の式を出している。

角の2等分線の定理より

$$\mathrm{BD}:\mathrm{CD}=\mathrm{AB}:\mathrm{AC}=2:1 \qquad \therefore \quad \mathrm{CD}=\frac{x}{2}$$

となり，AD＝BD より $\angle\mathrm{ABD}=\theta$，$\angle\mathrm{ADC}=2\theta$ であるから，△ABD，△ACD，△ABC にそれぞれ正弦定理を用いると

$$\frac{2}{\sin(\pi-2\theta)}=\frac{x}{\sin\theta}, \quad \frac{\frac{x}{2}}{\sin\theta}=\frac{x}{\sin(\pi-3\theta)}=\frac{1}{\sin 2\theta}$$

$$\frac{\frac{3}{2}x}{\sin 2\theta}=\frac{1}{\sin\theta}=\frac{2}{\sin(\pi-3\theta)}$$

が成り立つ。余弦定理でもいろいろな式が成り立ち，それらを含めていずれを用いても答が得られる。

2

不等式 $\begin{cases} 4x+y\leqq 9 \\ x+2y\geqq 4 \\ 2x-3y\geqq -6 \end{cases}$ の表す領域は

図の斜線部（境界を含む）である。$(x,\ y)$がこの領域を動くときの $2x+y$ の値域は

$$2x+y=k \quad \cdots\cdots①$$

として，直線①がこの領域と共有点をもつような k の範囲として求められる。①は傾き-2，y切片 k の直線だから，k が最大となるのは①が

点$\left(\frac{3}{2},\ 3\right)$を通るときで，最大値 $2\cdot\frac{3}{2}+3=6$ ……(答)

kが最小となるのは

点$(0,\ 2)$を通るときで，最小値 $2\cdot 0+2=2$ ……(答)

x^2+y^2 は原点と点$(x,\ y)$の距離の平方だから，最大となるのは

$(x,\ y)=\left(\frac{3}{2},\ 3\right)$ のときで，最大値 $\left(\frac{3}{2}\right)^2+3^2=\frac{45}{4}$ ……(答)

最小となるのは $(x,\ y)$ が原点から直線 $x+2y=4$ に下した垂線の足のときだから，$x+2y=4$ と $y=2x$ の交点$\left(\frac{4}{5},\ \frac{8}{5}\right)$のときで，

最小値 $\left(\frac{4}{5}\right)^2+\left(\frac{8}{5}\right)^2=\frac{16}{5}$ ……(答)

解説

$(x,\ y)$ が xy 平面上の領域 D を動くときに x，y 2変数の式 $f(x,\ y)$の最大，最小を求めるという，これも定型的な問題である。一般的に，$f(x,\ y)=k$ とおいてこの式の表す図形が D と共有点をもつような k の範囲として値域が求められるので，前半はこの方針どおり $2x+y=k$ とおいて共有点をもつ条件を考えている。

後半についても $x^2+y^2=k$ とおいて，これ（中心$(0,\ 0)$，半径 $\sqrt{k}$ の円）がこの領域と共有点をもつ条件として求められるが，上のように x^2+y^2 の図形的な意

味（原点との距離）から考えても本質的には同じである。x^2+y^2 の最小値は原点と直線 $x+2y=4$ の距離として点と直線の距離の公式から求めてもよい。

3

1列に並べた数を順に a_1，a_2，a_3，a_4，a_5 とすると，条件は

$$a_1+a_2+a_3=a_3+a_4+a_5 \iff a_1+a_2=a_4+a_5 \quad \cdots\cdots ①$$

となることである。①のとき，$a_1+a_2+a_4+a_5$ は偶数で，

$$a_1+a_2+a_3+a_4+a_5=1+2+3+4+5=15$$

は奇数だから，a_3 は奇数である。

よって，$a_3=1,\ 3,\ 5$ のいずれかであり，

(i)　$a_3=1$ のとき，①より $\{a_1,\ a_2\}=\{2,\ 5\},\ \{3,\ 4\}$ のいずれか

(ii)　$a_3=3$ のとき，$\{a_1,\ a_2\}=\{1,\ 5\},\ \{2,\ 4\}$ のいずれか

(iii)　$a_3=5$ のとき，$\{a_1,\ a_2\}=\{1,\ 4\},\ \{2,\ 3\}$ のいずれか

である。ここで(i)の場合，例えば $\{a_1,\ a_2\}=\{2,\ 5\}$ とすると $\{a_4,\ a_5\}=\{3,\ 4\}$ でそれぞれの並べ方は2，5と5，2の2通り，3，4と4，3の2通りずつであり，$\{a_1,\ a_2\}=\{3,\ 4\}$ のときも同様だから，(i)の場合の並べ方は

$$2\times2\times2=8 \text{（通り）}$$

(ii)，(iii)の場合も同様に8通りずつであり，5つの数の並べ方は全部で5! 通りだから，求める確率は

$$\frac{3\times8}{5!}=\frac{1}{5} \quad \cdots\cdots\text{(答)}$$

解説

確率の原則に従って，全部の起こり方（5! 通り）のうち条件をみたすのが何通りあるかを求めて割り算をするだけである。条件をみたすのは24通りなのですべて具体的に書き出すこともできるが，a_3 が奇数であると気づけば簡単に数えられる。

4

$\mathrm{OP}=k\mathrm{OB}$ $(0<k<1)$ とおくと，

$$\mathrm{PB}=(1-k)\mathrm{OB}$$

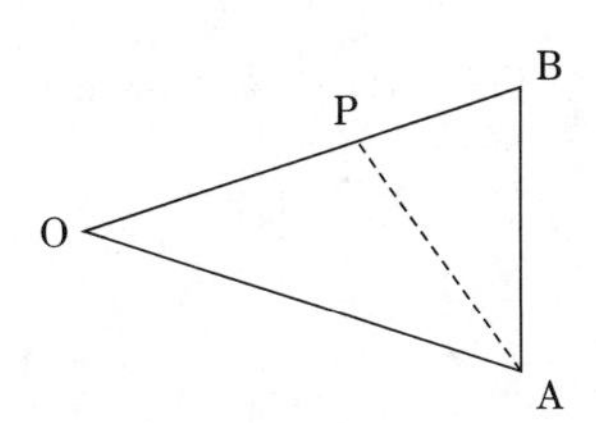

より，

$$\mathrm{OP}^2=\mathrm{OB}\cdot\mathrm{PB} \iff k^2=1-k$$
$$\iff k^2+k-1=0$$

$k>0$ より $k=\dfrac{-1+\sqrt{5}}{2}$ であり，

$$\mathrm{OP}=\frac{-1+\sqrt{5}}{2}\mathrm{OB} \quad \cdots\cdots①$$

一方，$\angle O=36^\circ$，$\angle \mathrm{OAB}=\angle B=72^\circ$ より，
$\angle \mathrm{OAB}$ の2等分線とOBの交点をQとすると

$$\angle \mathrm{AQB}=\angle B,\ \angle O=\angle \mathrm{OAQ}$$

だから

$$\mathrm{AB}=\mathrm{AQ}=\mathrm{OQ} \quad \cdots\cdots②$$

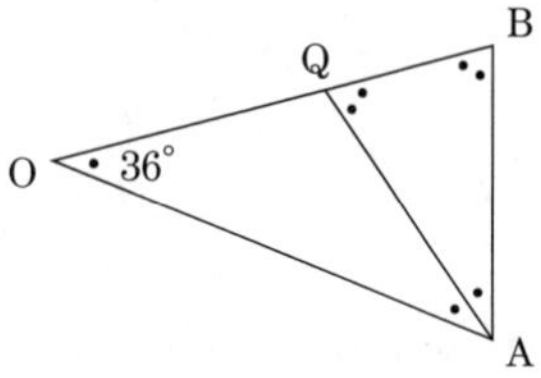

B
Q
O
36°
A

また，$\triangle \mathrm{OAB} \backsim \triangle \mathrm{ABQ}$ より

$$\mathrm{OB}:\mathrm{AB}=\mathrm{AB}:\mathrm{QB} \qquad \therefore\ \mathrm{AB}^2=\mathrm{OB}\cdot\mathrm{QB}$$

これと②より

$$\mathrm{OQ}^2=\mathrm{OB}\cdot\mathrm{QB}$$

となるから，Pの場合と同様に

$$\mathrm{OQ}=\frac{-1+\sqrt{5}}{2}\mathrm{OB} \quad \cdots\cdots③$$

①，③より $\mathrm{OP}=\mathrm{OQ}$ であるから，②より

$$\mathrm{OP}=\mathrm{AB}$$

解説

「正10角形」とあるので一瞬難しく感じるかもしれないが，実際には頂角36°の2等辺三角形についての問題なので，上図のように2等辺三角形OABの辺OB上に $\mathrm{AB}=\mathrm{AQ}$ となる点Qをとって，$\triangle \mathrm{OAB} \backsim \triangle \mathrm{ABQ}$ から $\mathrm{OA}:\mathrm{AB}$ や $\cos 36^\circ$，$\cos 72^\circ$ の値を求めたことがあれば，ほぼそれと同じであることがわかるだろう。
ただし，$\mathrm{OP}^2=\mathrm{OB}\cdot\mathrm{PB}$ から直接に

$$\mathrm{AP}=\mathrm{AB}\quad（または\ \angle \mathrm{APB}=\angle \mathrm{ABP}）$$

を導くことは難しいので，上のように $\mathrm{AQ}=\mathrm{AB}$ となる点Qをとって，それから $\mathrm{Q}=\mathrm{P}$ を示すという方針をとっている。

$\cos 36^\circ=\dfrac{\sqrt{5}+1}{4}$，$\cos 72^\circ=\dfrac{\sqrt{5}-1}{4}$ などの数値を覚えていたら，これから $\mathrm{OP}=\mathrm{AB}$ を導くこともできるが，これだと説明不足で減点される可能性がある。

5

(1)　A から OF に下ろした垂線の足を H とすると，$\overrightarrow{OH}=k\overrightarrow{OF}$ とおけて

$$\overrightarrow{AH}=\overrightarrow{OH}-\overrightarrow{OA}=(k,\ k,\ k)-(1,\ 0,\ 0)=(k-1,\ k,\ k)$$

これが $\overrightarrow{OF}$ と垂直だから

$$\overrightarrow{AH}\cdot\overrightarrow{OF}=(k-1)+k+k=0$$

$$\therefore\quad k=\frac{1}{3}$$

$$\therefore\quad AH=\sqrt{\left(-\frac{2}{3}\right)^2+\left(\frac{1}{3}\right)^2+\left(\frac{1}{3}\right)^2}$$

$$=\frac{\sqrt{6}}{3}\qquad\cdots\cdots(答)$$

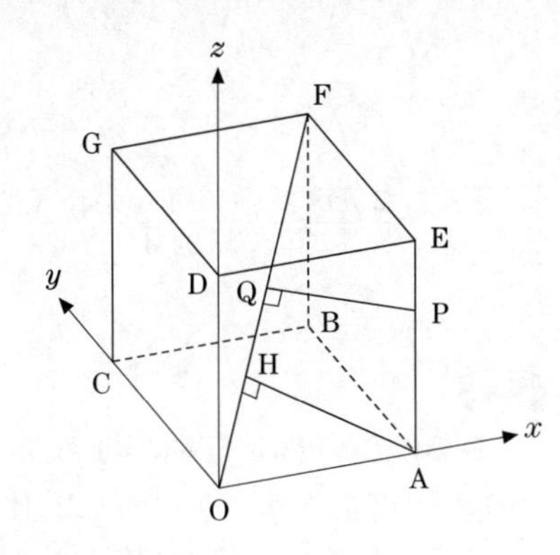

(2)　AE 上の点 P$(1,\ 0,\ t)$ $(0\leqq t\leqq 1)$ から OF に下した垂線の足を Q とすると，$\overrightarrow{OQ}=u\overrightarrow{OF}$ とおけて

$$\overrightarrow{PQ}=(u,\ u,\ u)-(1,\ 0,\ t)=(u-1,\ u,\ u-t)$$

これが $\overrightarrow{OF}$ と垂直だから

$$\overrightarrow{PQ}\cdot\overrightarrow{OF}=(u-1)+u+(u-t)=0$$

$$\therefore\quad u=\frac{t+1}{3},\ \overrightarrow{OQ}=\left(\frac{t+1}{3},\ \frac{t+1}{3},\ \frac{t+1}{3}\right),\ \overrightarrow{PQ}=\left(\frac{t-2}{3},\ \frac{t+1}{3},\ \frac{1-2t}{3}\right)$$

$OQ=s$ とおくと

$$s=\sqrt{3\left(\frac{t+1}{3}\right)^2}=\frac{t+1}{\sqrt{3}}\qquad\therefore\quad t=\sqrt{3}s-1$$

$0\leqq t\leqq 1$ より $\dfrac{1}{\sqrt{3}}\leqq s\leqq\dfrac{2}{\sqrt{3}}$ であり

$$PQ^2=\left(\frac{t-2}{3}\right)^2+\left(\frac{t+1}{3}\right)^2+\left(\frac{1-2t}{3}\right)^2$$

$$=\left(\frac{\sqrt{3}s-3}{3}\right)^2+\left(\frac{\sqrt{3}s}{3}\right)^2+\left(\frac{3-2\sqrt{3}s}{3}\right)^2$$

$$=2(s^2-\sqrt{3}s+1)$$

題意の立体は折れ線 OAEF を直線 OF のまわりに回転したもので，線分 OA，EF を回転した部分はともに△OAH を OF のまわりに回転したもの，すなわち，高さ OH，底面の半径 AH の円錐に等しく，線分 AE を回転した部分の OF に垂直な断面は半径 PQ の円である。

よって，求める体積は

$$2\cdot\frac{1}{3}\pi \mathrm{AH}^2\cdot\mathrm{OH}+\int_{\frac{1}{\sqrt{3}}}^{\frac{2}{\sqrt{3}}}\pi \mathrm{PQ}^2\,ds$$

$$=\frac{2}{3}\pi\left(\frac{\sqrt{6}}{3}\right)^2\sqrt{1-\left(\frac{\sqrt{6}}{3}\right)^2}+2\pi\int_{\frac{1}{\sqrt{3}}}^{\frac{2}{\sqrt{3}}}(s^2-\sqrt{3}\,s+1)\,ds$$

$$=\frac{4\sqrt{3}}{27}\pi+2\pi\left[\frac{s^3}{3}-\frac{\sqrt{3}}{2}s^2+s\right]_{\frac{1}{\sqrt{3}}}^{\frac{2}{\sqrt{3}}}$$

$$=\frac{4\sqrt{3}}{27}\pi+2\pi\left(\frac{8}{9\sqrt{3}}-\frac{4\sqrt{3}}{6}+\frac{2}{\sqrt{3}}-\frac{1}{9\sqrt{3}}+\frac{\sqrt{3}}{6}-\frac{1}{\sqrt{3}}\right)$$

$$=\frac{\sqrt{3}}{3}\pi$$

……(答)

解説

回転体の体積は回転軸に垂直な断面積を回転軸に沿って積分するというのが一般的な原則であるが，空間図形(立方体)を対角線のまわりに回転したときに断面がどのようになるかを正確に把握したり説明したりするのは理系の人にとっても難しい。いくら京大が文系入試で理系分野（数Ⅲ）の出題をすると公表していても，このような問題まで学習していた諸君はほとんどいなかったのではないだろうか。

3辺OA，OC，ODがOFに関してはまったく同じ位置関係にあるので，四面体OACDをOFのまわりに回転した部分は△OAHをOFのまわりに回転してできる円錐になり，その底面の半径と高さが(1)からわかるというのが(1)の誘導の意味であるが，(1)で正答したとしてもそれを(2)でどう使うのかに気がつくのは簡単ではない。四面体FBEGを回転したものもOACDの部分とまったく同じになり，残りの部分が辺AEをOFのまわりに回転したものと同じになることもちゃんとした説明は書きづらい。「対称性より」とでもして断定するぐらいしかないだろう。

(1)は基本的な問題なので(1)だけ完答して部分点を稼ぐのが最良の戦術である。

「AからOFに下した垂線の足がH」

$\Longleftrightarrow$ 「HはAからOFに下した垂線とOFの交点」

$\Longleftrightarrow$ $\begin{cases}\text{「HはOF上にある」}\\ \text{「HはAからOFに下した垂線上にある」}\end{cases}$

$\Longleftrightarrow$ $\begin{cases}\overrightarrow{\mathrm{OH}}=k\overrightarrow{\mathrm{OF}}\\ \overrightarrow{\mathrm{AH}}\cdot\overrightarrow{\mathrm{OF}}=0\end{cases}$

としてベクトルで考えればよいが，成分で計算する方が簡単である。

(2)はAEを回転したものの断面が半径PQの円であることがわかっても

$$\int_0^1 \pi \mathrm{PQ}^2\, dt$$

では正解が得られない。体積を求めるときに重要なのは

(ア)　断面積は積分軸に垂直

(イ)　積分軸の変数はその軸上の実長

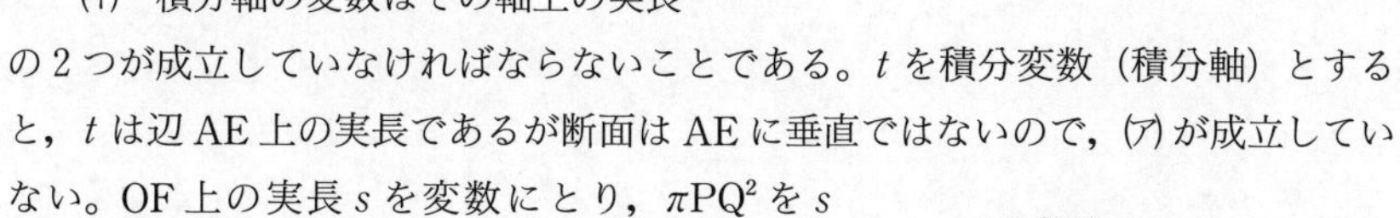

の2つが成立していなければならないことである。t を積分変数（積分軸）とすると，t は辺AE上の実長であるが断面はAEに垂直ではないので，(ア)が成立していない。OF上の実長 s を変数にとり，$\pi\mathrm{PQ}^2$ を s で表した上で

$$\int_{\frac{1}{\sqrt{3}}}^{\frac{2}{\sqrt{3}}} \pi \mathrm{PQ}^2\, ds$$

としなければならない。

参考　立体の概形は右図のようになり，AEを回転してできる部分は回転一葉双曲面と呼ばれる曲面である。

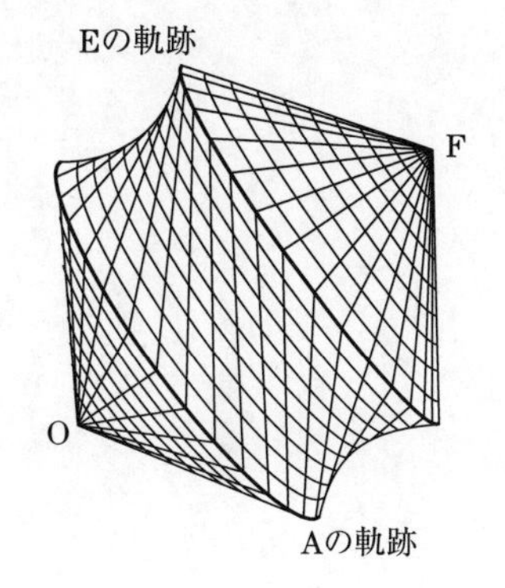

2009
年

解答・解説

1

問1　Hは l 上にあるので，Oを原点とすると

$$\overrightarrow{OH}=\overrightarrow{OB}+t\overrightarrow{BA}=(-1,\ 0,\ 0)+t(-2,\ -1,\ 1)=(-2t-1,\ -t,\ t)$$

と表せて，$\overrightarrow{CH}\perp\overrightarrow{BA}$ より

$$\overrightarrow{CH}\cdot\overrightarrow{BA}=0 \iff -2(-2t-3)-(-t-3)+(t-3)=0$$
$$\iff 6t+6=0$$

$t=-1$ だから，$H(1,\ 1,\ -1)$　……(答)

問2　k 回目 $(k\geqq 1)$ のゲームを行うとき袋の中には白球が2個，赤球が k 個入っているから，k 回目のゲームで成功する確率は

$$\frac{{}_2C_2}{{}_{k+2}C_2}=\frac{2}{(k+1)(k+2)}$$

よって，k 回目のゲームで失敗する確率は

$$1-\frac{2}{(k+1)(k+2)}=\frac{k(k+3)}{(k+1)(k+2)}$$

となり，求める確率は

$$\frac{1\cdot 4}{2\cdot 3}\cdot\frac{2\cdot 5}{3\cdot 4}\cdot\frac{3\cdot 6}{4\cdot 5}\cdot\cdots\cdots\cdot\frac{(n-1)(n+2)}{n(n+1)}\cdot\frac{2}{(n+1)(n+2)}$$
$$=\frac{(n-1)!(n+2)!}{(n+1)!(n+2)!}\cdot\frac{2!\cdot 2}{3!}=\frac{2}{3n(n+1)}$$　……(答)

解説

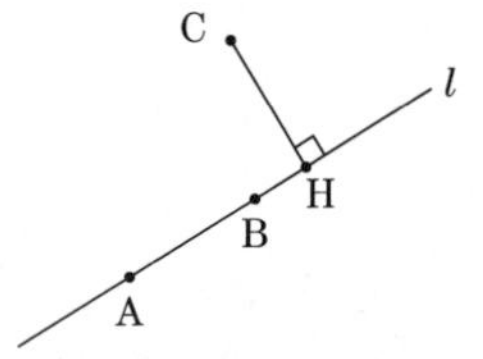

問1　Hは「l 上にある」，「$CH\perp l$」という2つの条件をみたす点なので，これらをベクトルで表して成分計算をするだけの問題である。

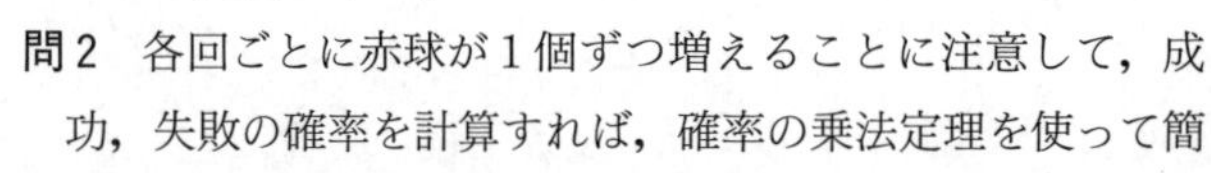

問2　各回ごとに赤球が1個ずつ増えることに注意して，成功，失敗の確率を計算すれば，確率の乗法定理を使って簡単に求められる。そのときにそのままの形で約分しようとすると間違いやすいので，上のように一度階乗で表す方がよい。

2

与式より

$$\int_0^x f(y)dy+x^2\int_0^1 f(y)dy+2x\int_0^1 yf(y)dy+\int_0^1 y^2f(y)dy=x^2+C$$

$$\therefore\quad \int_0^x f(y)dy=\left\{1-\int_0^1 f(y)dy\right\}x^2-2\left\{\int_0^1 yf(y)dy\right\}x+C-\int_0^1 y^2f(y)dy$$

……①

$f(x)$ の次数が2次以上とすると①の左辺は3次以上となり，右辺が2次以下であることに反するので，$f(x)$ は1次以下，したがって，$f(x)=ax+b$ をおくことができて

$$\int_0^x (ay+b)dy=\left\{1-\int_0^1 (ay+b)dy\right\}x^2-2\left\{\int_0^1 (ay^2+by)dy\right\}x+C-\int_0^1 (ay^3+by^2)dy$$

$$\therefore\quad \frac{a}{2}x^2+bx=\left(1-\frac{a}{2}-b\right)x^2-2\left(\frac{a}{3}+\frac{b}{2}\right)x+C-\left(\frac{a}{4}+\frac{b}{3}\right)$$

これがすべての x について成り立つので，両辺の係数を比べて

$$\frac{a}{2}=1-\frac{a}{2}-b,\ b=-2\left(\frac{a}{3}+\frac{b}{2}\right),\ 0=C-\left(\frac{a}{4}+\frac{b}{3}\right)$$

$$\therefore\quad a+b=1,\ a=-3b,\ C=\frac{a}{4}+\frac{b}{3}$$

これを a，b，C について解くと $a=\frac{3}{2}$，$b=-\frac{1}{2}$，$C=\frac{5}{24}$

$$\therefore\quad f(x)=\frac{3}{2}x-\frac{1}{2},\ C=\frac{5}{24}$$ ……(答)

解説

条件が未知関数 $f(x)$ を含む定積分で表されているとき，$f(x)$ を決定するための一般的な方針としては

(ア)（定積分の上下端とも定数のとき）定積分の値を定数とおく

(イ)（定積分の上端が x のとき）両辺を微分する

(ウ) $f(x)=a_nx^n+a_{n-1}x^{n-1}+\cdots+a_1x+a_0$ とおいて与式に代入する

などがあり，上の解答は(ウ)を用いたものである。ただ，このときに一般の n 次式として a_0，a_1，……，a_n の関係から求めようとすると面倒なので，あらかじめ次数の範囲を1次以下と限定して a，b 2つだけ求めればよいようにしている。

(イ)は任意の定数 a に対して

$$\left\{\int_a^x f(t)dt\right\}'=f(x)$$

が成り立つことを用いるものであるが，①の右辺の各定積分は定数であるので，①の両辺を x の関数として微分すると

$$f(x)=2\left\{1-\int_0^1 f(y)dy\right\}x-2\int_0^1 yf(y)dy$$

である。これは(ア)が使える形なので

$$\int_0^1 f(y)dy=p,\ \int_0^1 yf(y)dy=q \qquad \cdots\cdots②$$

とおくと，$f(x)=2(1-p)x-2q$ となり，②に代入すると

$$\begin{cases}\displaystyle\int_0^1\{2(1-p)y-2q\}dy=p \\ \displaystyle\int_0^1\{2(1-p)y^2-2qy\}dy=q\end{cases} \quad \therefore \quad \begin{cases}1-p-2q=p \\ \dfrac{2}{3}(1-p)-q=q\end{cases}$$

これから，$p=q=\dfrac{1}{4}$ として $f(x)$ を求めることもできる。

いずれにしても(ア)，(イ)，(ウ)という方針およびその使いどころなどが整理されて頭に入っていれば単なる計算問題といえるものであるが，それが不明確であれば難しい問題である。

3

$\log_2 x=X$，$\log_2 y=Y$ とおくと，与式は

$$\frac{Y}{X}+\frac{X}{Y}>2+\frac{1}{X}\cdot\frac{1}{Y} \iff \frac{X^2+Y^2-2XY-1}{XY}>0$$

$$\iff \frac{(Y-X)^2-1}{XY}>0 \qquad \cdots\cdots①$$

(i)　$XY>0$ すなわち「$x>1$，$y>1$」または「$0<x<1$，$0<y<1$」のとき

$$① \iff (Y-X)^2>1 \iff Y-X<-1 \text{ または } 1<Y-X$$

$$\iff \log_2\frac{y}{x}<-1 \text{ または } 1<\log_2\frac{y}{x}$$

$$\iff 0<\frac{y}{x}<2^{-1} \text{ または } 2<\frac{y}{x}$$

$$\iff 0<y<\frac{1}{2}x \text{ または } y>2x$$

(ii)　$XY<0$ すなわち $0<x<1<y$ または $0<y<1<x$ のとき

$$① \iff (Y-X)^2<1$$

$$\iff -1<Y-X<1$$

$$\iff -1 < \log_2 \frac{y}{x} < 1$$

$$\iff \frac{1}{2}x < y < 2x$$

以上より，求める範囲は

図の斜線部（境界を除く）

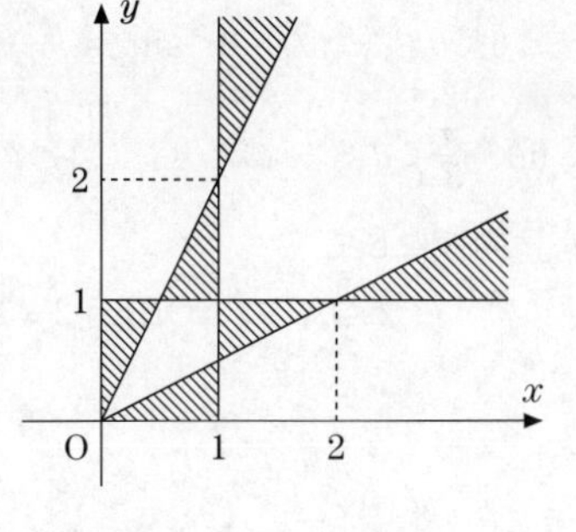

解説

対数の問題ではまず底を揃えることが第一である。本問では底に x，y，2 の 3 種類が現れており，理論的には何に揃えても可能であるが，（1 より大きい）定数がもっともわかりやすいので

$$\log_x y = \frac{\log_2 y}{\log_2 x},\ \log_y x = \frac{\log_2 x}{\log_2 y},\ \log_x 2 = \frac{\log_2 2}{\log_2 x},\ \log_y 2 = \frac{\log_2 2}{\log_2 y}$$

として 2 に揃えてみる。すると，x，y はすべて $\log_2 x$，$\log_2 y$ の形のみで現れているので，$\log_2 x = X$，$\log_2 y = Y$ として対数のない X，Y の不等式が得られ，それから $(X,\ Y)$ の範囲は簡単に求められる。次にこれを $(x,\ y)$ の範囲にうつし変えればよい。

4

$\angle \mathrm{AOB} = \theta \left(0 < \theta < \dfrac{\pi}{2}\right)$ とすると

$$\triangle \mathrm{OAB} = \frac{1}{2}\mathrm{OA}\cdot\mathrm{OB}\sin\theta$$

(i)　$0 < \theta \leqq \dfrac{\pi}{3}$ のとき，（図 1）のようになり

$$\angle \mathrm{BOE} = 3\theta,\ \mathrm{OE} = \mathrm{OA}$$

であるので

$$\triangle \mathrm{OBE} = \frac{1}{2}\mathrm{OB}\cdot\mathrm{OA}\sin 3\theta$$

$\therefore$　$\triangle \mathrm{OAB} : \triangle \mathrm{OBE} = 2 : 3$

$\iff \sin\theta : \sin 3\theta = 2 : 3$

$\iff 2\sin 3\theta = 3\sin\theta$

$\iff 2(3\sin\theta - 4\sin^3\theta) = 3\sin\theta$

$\iff \sin\theta(8\sin^2\theta - 3) = 0$

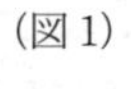

（図 1）

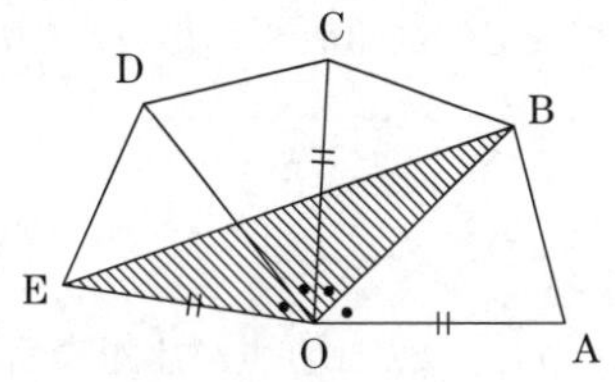

（図 2）

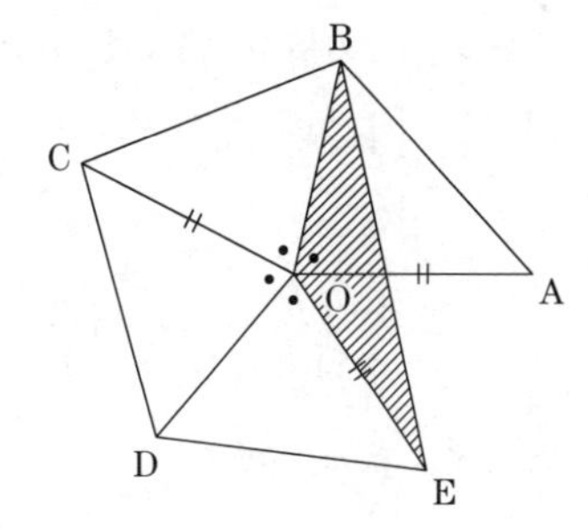

$0<\theta\leqq\dfrac{\pi}{3}$ より $0<\sin\theta\leqq\dfrac{\sqrt{3}}{2}$ だから $\sin\theta=\sqrt{\dfrac{3}{8}}=\dfrac{\sqrt{6}}{4}\left(<\dfrac{\sqrt{3}}{2}\right)$

(ii) $\dfrac{\pi}{3}<\theta<\dfrac{\pi}{2}$ のとき，(図2)のようになり，$\angle \mathrm{BOE}=2\pi-3\theta$ であるから，

同様にして

$$\begin{aligned}\triangle \mathrm{OAB}:\triangle \mathrm{OBE}=2:3 &\Longleftrightarrow 2\sin(2\pi-3\theta)=3\sin\theta\\ &\Longleftrightarrow -2(3\sin\theta-4\sin^3\theta)=3\sin\theta\\ &\Longleftrightarrow \sin\theta(8\sin^2\theta-9)=0\end{aligned}$$

$\dfrac{\sqrt{3}}{2}<\sin\theta<1$ よりこれをみたすことはない。

以上より

$$\sin\theta=\frac{\sqrt{6}}{4} \qquad\cdots\cdots(\text{答})$$

解説

$\mathrm{OA}=a$，$\mathrm{OB}=b$，$\angle \mathrm{AOB}=\theta$ とすると

$$\triangle \mathrm{OAB}=\frac{1}{2}ab\sin\theta,\ \triangle \mathrm{OBE}=\frac{1}{2}ab\sin\angle \mathrm{BOE}$$

より，$\triangle \mathrm{OAB}$ と $\triangle \mathrm{OBE}$ の面積比が $\sin\theta$ と $\sin\angle \mathrm{BOE}$ の比に等しいこと，したがって，$\sin\theta:\sin\angle \mathrm{BOE}=2:3$ となる $\sin\theta$ の値を求めればよいことは図を書いてみればわかるはずである。ただし，$0<\angle \mathrm{BOE}<\pi$ であるから θ と $\dfrac{\pi}{3}$ の大小によって $\angle \mathrm{BOE}=3\theta$ または $2\pi-3\theta$ と場合分けが必要なことに気がつかないといけない。

5

p は素数だから $(p^n)!$ を素因数分解したときの p の指数が求めるものである。1から p^n までの自然数で $p^k\ (1\leqq k\leqq n)$ の倍数であるものの個数は $\dfrac{p^n}{p^k}$ だから，p^k の倍数でかつ p^{k+1} の倍数でないものの個数は

$$\begin{cases}1\leqq k\leqq n-1 & \text{のとき } \dfrac{p^n}{p^k}-\dfrac{p^n}{p^{k+1}}\\ k=n & \text{のとき } 1\end{cases}$$

$$\therefore\ 1\cdot\left(\frac{p^n}{p}-\frac{p^n}{p^2}\right)+2\left(\frac{p^n}{p^2}-\frac{p^n}{p^3}\right)+3\left(\frac{p^n}{p^3}-\frac{p^n}{p^4}\right)+\cdots\cdots+(n-1)\left(\frac{p^n}{p^{n-1}}-\frac{p^n}{p^n}\right)+n\cdot 1 \qquad\cdots\cdots①$$

$$=\frac{p^n}{p}+\frac{p^n}{p^2}+\frac{p^n}{p^3}+\cdots\cdots+\frac{p^n}{p^{n-1}}+1 \qquad \cdots\cdots②$$

$$=p^{n-1}+p^{n-2}+p^{n-3}+\cdots\cdots+p+1$$

$$=\frac{p^n-1}{p-1} \qquad \cdots\cdots(答)$$

解説

たとえば $p=2$，$n=5$ のとき

$$(p^n)!=32!=1\cdot2\cdot3\cdot4\cdots\cdots30\cdot31\cdot32$$

が2で割り切れる回数 M を求めるためには1，2，3，……，32がそれぞれ2で何回割り切れるかを考えて

偶数	2	4	6	8	10	12	14	16	18	20	22	24	26	28	30	32
2で割り切れる回数	1	2	1	3	1	2	1	4	1	2	1	3	1	2	1	5

……(＊)

より

$$M=1+2+1+3+1+2+1+4+1+2+1+3+1+2+1+5$$

$$=1\cdot\underset{\sim}{8}+2\cdot\underset{\sim}{4}+3\cdot\underset{\sim}{2}+4\cdot\underset{\sim}{1}+5\cdot\underset{\sim}{1}$$

$$=31$$

となる。ここで〰部分の8，4，2，1，1はそれぞれ1～32の整数のうち

2^k で割り切れるが 2^{k+1} で割り切れないものの個数 $(k=1,\ 2,\ 3,\ 4,\ 5)$

を表している。

したがって，$(p^n)!=1\cdot2\cdot3\cdots\cdots(p^n-1)\cdot p^n$ が p で割り切れる回数 N を求めるためには $1\sim p^n$ の整数のうち，p^k で割り切れるが p^{k+1} で割り切れないものの個数 a_k $(k=1,\ 2,\ \cdots\cdots,\ n)$ を求め

$$N=1\cdot a_1+2a_2+3a_3+\cdots\cdots+na_n$$

を計算すればよい。$1\sim p^n$ のうちの p^k の倍数の個数は $\dfrac{p^n}{p^k}$ だから

$$a_k=\begin{cases}\dfrac{p^n}{p^k}-\dfrac{p^n}{p^{k+1}} & (1\leqq k\leqq n-1)\\ 1 & (k=n)\end{cases}$$

となり，①の形で N が求められる。

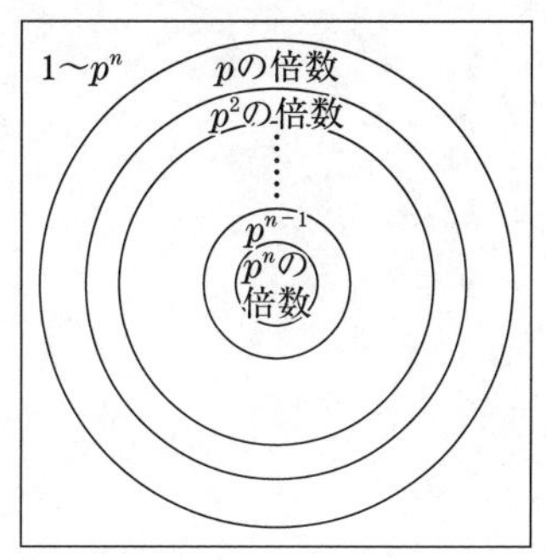

$$a_k=\frac{(p-1)p^n}{p^{k+1}}=(p-1)p^{n-k-1} \quad (1\leqq k\leqq n-1)$$

より

$$N=(p-1)\{p^{n-2}+2p^{n-3}+3p^{n-4}+\cdots\cdots+(n-2)p+(n-1)\}+n\cdot 1$$

となり｛　　｝の部分の和を計算する方針でも求められるが，①を展開して②の形にまとめると等比数列の和として簡単に計算できる。①と②が等しいことは上記の表(＊)の 2 で割り切れる回数を○の個数で表して次のように考えると納得しやすいのだろう。

偶数	2	4	6	8	10	12	14	16	18	20	22	24	26	28	30	32	○の個数
2 の倍数	○	○	○	○	○	○	○	○	○	○	○	○	○	○	○	○	16
2^2 の倍数		○		○		○		○		○		○		○		○	8
2^3 の倍数				○				○				○				○	4
2^4 の倍数								○								○	2
2^5 の倍数																○	1
○の個数	1	2	1	3	1	2	1	4	1	2	1	3	1	2	1	5	$31=M$

2008
年

解答・解説

1

$$\int_{-1}^{1}(1-x^2)\{f'(x)\}^2dx=\int_{-1}^{1}(1-x^2)(2ax+b)^2dx$$
$$=\int_{-1}^{1}(4a^2x^2+4abx+b^2-4a^2x^4-4abx^3-b^2x^2)dx$$
$$=2\int_{0}^{1}(4a^2x^2+b^2-4a^2x^4-b^2x^2)dx$$
$$=2\left[\frac{4}{3}a^2x^3+b^2x-\frac{4}{5}a^2x^5-\frac{b^2}{3}x^3\right]_0^1$$
$$=\frac{16}{15}a^2+\frac{4}{3}b^2$$

$$6\int_{-1}^{1}\{f(x)\}^2dx=6\int_{-1}^{1}(ax^2+bx+c)^2dx$$
$$=6\int_{-1}^{1}(a^2x^4+b^2x^2+c^2+2abx^3+2bcx+2cax^2)dx$$
$$=12\int_{0}^{1}(a^2x^4+b^2x^2+c^2+2cax^2)dx$$
$$=12\left[\frac{a^2}{5}x^5+\frac{b^2}{3}x^3+c^2x+\frac{2}{3}cax^3\right]_0^1$$
$$=\frac{12}{5}a^2+4b^2+12c^2+8ca$$

$$\therefore\quad 6\int_{-1}^{1}\{f(x)\}^2dx-\int_{-1}^{1}(1-x^2)\{f'(x)\}^2dx=\frac{4}{3}a^2+\frac{8}{3}b^2+12c^2+8ca$$
$$=\frac{4}{3}(a+3c)^2+\frac{8}{3}b^2$$
$$\geqq 0$$

$$\therefore\quad \int_{-1}^{1}(1-x^2)\{f'(x)\}^2dx\leqq 6\int_{-1}^{1}\{f(x)\}^2dx$$

解説

不等式の証明では，大きい方から小さい方を引いたものが正または0以上であることを変形などで示すのが原則である。本問では両辺とも4次式の定積分であるので，まずそれらを計算しなければいけない。そのとき普通に積分してもよいが，一般に

$$\int_{-a}^{a}x^{2n}dx=2\int_{0}^{a}x^{2n}dx,\quad \int_{-a}^{a}x^{2n-1}dx=0\ (n=1,\ 2,\ 3,\ \cdots\cdots)$$

が成り立つので，両辺の積分はそれぞれ偶数次の部分だけ残して0から1までの定積分の2倍にすることができ，計算の繁雑さが軽減できる。いずれにしろ

$$(\text{右辺})-(\text{左辺})=\frac{4}{3}a^2+\frac{8}{3}b^2+12c^2+8ca$$

と a，b，c 3変数の式となり，どの文字についても2次式であるので，これが0以上であることを示すためにはいずれかの文字について平方完成すればよい。

2

AB＝AC より

$$C(0,\ 0),\ A(a,\ b),\ B(2a,\ 0)\ (a>0,\ b>0)$$

となるように座標軸をとることができて，

ABの中点がM，ANの中点がBだから

$$M\left(\frac{3}{2}a,\ \frac{b}{2}\right),\quad N(3a,\ -b)$$

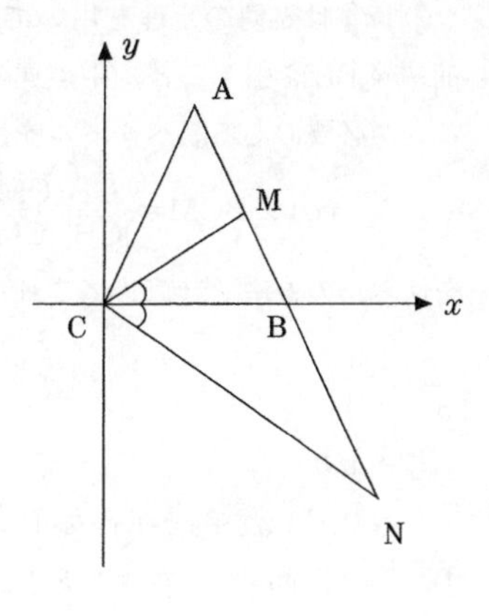

よって

$$(\text{CMの傾き})=\frac{b}{3a}$$

$$(\text{CNの傾き})=-\frac{b}{3a}$$

であり，CM，CNと x 軸の正方向となす角が等しい。

$$\therefore\quad \angle BCM=\angle BCN$$

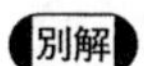

ACの中点をLとすると，AB＝BN，AL＝LC より

$$BL /\!/ NC$$

$$\therefore\quad \angle BCN=\angle CBL \qquad \cdots\cdots①$$

一方，△BCLと△CBMにおいて

CL＝BM，∠BCL＝∠CBM，BC共通

より　△BCL≡△CBM だから

$$\angle CBL=\angle BCM \qquad \cdots\cdots②$$

①，②より　∠BCM＝∠BCN

解説

図形問題では幾何，座標，ベクトルなどいろいろな方針が考えられ，どの方針をとるかは条件の設定のしやすさ，目標や結論までの経過などを総合的に考慮して判断す

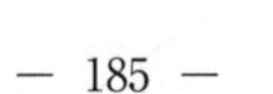

ることになる。上の解答は座標を設定する方針のものであるが，二等辺三角形を実現するいろいろな座標軸のとり方の中で，$\overrightarrow{CB}$ を x 軸の正方向にとると

$\angle BCM=$($\overrightarrow{CM}$ と x 軸の正方向のなす角)

$\longrightarrow$ $\tan\angle BCM=\pm$(直線CMの傾き)

となり，目標の $\angle BCM=\angle BCN$ がCM，CNの傾きを計算することでたやすく得られる。

別解 は幾何の定理を用いて図形的に論証しているもので簡単そうに見えるが，補助線BLを引くこと，中点連結定理や三角形の合同条件を用いることなどに気づくことが必要である。ベクトルを用いる方針の場合には

$$\cos\angle BCM=\frac{\overrightarrow{CB}\cdot\overrightarrow{CM}}{|\overrightarrow{CB}|\,|\overrightarrow{CM}|},\qquad \cos\angle BCN=\frac{\overrightarrow{CB}\cdot\overrightarrow{CN}}{|\overrightarrow{CB}|\,|\overrightarrow{CN}|}$$

を何らかの方法で計算してこれらが等しいことを示すことになる。

3

与式より

$$x^2+ax+1=0 \cdots\cdots ① \quad \text{または} \quad 3x^2+ax-3=0 \cdots\cdots ②$$

①，②の共通解が存在するとき，それを α とおくと

$$\alpha^2+a\alpha+1=0 \text{ かつ } 3\alpha^2+a\alpha-3=0 \qquad \cdots\cdots ③$$

より

$$(\alpha^2+a\alpha+1)-(3\alpha^2+a\alpha-3)=0 \qquad \therefore\quad \alpha=\pm\sqrt{2}$$

③より

$$\alpha=\sqrt{2} \text{ のとき } a=-\frac{3\sqrt{2}}{2},\qquad \alpha=-\sqrt{2} \text{ のとき } a=\frac{3\sqrt{2}}{2}$$

(i)　$a=-\dfrac{3\sqrt{2}}{2}$ のとき

$$① \Longleftrightarrow (x-\sqrt{2})\left(x-\frac{\sqrt{2}}{2}\right)=0,\qquad ② \Longleftrightarrow 3(x-\sqrt{2})\left(x+\frac{\sqrt{2}}{2}\right)=0$$

より，与式の解は $\sqrt{2}$，$\dfrac{\sqrt{2}}{2}$，$-\dfrac{\sqrt{2}}{2}$ の3個

(ii)　$a=\dfrac{3\sqrt{2}}{2}$ のとき

$$① \Longleftrightarrow (x+\sqrt{2})\left(x+\frac{\sqrt{2}}{2}\right)=0,\qquad ② \Longleftrightarrow 3(x+\sqrt{2})\left(x-\frac{\sqrt{2}}{2}\right)=0$$

より，与式の解は $-\sqrt{2}$，$\dfrac{\sqrt{2}}{2}$，$-\dfrac{\sqrt{2}}{2}$ の3個

(iii)　$a \neq \pm\frac{3\sqrt{2}}{2}$ のとき，①，②は共通解をもたず

$$(①の判別式) = a^2 - 4 = (a-2)(a+2)$$
$$(②の判別式) = a^2 + 36 > 0$$

より，与式の実数解は $-2 < a < 2$ のとき2個，$a = \pm 2$ のとき3個，それ以外のときは4個

以上をまとめると

$$\begin{cases} -2 < a < 2 & のとき\quad 2個 \\ a = \pm 2,\ \pm\frac{3\sqrt{2}}{2} & のとき\quad 3個 \\ その他のとき & \quad\quad\quad 4個 \end{cases} \quad \cdots\cdots(答)$$

解説

与式の解が2つの2次方程式①，②の解を合わせたもので，それらの判別式から

・②がつねに異なる2実数解をもつこと

・①の異なる実数解の個数が a と ± 2 の大小によって 0，1，2 と変わること

はすぐにわかるが，①，②の個数を足し合わせたものがそのまま答えになるわけではない。それは①と②に共通する解がない場合にのみ正しいからである。したがって，①と②の共通解の有無が問題となり，共通解は③を満たす α であるから，③を a，α についての連立方程式とみて解いてみればよい。

4

$\sin x + \cos x = t$ とおくと

$$(\sin x + \cos x)^2 = t^2 \iff 1 + 2\sin x\cos x = t^2$$

より $\sin x\cos x = \frac{t^2-1}{2}$ であり，与式は

$$2\sqrt{2}(\sin x + \cos x)(\sin^2 x - \sin x\cos x + \cos^2 x) + 3\sin x\cos x = 0$$

となるから

$$2\sqrt{2}\,t\left(1 - \frac{t^2-1}{2}\right) + 3\cdot\frac{t^2-1}{2} = 0 \iff 2\sqrt{2}\,t^3 - 3t^2 - 6\sqrt{2}\,t + 3 = 0 \quad \cdots\cdots①$$

ここで

$$t = \sqrt{2}\sin\left(x + \frac{\pi}{4}\right) \quad (0 \leqq x < 2\pi)$$

より

$$-\sqrt{2} \leqq t \leqq \sqrt{2} \quad \cdots\cdots②$$

であり，①のひとつの実数解に対して与式を満たす x は

$$\begin{cases} -\sqrt{2}<t<\sqrt{2} & \text{ならば　2個} \\ t=\pm\sqrt{2} & \text{ならば　1個} \\ t<-\sqrt{2},\ \sqrt{2}<t & \text{ならば　0個} \end{cases} \qquad \cdots\cdots(*)$$

存在する。

①の左辺を $f(t)$ とおくと

$$f'(t)=6\sqrt{2}\,t^2-6t-6\sqrt{2}$$
$$=6(\sqrt{2}\,t+1)(t-\sqrt{2})$$

より，$f(t)$ の②での増減は右のようになるから，①かつ②を満たす t は $-\sqrt{2}<t<\sqrt{2}$ の範囲のものがひとつだけである。

t	$-\sqrt{2}$		$-\frac{1}{\sqrt{2}}$		$\sqrt{2}$
$f'(t)$		$+$	0	$-$	0
$f(t)$	1	↗	$\frac{13}{2}$	↘	-7

よって，求める x の個数は　2個　……(答)

解説

本問のような $\sin x$，$\cos x$ についての対称式は $\sin x+\cos x=t$ として t だけの式で表すのが原則である。その結果が t の3次方程式①であり，これの実数解を考えることになるが，目標は t の個数ではなく x の個数であるので，①のひとつの実数解に対して x が何個存在するか（(*)）を考えておく必要がある。

①の実数解は具体的に求めることができないので，$y=f(t)$ のグラフと t 軸との共有点から考える。

5

正 n 角形の頂点を反時計回りに順に A_1，A_2，……，A_n とし，$A=A_n$ とする。

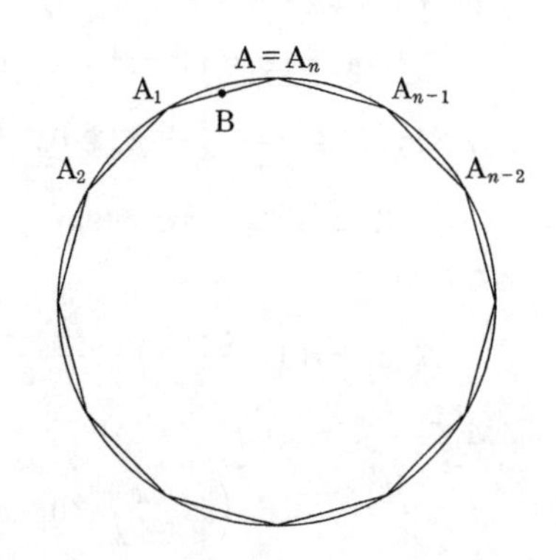

A から反時計回りに始まる一筆書きで $A_k(1\leqq k\leqq n)$ まで来てから時計回りに逆転するものは下図の A から左向き矢印のいずれかで始まる一筆書きに等しく，

　　AからA_kまで左向きに進むのが　2^k通り
　　A_kからAまで右向きに戻るのが　1通り
　　AからA_kまで右向きに進むのが　2^{n-k}通り
　　A_kからAまで左向きに戻るのが　1通り

だから

$$2^k \cdot 1 \cdot 2^{n-k} \cdot 1 = 2^n \text{ 通り}$$

途中で逆転せず反時計回りに2周するのは

　　1周目が　2^n通り
　　2周目が　1通り

より2^n通り

　よって，Aから反時計回りに始まる一筆書きは

$$n \cdot 2^n + 2^n = 2^n(n+1) \text{ 通り}$$

時計回りに始まる一筆書きも同数だから

$$a = 2 \cdot 2^n(n+1) = 2^{n+1}(n+1) \qquad \cdots\cdots(\text{答})$$

　Bは辺A_1A_nの中点としてよく，反時計回りに始まる一筆書きはA_1まで1通りで，A_1，A_2，……A_nのいずれかまで反時計回りに進んでから逆回りになるものがaと同様に考えて

$$n \cdot 2^{k-1} \cdot 2^{n-k} = 2^{n-1}n \text{ 通り}$$

途中で逆転せず反時計回りに2周するのが　2^{n-1}　通り。

　時計回りに始めるものも同様だから

$$b = 2(2^{n-1}n + 2^{n-1}) = 2^n(n+1) \qquad \cdots\cdots(\text{答})$$

解説

　本問では丸ごとその個数を計算できる数え方は見つけにくいので，数えやすいいくつかの場合に分割することを考える。分割の仕方はいろいろ考えられるが，上のように一筆書きを始める向き，途中で逆向きになることの有無，逆向きになる場合にはどの点からかで分割して数えるのがもっともわかりやすいようである。

　このような正確な考え方を限られた試験時間内に受験生が自力で発見するのは難しいであろうし，また正解の数値がたまたま得られたとしてもそれで「もれなく，重複なく」数えられていることを確信できる者は多くはないだろう。大多数のものは中途半端な分割や数え方などで正解とは似て非なる答えを出していると思われる。

　本問は今年度の問題の中ではもっとも難しいものであった。

2007
年

解答・解説

1

問1　ハミルトン・ケーリーの定理より $A^2-A+2E=O$ だから

$$
\begin{aligned}
&A^6+2A^4+2A^3+2A^2+2A+3E\\
&=(A^2-A+2E)(A^4+A^3+A^2+A+E)+A+E \quad \cdots\cdots①\\
&=A+E\\
&=\begin{pmatrix} 3 & 4 \\ -1 & 0 \end{pmatrix} \quad \cdots\cdots(答)
\end{aligned}
$$

問2　求める確率を p_n とすると，p_{n+1} は

1)　n 秒後にOにいない（A，B，C，Dのいずれかにある）……確率 $1-p_n$

2)　$n+1$ 秒目にその点からOに移動する　……確率 $\frac{1}{3}$

と続けて起こる確率だから

$$p_{n+1}=(1-p_n)\cdot\frac{1}{3} \qquad \therefore\ p_{n+1}-\frac{1}{4}=-\frac{1}{3}\left(p_n-\frac{1}{4}\right)$$

$\left\{p_n-\frac{1}{4}\right\}$ は公比 $-\frac{1}{3}$ の等比数列であり，仮定より $p_1=0$ だから

$$p_n-\frac{1}{4}=\left(p_1-\frac{1}{4}\right)\left(-\frac{1}{3}\right)^{n-1}=-\frac{1}{4}\left(-\frac{1}{3}\right)^{n-1}$$

$$\therefore\ p_n=\frac{1}{4}\left\{1-\left(-\frac{1}{3}\right)^{n-1}\right\} \quad \cdots\cdots(答)$$

解説

問1

$$A^2=\begin{pmatrix} 2 & 4 \\ -1 & -1 \end{pmatrix}\begin{pmatrix} 2 & 4 \\ -1 & -1 \end{pmatrix}=\begin{pmatrix} 0 & 4 \\ -1 & -3 \end{pmatrix}$$

$$A^3=\begin{pmatrix} 0 & 4 \\ -1 & -3 \end{pmatrix}\begin{pmatrix} 2 & 4 \\ -1 & -1 \end{pmatrix}=\begin{pmatrix} -4 & -4 \\ 1 & -1 \end{pmatrix}$$

$$A^4=\begin{pmatrix} 0 & 4 \\ -1 & -3 \end{pmatrix}\begin{pmatrix} 0 & 4 \\ -1 & -3 \end{pmatrix}=\begin{pmatrix} -4 & -12 \\ 3 & 5 \end{pmatrix}$$

$$A^6=\begin{pmatrix} -4 & -4 \\ 1 & -1 \end{pmatrix}\begin{pmatrix} -4 & -4 \\ 1 & -1 \end{pmatrix}=\begin{pmatrix} 12 & 20 \\ -5 & -3 \end{pmatrix}$$

と直接計算して与式に代入してもよいが，ハミルトン・ケーリーの定理

「$A=\begin{pmatrix} a & b \\ c & d \end{pmatrix}$ のとき $A^2-(a+d)A+(ad-bc)E=O$

ただし，$E=\begin{pmatrix} 1 & 0 \\ 0 & 1 \end{pmatrix}$，$O=\begin{pmatrix} 0 & 0 \\ 0 & 0 \end{pmatrix}$ 」

を用いて上のように次数を下げてから代入する方がよい。①は6次式 $x^6+2x^4+2x^3+2x^2+2x+3$ を2次式 x^2-x+2 で割ったときの商と余りについて成立する恒等式

$$x^6+2x^4+2x^3+2x^2+2x+3=(x^2-x+2)(x^4+x^3+x^2+x+1)+x+1$$

の x に A を代入する（定数項は単位行列の定数倍と考える）ことで得られる。

$A^2-A+2E=O$ をこのまま使わずに $A^2=A-2E$ の形にして次数を下げる要領で次のようにしてもよい。

$$\begin{aligned}
&A^6+2A^4+2A^3+2A^2+2A+3E \\
&=(A-2E)^3+2(A-2E)^2+2A(A-2E)+2(A-2E)+2A+3E \\
&=(A^3-6A^2+12A-8E)+2(A^2-4A+4E)+2(A^2-2A)+4A-E \\
&=A(A-2E)-6(A-2E)+12A-8E+2(A-2E)-8A+8E \\
&\qquad\qquad +2(A-2E)-4A+4A-E \\
&=(A-2E)-2A+2A+3E \\
&=A+E
\end{aligned}$$

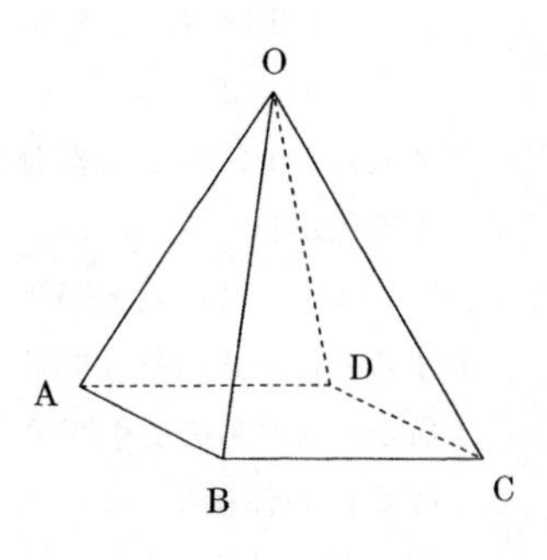

問2　n 秒後にOにあるための n 回の移動の仕方を数えるのは難し過ぎる。各秒ごとにOからはA，B，C，Dのいずれかに確率 $\frac{1}{4}$ ずつで移動し，A，B，C，Dからはそれぞれ隣り合う頂点に確率 $\frac{1}{3}$ ずつで移動するので，n 秒後と $n+1$ 秒後の関係（漸化式）は上のように簡単に導くことができる。漸化式を立ててそれから一般項（確率）を求めるという典型的な問題である。

2

$$y=x^3-2x^2-x+2 \qquad \cdots\cdots ①$$

より，

$$y'=3x^2-4x-1$$

だから l の傾きは -2。

よって，l の方程式は

$$y=-2(x-1)$$

$$\therefore \quad y=-2x+2 \qquad \cdots\cdots②$$

また，①，②より

$$(x^3-2x^2-x+2)-(-2x+2)=x(x-1)^2$$

だから，l と曲線①の共有点は $x=0$，1 のときであり

$0<x<1$ のとき $x(x-1)^2>0$ より　①>②

したがって，囲まれる部分は図のようになり，求める体積は

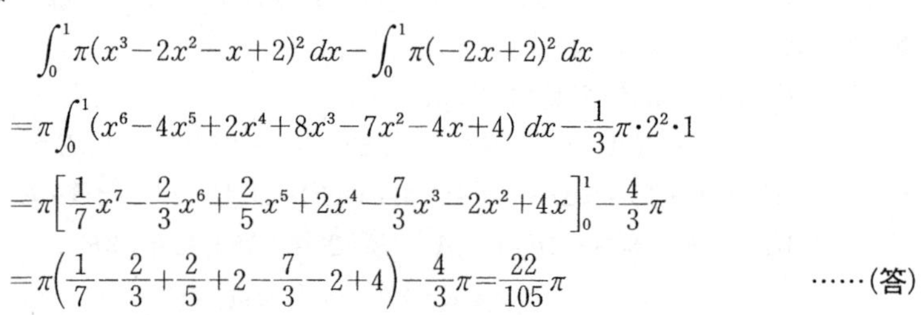

$$\int_0^1 \pi(x^3-2x^2-x+2)^2\,dx-\int_0^1 \pi(-2x+2)^2\,dx$$

$$=\pi\int_0^1 (x^6-4x^5+2x^4+8x^3-7x^2-4x+4)\,dx-\frac{1}{3}\pi\cdot 2^2\cdot 1$$

$$=\pi\left[\frac{1}{7}x^7-\frac{2}{3}x^6+\frac{2}{5}x^5+2x^4-\frac{7}{3}x^3-2x^2+4x\right]_0^1-\frac{4}{3}\pi$$

$$=\pi\left(\frac{1}{7}-\frac{2}{3}+\frac{2}{5}+2-\frac{7}{3}-2+4\right)-\frac{4}{3}\pi=\frac{22}{105}\pi \qquad \cdots\cdots(答)$$

解説

l の方程式は簡単に求められる。曲線①と l の囲む部分についても

$$①=② \iff x(x-1)^2=0$$

とすれば，$0<x<1$ の部分というところまではすぐに出るが，これでは①，②の上下関係がわかりづらい。上のように

$$①-②=x(x-1)^2$$

とするとこの式の符号を調べることで上下関係も確かめられるので手間が少なくてすむ。

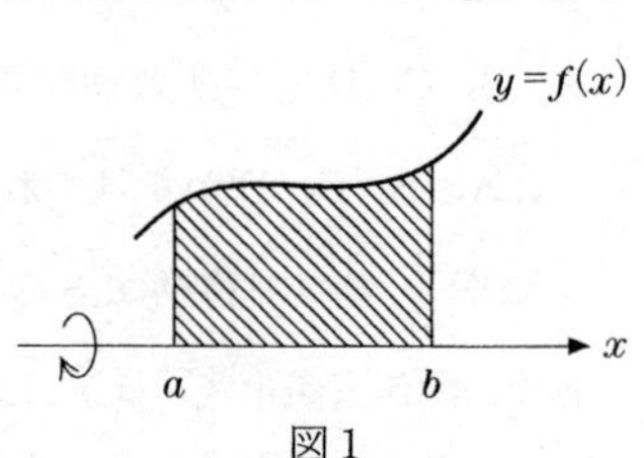

図1

回転体の体積については，$y=f(x)$ のグラフと x 軸で囲まれた $a\leqq x\leqq b$ の部分（図1）を x 軸のまわりに回転したものが

$$\int_a^b \pi\{f(x)\}^2\,dx$$

で与えられ，一般に $y=f(x)$ と $y=g(x)$ で囲まれた図2のような部分を x 軸のまわりに回転したものの体積は

$$\int_a^b \pi\{f(x)\}^2\,dx-\int_a^b \pi\{g(x)\}^2\,dx$$

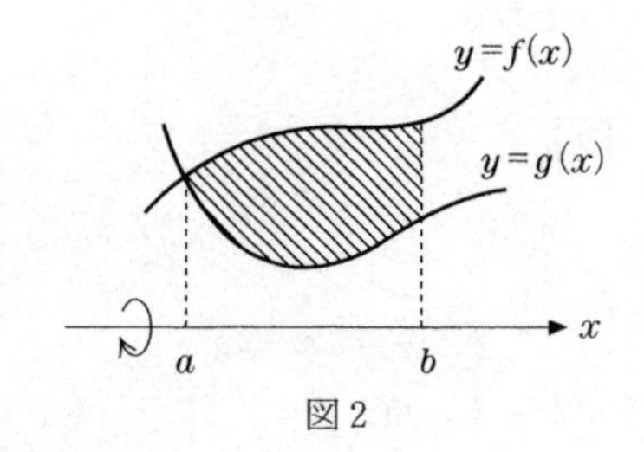

図2

または $\pi\int_a^b\{f(x)^2-g(x)^2\}\,dx$

で与えられることから，本問の場合

$$\int_0^1\pi(x^3-2x^2-x+2)^2\,dx-\int_0^1\pi(-2x+2)^2\,dx \quad \cdots\cdots③$$

で求められる。上の解答では第 2 項の積分が図形的に図 3 の三角形を x 軸のまわりに回転してできる立体，すなわち底面の半径 2，高さ 1 の直円錐の体積に等しいということで計算しているが，そのまま積分を計算してもよい。また

$$③=\int_0^1\pi\{(x^3-2x^2-x+2)^2-(-2x+2)^2\}\,dx$$

$$=\pi\int_0^1(x^6-4x^5+2x^4+8x^3-11x^2+4x)\,dx$$

$$=\pi\left[\frac{1}{7}x^7-\frac{2}{3}x^6+\frac{2}{5}x^5+2x^4-\frac{11}{3}x^3+2x^2\right]_0^1$$

$$=\pi\left(\frac{1}{7}-\frac{2}{3}+\frac{2}{5}+2-\frac{11}{3}+2\right)$$

$$=\frac{22}{105}\pi$$

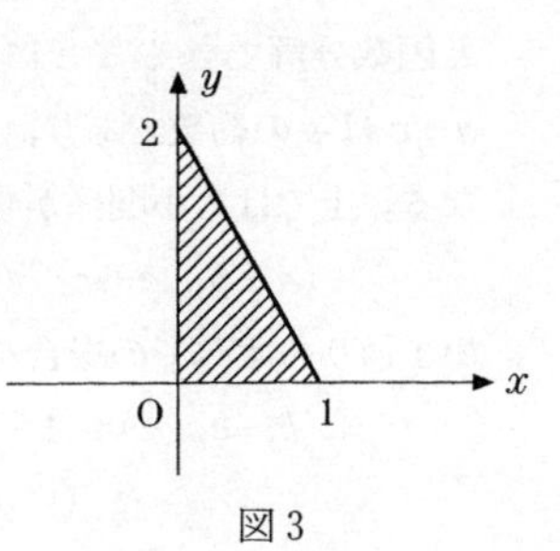

図 3

とまとめて計算しても同じである。

3

$$a+b+c+d=0 \quad \cdots\cdots①$$

$$ad-bc+p=0 \quad \cdots\cdots②$$

$$a\geqq b\geqq c\geqq d \quad \cdots\cdots③$$

① より $d=-a-b-c$ だから，これを ② に代入すると

$$a(-a-b-c)-bc+p=0 \iff (a+b)(a+c)=p \quad \cdots\cdots④$$

一方，③ より $a+b\geqq c+d$ であり，① より $c+d=-(a+b)$ だから

$$a+b\geqq -(a+b) \qquad \therefore\quad a+b\geqq 0$$

これと ④，$p>0$ より $a+c>0$，よって ③ と合わせると

$$a+b\geqq a+c>0$$

であり，p は素数だから ④ より

$$a+b=p,\ a+c=1 \qquad \therefore\quad b=p-a,\ c=1-a$$

また，

$$d=-a-b-c=a-p-1$$

だから，これらをすべて ③ に代入すると

$$a\geqq p-a\geqq 1-a\geqq a-p-1 \qquad \therefore\quad 2a-2\leqq p\leqq 2a$$

p は 3 以上の素数より奇数であるから

$$p=2a-1$$

$$\therefore \quad a=\frac{p+1}{2},\ b=\frac{p-1}{2},\ c=\frac{1-p}{2},\ d=-\frac{p+1}{2}$$ ……(答)

解説

京大では頻出の整数問題であるが，具体的な数値がまったく現れていないので少しわかりづらいかもしれない。条件式の使い方のひとつとして，とりあえず文字を消去してみると(上では d を消去しているが何を消去してもよい)

$$(a+b)(a+c)=p$$ ……(＊)

と因数分解できることに気づくはずである(気づいてほしい)。これから $a+b$, $a+c$ は p の約数であり，p が素数であることからそれぞれ ± 1, $\pm p$ のいずれかとなる。上では大小関係から，$a+b=p$, $a+c=1$ の場合だけを残しているが

$$(a+b,\ a+c)=(1,\ p),\ (p,\ 1),\ (-1,\ -p),\ (-p,\ -1)$$

の 4 通りのすべての場合を考えて

$$(b,\ c,\ d)=(1-a,\ p-a,\ a-p-1),\ (p-a,\ 1-a,\ a-p-1),$$
$$(-a-1,\ -a-p,\ a+p+1),\ (-a-p,\ -a-1,\ a+p+1)$$

から ③ をみたすものを求めてもよい。

4

O を原点とすると，仮定より実数 s, t を用いて

$$\overrightarrow{\mathrm{OP}}=(3,\ 4,\ 0)+s\vec{a}=(s+3,\ s+4,\ s)$$
$$\overrightarrow{\mathrm{OQ}}=(2,\ -1,\ 0)+t\vec{b}$$
$$=(t+2,\ -2t-1,\ 0)$$

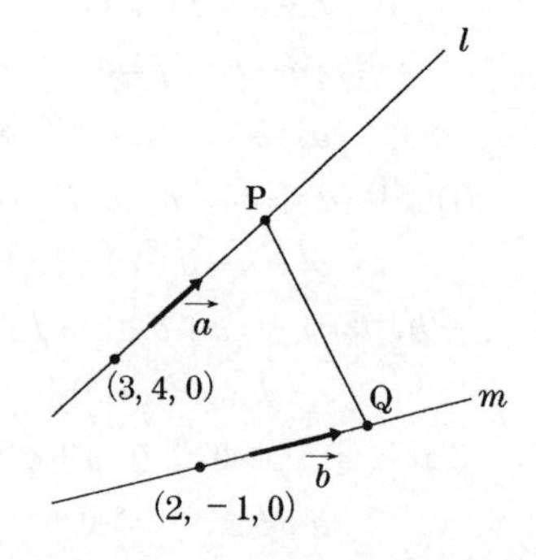

とおけるから

$$\mathrm{PQ}^2=|\overrightarrow{\mathrm{PQ}}|^2$$
$$=(s-t+1)^2+(s+2t+5)^2+s^2$$
$$=3s^2+2st+5t^2+12s+18t+26$$
$$=3s^2+2(t+6)s+5t^2+18t+26$$
$$=3\left(s+\frac{t+6}{3}\right)^2+\frac{14}{3}t^2+14t+14$$
$$=3\left(s+\frac{t+6}{3}\right)^2+\frac{14}{3}\left(t+\frac{3}{2}\right)^2+\frac{7}{2}$$
$$\geqq\frac{7}{2}$$

ここで等号は

$$s+\frac{t+6}{3}=t+\frac{3}{2}=0 \quad \text{すなわち} \quad t=s=-\frac{3}{2}$$

のとき成り立つから，PQの最小値は

$$\sqrt{\frac{7}{2}}=\frac{\sqrt{14}}{2} \qquad \cdots\cdots(\text{答})$$

解説

空間の2直線間の最短距離を求める，07年度の問題の中でももっとも基本的といえる問題である。l は点A(3, 4, 0)を通りベクトル $\vec{a}$ に平行な直線だから

$$\text{「P が } l \text{ 上にある」} \iff \overrightarrow{AP}=s\vec{a} \quad (\text{とおける})$$
$$\iff \overrightarrow{OP}=\overrightarrow{OA}+s\vec{a} \quad (\text{とおける})$$

としてPの座標が実数のパラメータ s を用いて表され，Qについても同様だからPQの長さは s，t 2変数の式で表される。これは本質的に s，t の2次式となるので

「2次式の最小値」⟶ 平方完成して（平方）=0 のとき

2変数関数の最大・最小 ⟶（ひとつの文字を定数とみて）1変数と考える

という原則に従って，s の式，t の式として順に平方完成すればよい。

「PQが最小」 $\iff$ PQ⊥l かつ PQ⊥m ……(＊)

となるので

$$\begin{cases}\overrightarrow{PQ}\cdot\vec{a}=0\\ \overrightarrow{PQ}\cdot\vec{b}=0\end{cases} \iff \begin{cases}(s-t+1)+(s+2t+5)+s=0\\ (s-t+1)-2(s+2t+5)=0\end{cases}$$

から $s=t=-\dfrac{3}{2}$ としても（答）は得られるが，この解答の場合には（＊）が成り立つことの理由説明が必要と考える方がよく，その説明自体があまり簡単ではないのでよい方針とはいえない。

5

（命題 p）

$\sqrt{n}$，$\sqrt{n+1}$ がともに有理数になることがあるとすると

$$\sqrt{n}=\frac{k}{m} \quad (m,\ k \text{ は互いに素な正の整数})$$

とおけて

$$n=\frac{k^2}{m^2} \qquad \therefore \quad nm^2=k^2 \qquad \cdots\cdots①$$

$m \geqq 2$ とすると m は素因数をもち，その1つを r とすると①より k^2 が r の倍数，よって k も r の倍数となり，m と k が互いに素であることに矛盾するので

$$m=1 \qquad \therefore \quad n=k^2$$

同様に $\sqrt{n+1}$ が有理数であることより $n+1=l^2$（l は正の整数）となり，この2式より

$$l^2-k^2=1 \qquad \therefore \quad (l-k)(l+k)=1 \qquad \cdots\cdots②$$

$l>k \geqq 1$ より

$$l-k \geqq 1,\ l+k \geqq 3$$

だから，②が成り立つことはない。

よって，$\sqrt{n}$，$\sqrt{n+1}$ がともに有理数であることはないので，命題 p は

正しくない　……(答)

（命題 q）

$\sqrt{n+1}-\sqrt{n}$ が無理数でないと仮定すると，有理数であるから

$$\sqrt{n+1}-\sqrt{n}=\frac{b}{a}$$（a，b は互いに素な正の整数）

とおけて

$$\sqrt{n+1}=\sqrt{n}+\frac{b}{a} \qquad \cdots\cdots③$$

両辺を2乗すると

$$n+1=\left(\sqrt{n}+\frac{b}{a}\right)^2 \iff 1=\frac{2b}{a}\sqrt{n}+\frac{b^2}{a^2} \iff \sqrt{n}=\frac{a^2-b^2}{2ab} \qquad \cdots\cdots④$$

よって，$\sqrt{n}$ は有理数であり，③，④より

$$\sqrt{n+1}=\frac{a^2-b^2}{2ab}+\frac{b}{a}$$

も有理数となるから，命題 p が正しくないことに矛盾する。

したがって，すべての n に対して $\sqrt{n+1}-\sqrt{n}$ は無理数であるので，命題 q は

正しい　……(答)

解説

小さな自然数について具体的に計算してみると

n	1	2	3	4	5	6	7	8	9	10	11	12	……
$\sqrt{n}$	○	×	×	○	×	×	×	×	○	×	×	×	
$\sqrt{n+1}-\sqrt{n}$	×	×	×	×	×	×	×	×	×	×	×	×	

（○…有理数　×…無理数）

となり，p が正しくないこと，q が正しいことは簡単に予想できる。問題はそれをどのように説明するかである。

「pが正しくない」 $\Longleftrightarrow$ 「$\sqrt{n}$, $\sqrt{n+1}$ が共に有理数であることはない」

「qが正しい」 $\Longleftrightarrow$ 「$\sqrt{n+1}-\sqrt{n}$ が無理数」

$\Longleftrightarrow$ 「$\sqrt{n+1}-\sqrt{n}$ が有理数でない」

のようにともに「……でない」という否定的命題を示すことになるので背理法がまず考えられる。何よりもある実数αが無理数である(有理数でない)ことを証明するときに背理法を用いて

1)　αが有理数と仮定する

2)　$\alpha=\dfrac{b}{a}$（a, bは互いに素な整数）とおける

3)　（何らかの方法で）矛盾を導く

の手順で示すことは確実に記憶しておくべきであり，それがわかっていれば本問の解答方針もおのずと決まってくる。

このような論証は京大受験生には必須のものであり，無理数とは$\sqrt{\ }$を含む数であるとか，$\sqrt{\ }$が残るから無理数であるというような表層的な論理しか使えないようではまだまだ実力不足といえよう。

2006年

解答・解説

1

$l_1: y=px-1$, $l_2: y=-x-p+4$ より

$$px-1=-x-p+4 \iff (p+1)x=-p+5$$

よって，l_1 と l_2 が交わるためには $p\neq-1$ であり，このとき

$$x=\frac{-p+5}{p+1} \qquad \therefore \quad y=p\cdot\frac{-p+5}{p+1}-1=\frac{-p^2+4p-1}{p+1}$$

l_1 と l_2 の交点は $\left(\frac{-p+5}{p+1},\ \frac{-p^2+4p-1}{p+1}\right)$ となり，これが C 上にあればよいから

$$\frac{-p^2+4p-1}{p+1}=\left(\frac{-p+5}{p+1}\right)^2 \iff (p+1)(-p^2+4p-1)=(-p+5)^2$$

$$\iff p^3-2p^2-13p+26=0$$

$$\iff (p-2)(p^2-13)=0$$

$\therefore \quad p=2,\ \pm\sqrt{13}$ ……(答)

解説

l_1 と l_2 の交点が一番求めやすいので

「C と l_1，l_2 が1点で交わる」

$\iff$「l_1 と l_2 の交点が C 上にある」

と考えるのが自然であろう。結果的には p の3次方程式を解くことになるが，因数分解もすぐに見つけられるはずである。例年通り **1** にもっともやさしい問題がきており，確実に満点をとるべき問題である。

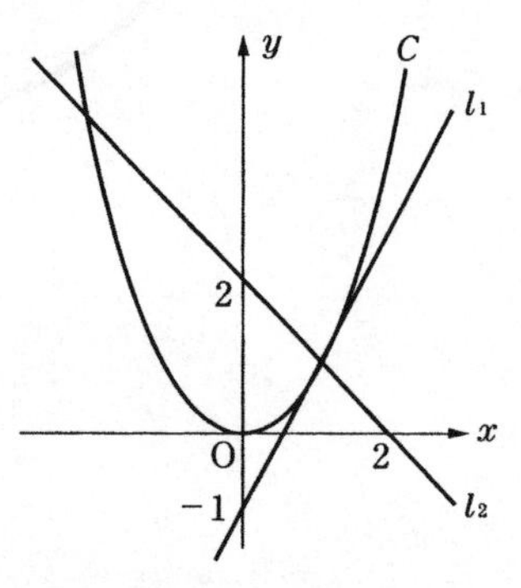

$p=2$ のときは図のように C と l_1 は交わるのではなく点(1, 1)で接しているが，答に含めてもよいだろう。

2

DEの中点をMとすると，Mは平面ABC上にあるので

$$\overrightarrow{AM}=s\overrightarrow{AB}+t\overrightarrow{AC}=s(-1,\ -1,\ 1)+t(-2,\ 0,\ 2)$$
$$=(-s-2t,\ -s,\ s+2t)$$

と表せて，

$$\overrightarrow{DE}=2\overrightarrow{DM}=2(\overrightarrow{DA}+\overrightarrow{AM})=2(-s-2t+1,\ -s-2,\ s+2t-7)$$

$\overrightarrow{DE}\perp$(平面ABC) より $\overrightarrow{DE}\perp\overrightarrow{AB}$, $\overrightarrow{DE}\perp\overrightarrow{AC}$ だから

$$\begin{cases}\overrightarrow{DE}\cdot\overrightarrow{AB}=0\\ \overrightarrow{DE}\cdot\overrightarrow{AC}=0\end{cases} \iff \begin{cases}-(-s-2t+1)-(-s-2)+(s+2t-7)=0\\ -2(-s-2t+1)+2(s+2t-7)=0\end{cases}$$

$$\iff \begin{cases}3s+4t=6\\ s+2t=4\end{cases}$$

これを解くと $s=-2$, $t=3$ だから $\overrightarrow{DE}=(-6,\ 0,\ -6)$

$$\therefore\ \overrightarrow{OE}=\overrightarrow{OD}+\overrightarrow{DE}=(-5,\ 3,\ 1)\qquad \therefore\ E(-5,\ 3,\ 1)$$ ……(答)

解説

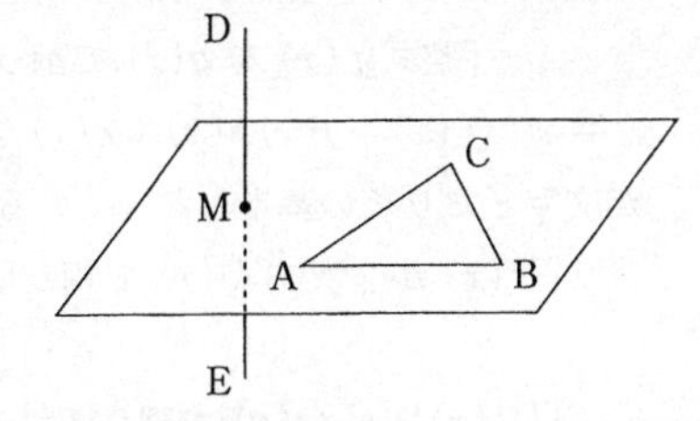

「DとEが平面ABCに関して対称」

$\iff$ $\begin{cases}\text{DE}\perp(\text{平面ABC}) & \cdots\cdots①\\ \text{「DEの中点Mが平面ABC上にある」} & \cdots\cdots②\end{cases}$

であるから，①，②が成り立つような点Eの座標を求めるという問題である。

① $\iff$「$\overrightarrow{DE}$が平面ABC上の任意のベクトルと垂直」

$\iff \overrightarrow{DE}\perp\overrightarrow{AB}$, $\overrightarrow{DE}\perp\overrightarrow{AC}$ $\iff \overrightarrow{DE}\cdot\overrightarrow{AB}=\overrightarrow{DE}\cdot\overrightarrow{AC}=0$

② $\iff \overrightarrow{AM}=s\overrightarrow{AB}+t\overrightarrow{AC}$　(と表せる)　……③

のように条件①，②はベクトルを用いると定式化がしやすいので，座標からベクトルの成分を求めて①，②を成分で表すことを考える。

任意の点Pに対して

② $\iff \overrightarrow{PM}=s\overrightarrow{PA}+t\overrightarrow{PB}+u\overrightarrow{PC}$, $s+t+u=1$

でもあるので，③の替わりに

② $\iff \overrightarrow{DM}=s\overrightarrow{DA}+t\overrightarrow{DB}+(1-s-t)\overrightarrow{DC}$

としてもほとんど同様にできる。

3

$P(x)$を2次式$Q(x)$で割った余りは $ax+b$ とおけて，商を$S(x)$とすると

$$P(x)=Q(x)S(x)+ax+b$$

ここで，$P(x)$ が $Q(x)$ で割り切れないことより $(a,\ b)\neq(0,\ 0)$ である。このとき

$$\begin{aligned}\{P(x)\}^2&=\{Q(x)S(x)+ax+b\}^2\\ &=Q(x)^2S(x)^2+2Q(x)S(x)(ax+b)+(ax+b)^2\\ &=Q(x)\{Q(x)S(x)^2+2S(x)(ax+b)\}+(ax+b)^2\end{aligned}$$

となり，$\{P(x)\}^2$ が $Q(x)$ で割り切れることより $(ax+b)^2$ が $Q(x)$ で割り切れる。$Q(x)$ は2次式，$(ax+b)^2$ は2次以下だから

$$(ax+b)^2=cQ(x)\quad (c\text{ は定数})$$

とかけて，$(a,\ b)\neq(0,\ 0)$ より $c\neq 0$，したがって $a\neq 0$ であり

$$Q(x)=\frac{1}{c}(ax+b)^2=\frac{a^2}{c}\left(x+\frac{b}{a}\right)^2$$

よって，$Q(x)=0$ は $x=-\dfrac{b}{a}$ を重解にもつ。

解説

整式(多項式)の整除，余りの問題では，除法の基本関係

「整式 $f(x)$ を $g(x)$ で割ったときの商が $h(x)$，余りが $r(x)$」

$\Longleftrightarrow\ f(x)=g(x)h(x)+r(x)$，$(r(x)$ の次数$)<(g(x)$ の次数$)$

が文字どおりその基本となっている。本問でも，これを用いて条件を式にすると

「$P(x)$ が2次式 $Q(x)$ で割り切れない」$\Longleftrightarrow P(x)=Q(x)S(x)+ax+b$,
$(a,\ b)\neq(0,\ 0)$

「$\{P(x)\}^2$ が $Q(x)$ で割り切れる」$\Longleftrightarrow \{P(x)\}^2=Q(x)A(x)$

である。これを出発点とすると，$P(x)$ を消去して

$$\{Q(x)S(x)+ax+b\}^2=Q(x)A(x)$$

$$\Longleftrightarrow\ (ax+b)^2=Q(x)\{A(x)-Q(x)S(x)^2-2(ax+b)S(x)\}$$

から，$Q(x)$ が $(ax+b)^2$ の約数として上の解答と同じになる。

背理法により「$Q(x)=0$ が重解をもたない ⇒ 仮定に矛盾」と証明する別解も考えられるが，いずれの方針にしても「2次式(2次方程式)」が実数係数の整式に限定してよいのか複素数係数も含めているのか本問の文章では微妙なところである。普通は実数係数と断定しても減点はされないと思われるが，ここではどちらでもよいような形での解答としている。

別解

$Q(x)=0$ が重解をもたないとすると，異なる2解をもつので

$$Q(x)=a(x-\alpha)(x-\beta)\quad (a\neq 0,\ \alpha\neq\beta)$$

と因数分解できて，$\{P(x)\}^2$ が $Q(x)$ で割り切れることより

$$\{P(x)\}^2=Q(x)A(x)=a(x-\alpha)(x-\beta)A(x)\quad (A(x)\text{ はある整式})$$

と表せる。これに $x=\alpha,\ \beta$ を代入して

$$\{P(\alpha)\}^2=\{P(\beta)\}^2=0\qquad \therefore\ P(\alpha)=P(\beta)=0\qquad \cdots\cdots①$$

一方，$P(x)$ を $Q(x)$ で割ったときの余りを $ax+b$ とおくと

$$P(x)=Q(x)S(x)+ax+b\qquad \cdots\cdots②$$

と表せるから，①，②より

$$a\alpha+b=a\beta+b=0 \qquad \therefore \quad a=b=0$$

よって，$P(x)$ が $Q(x)$ で割り切れることになり仮定に矛盾するから，$Q(x)=0$ は重解をもつ。

4

条件より，$x \leqq 0$ において

$$f(x)=a\left(x+\frac{1}{2}\right)^2+\frac{1}{4}$$

と表せて，$y=f(x)$ のグラフが原点を通ることより

$$f(0)=0 \iff \frac{1}{4}a+\frac{1}{4}=0$$

$$\therefore \quad a=-1$$

よって，$x \leqq 0$ において

$$f(x)=-\left(x+\frac{1}{2}\right)^2+\frac{1}{4}$$
$$=-x^2-x \qquad \cdots\cdots①$$

であり，$y=f(x)$ のグラフが原点に関して対称であることから，$x \geqq 0$ において

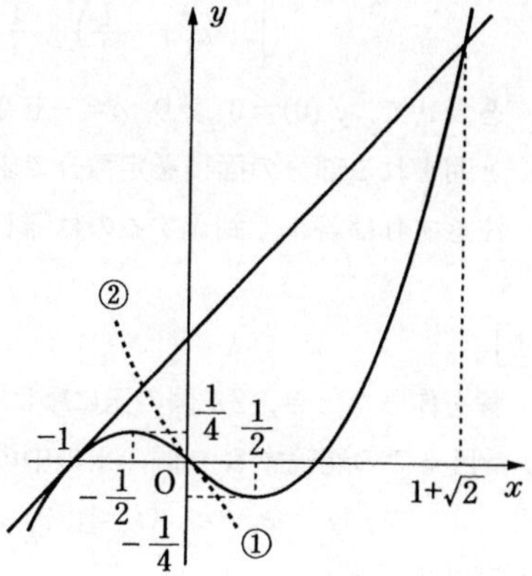

$$f(x)=\left(x-\frac{1}{2}\right)^2-\frac{1}{4}=x^2-x \qquad \cdots\cdots②$$

①より $f'(x)=-2x-1$ だから $f(-1)=0$，$f'(-1)=1$，よって，$x=-1$ の点における接線は

$$y=x+1$$

これと②より

$$x^2-x=x+1 \iff x^2-2x-1=0 \qquad \therefore \quad x=1\pm\sqrt{2}$$

よって，求める面積は

$$\int_{-1}^{0}\{(x+1)-(-x^2-x)\}\,dx+\int_{0}^{1+\sqrt{2}}\{(x+1)-(x^2-x)\}\,dx$$

$$=\int_{-1}^{0}(x+1)^2\,dx+\int_{0}^{1+\sqrt{2}}(-x^2+2x+1)\,dx$$

$$=\left[\frac{1}{3}(x+1)^3\right]_{-1}^{0}+\left[-\frac{1}{3}x^3+x^2+x\right]_{0}^{1+\sqrt{2}}=\frac{1}{3}+\frac{5+4\sqrt{2}}{3}=2+\frac{4}{3}\sqrt{2}$$

……**(答)**

解説

頂点が$\left(-\frac{1}{2},\ \frac{1}{4}\right)$の2次関数は $y=a\left(x+\frac{1}{2}\right)^2+\frac{1}{4}$ とおけ，これと原点に関して対称な曲線は頂点が$\left(\frac{1}{2},\ -\frac{1}{4}\right)$なので　$y=-a\left(x-\frac{1}{2}\right)^2-\frac{1}{4}$　とおける。したがって

$$f(x)=\begin{cases} a\left(x+\frac{1}{2}\right)^2+\frac{1}{4} & (x\leqq 0) \\ -a\left(x-\frac{1}{2}\right)^2-\frac{1}{4} & (x\geqq 0) \end{cases}$$

と表せて，$f(0)=0$ より $a=-1$ となる。あとは，$x=-1$ での接線を求めてそれと囲まれる部分の面積を定積分で求めるだけの基本的な問題である。計算ミスさえ注意すれば答まで到達するのは難しくない。

5

輪を作ったとき，$2n$個の玉に順に1から$2n$までの番号をつけ，i番目から$i+n-1$番目までの連続するn個の玉の中の白玉の個数をa_iとし，

$$f(i)=a_i-k\quad (i=1,\ 2,\ 3,\ \cdots\cdots,\ n+1)$$

と定義すると

「$f(i+1)-f(i)$ は0，±1のいずれかである」　……(*)

実際，i番目と$i+n$番目の玉が同色ならば $a_{i+1}=a_i$ より，$f(i+1)-f(i)=0$ であり，i番目が黒玉，$i+n$番目が白玉ならば $a_{i+1}=a_i+1$ より $f(i+1)-f(i)=1$，i番目が白玉，$i+n$番目が黒玉ならば $a_{i+1}=a_i-1$ より $f(i+1)-f(i)=-1$ となる。

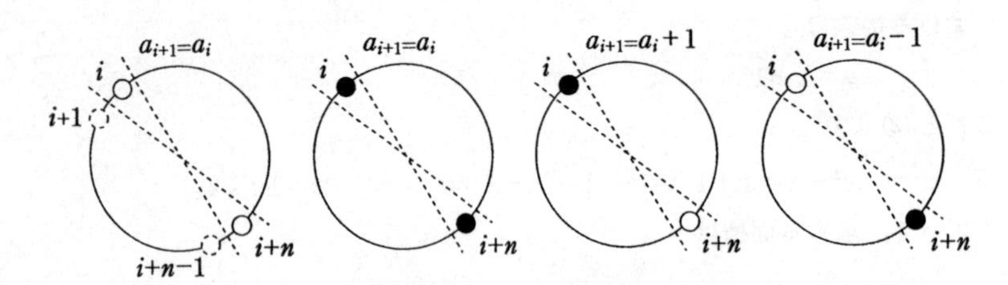

また，$a_1+a_{n+1}=2k$ より

$$f(n+1)=a_{n+1}-k=(2k-a_1)-k=-(a_1-k)=-f(1)$$

だから，$f(1)>0$ のとき $f(n+1)<0$，したがって

$m=$「$f(1)>0,\ f(2)>0,\ \cdots\cdots,\ f(i)>0$ となる最大の i」

と定義すると，$1\leqq m\leqq n$ であり $f(m)\geqq 1$，$f(m+1)\leqq 0$

これと(*)より　$f(m+1)=0$

$f(1)<0$ のときも，$f(n+1)>0$ より同様に $f(i)=0$ $(2\leqq i\leqq n)$ となる i が存在するので，$f(1)=0$ のときも含めていずれの場合にも $f(i)=0$ $(1\leqq i\leqq n)$ となる i が存在する。このとき，$a_i=k$ より i 番目から $i+n-1$ 番目まで n 個の中にちょうど白玉が k 個，黒玉が $n-k$ 個あるので，$i-1$ 番目と i 番目の間，$i+n-1$ 番目と $i+n$ 番目の間の 2 箇所で切ると題意が成り立つ。

解説

他の 4 問が標準レベル以下の問題であったのに対し，本問は理系の問題としても難問の部類に入るものであり，大多数の答案が白紙もしくはそれに近い，合否に関係しない問題であったと思われる。n や k に関する帰納法などで証明しようとしても，どこかで上と同様の議論が必要となるので，何らかの答案を書いたとしても正確に論証できた人はごく小数であったのではないだろうか。

上のように連続する n 個の中の白玉の個数を a_i $(1\leqq i\leqq n+1)$ とするとき，$a_i=k$ となる i が存在することを示せばよいが，そのためには p が 2 以上の整数のとき

「$f(1)$，$f(2)$，$f(3)$，……，$f(p)$ がすべて整数で

$f(1)f(p)<0$，$|f(i+1)-f(i)|\leqq 1$　$(i=1,\ 2,\ \cdots\cdots,\ p-1)$

のとき，$f(i)=0$ $(1<i<p)$ となる整数 i が存在する」

という定理に気がつくしかない。これは 2 次関数や 3 次関数など連続的な関数 $f(x)$ に対して

「$f(a)f(b)<0$ ならば $f(x)=0$ $(a<x<b)$ となる実数 x が存在する」

という方程式の実数解の個数や範囲を考える問題でよく使われることがらの整数バージョンである。上の解答ではその中にこの定理の証明を含む形で書いているが，証明なしで用いたとしても相当な部分点はもらえるはずである。

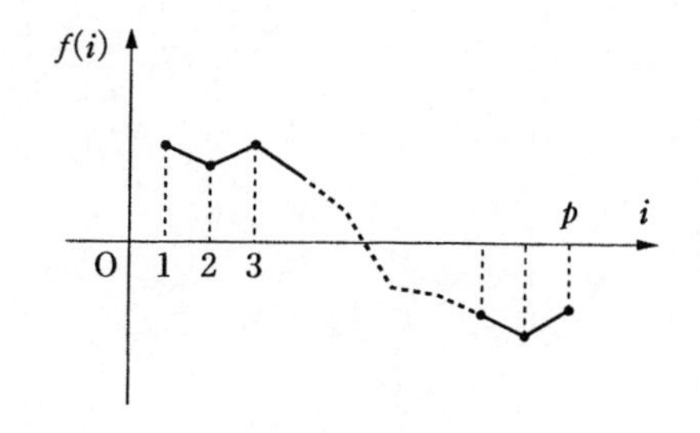

この定理と類似のものとして

「$g(1)$，$g(2)$，$g(3)$，……，$g(p)$ が整数で，$1\leqq g(1)\leqq g(2)\leqq\cdots\cdots\leqq g(p)\leqq p$ が成り立つならば $g(i)=i$ $(1\leqq i\leqq p)$ となる i が存在する」

というのがある。解答中の $f(i)$ に対して，たとえば $a_1\geqq k$ のとき

$g(i)=a_i-k+i$ とすると

$$g(1)=a_1-k+1\geqq 1$$
$$g(n+1)=a_{n+1}-k+n+1=(2k-a_1)-k+n+1=k-a_1+n+1\leqq n+1$$
$$g(i+1)-g(i)=(a_{i+1}-k+i+1)-(a_i-k+i)=a_{i+1}-a_i+1\geqq 0$$
$$(\because \quad a_{i+1}-a_i\geqq -1)$$

より

$$1\leqq g(1)\leqq g(2)\leqq \cdots\cdots \leqq g(n+1)\leqq n+1$$

が成り立つので

$$g(i)=i \iff a_i=k$$

となる i の存在が示せる。($a_1<k$ のときは $g(i)=k-a_i+i$ とすればよい)

2005
年

解答・解説

1

L の方程式は $y=2x$ かつ $0\leqq x\leqq 1$ だから，これと $y=x^2+ax+b$ より y を消去して

$$x^2+ax+b=2x \text{ かつ } 0\leqq x\leqq 1$$

$$\iff x^2+(a-2)x+b=0 \text{ かつ } 0\leqq x\leqq 1$$

よって，$f(x)=x^2+(a-2)x+b$ として

「$f(x)=0$ かつ $0\leqq x\leqq 1$ を満たす x が存在する」　……(*)

ような a，b の条件を求めればよい。

(i)　$f(0)f(1)\leqq 0 \iff b(b+a-1)\leqq 0$ のとき，(*) は成り立つ。

(ii)　$f(0)f(1)>0$ のとき

$$(*) \iff \begin{cases} f(0)=b>0 \\ f(1)=b+a-1>0 \\ (a-2)^2-4b\geqq 0 \\ 0<-\dfrac{a-2}{2}<1 \end{cases}$$

$$\iff \begin{cases} b>0 \\ b>-a+1 \\ b\leqq \dfrac{1}{4}(a-2)^2 \\ 0<a<2 \end{cases}$$

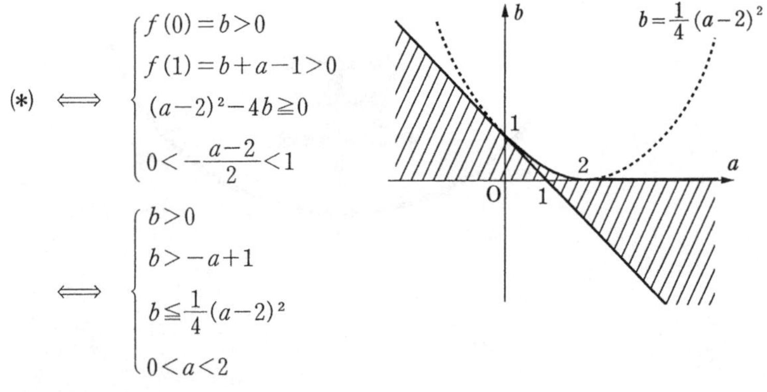

以上(i)，(ii)より，求める $(a,\ b)$ の集合は

図の斜線部（境界を含む）　……(答)

解説

L 上の点は $(t,\ 2t)$ $(0\leqq t\leqq 1)$ とおけるので，これが曲線 $y=x^2+ax+b$ の上にあるためには

$$2t=t^2+at+b \iff t^2+(a-2)t+b=0$$

この t の 2 次方程式が $0\leqq t\leqq 1$ の範囲に解をもつ条件としてもまったく同様である。

いずれにしても共有点の存在を 2 次方程式の解の存在に帰着させる典型的な問題

であり，本年度の問題の中では 4 と並んでもっとも易しい問題といえるものである。きちんと場合分けをする必要があるが，境界の値（$f(0)$ と $f(1)$）の符号かまたは対称軸の位置で場合分けするだけで，類題を何度も経験しているはずである。確実にできてほしい問題である。

2

$$2^{10}<\left(\frac{5}{4}\right)^n<2^{20} \iff 10\log_{10}2<n\log_{10}\frac{5}{4}<20\log_{10}2 \qquad \cdots\cdots①$$

$\frac{5}{4}>1$ より $\log_{10}\frac{5}{4}>0$ であり

$$\log_{10}\frac{5}{4}=\log_{10}\frac{10}{8}=1-3\log_{10}2$$

だから

$$① \iff \frac{10\log_{10}2}{1-3\log_{10}2}<n<\frac{20\log_{10}2}{1-3\log_{10}2} \qquad \cdots\cdots②$$

この左辺の値を a とおくと，$0.301<\log_{10}2<0.3011$ より

$$\frac{10\cdot0.301}{1-3\cdot0.301}<a<\frac{10\cdot0.3011}{1-3\cdot0.3011} \iff \frac{3.01}{0.097}<a<\frac{3.011}{0.0967}$$

$$\iff 31.03\cdots<a<31.13\cdots$$

同様に

$$62.06\cdots<\frac{20\log_{10}2}{1-3\log_{10}2}<62.27\cdots$$

だから，② を満たす自然数 n は

$$n=32,\ 33,\ 34,\ \cdots\cdots,\ 61,\ 62$$

となり，その個数は

$$62-31=31\ (個) \qquad \cdots\cdots(答)$$

解説

これも条件式の各辺の対数をとって n の範囲を求めるという，対数の問題として典型的なものであり決して難問ではない。② まではほとんど直ちにできてほしい問題である。

ただし，ここから（答）までの論理が不正確な人が多いように思われる。よくある問題のように $\log_{10}2=0.3010$ と等式で与えられていれば

$$② \iff 31.03\cdots<n<62.06\cdots$$

としてよいが，本問では $0.301<\log_{10}2<0.3011$ と不等式で与えられているので ② の両辺の値は概数でしかわからない。② と

$$\frac{10\cdot 0.301}{1-3\cdot 0.301}<\frac{10\log_{10}2}{1-3\log_{10}2},\ \frac{20\log_{10}2}{1-3\log_{10}2}<\frac{20\cdot 0.3011}{1-3\cdot 0.3011}$$

より

$$31.03\cdots<n<62.27\cdots \qquad \cdots\cdots③$$

となり，これから (答) が得られるが，厳密には ③ は ② であるための必要条件であるので ③ を満たす整数 n がすべて ② も満たすということを示したことにはならない。

$$31.13\cdots<n<62.06\cdots$$

としてこれから(答) を得たとしても，今度は ② であるための十分条件に過ぎないので，やはり正解とはいえない。解答中の a を用いると ② は

$$a<n<2a$$

となり，a，$2a$ それぞれが

$$31<a<32$$

$$62<2a<63$$

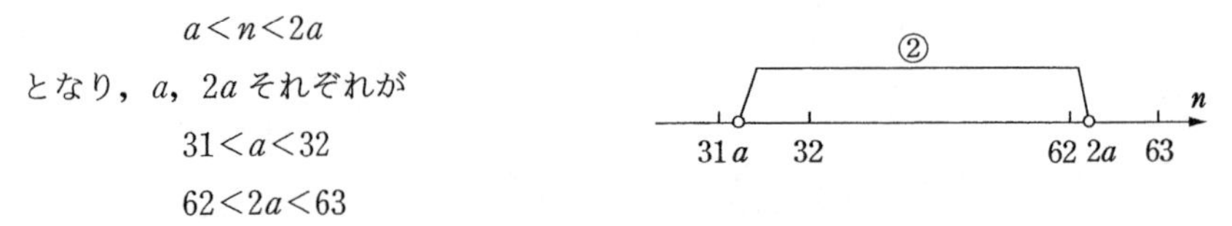

を満たすことを示して初めて ② を満たす n が正確に求められたことになる。

$a=\dfrac{10\log_{10}3}{1-3\log_{10}2}$ の範囲については

$$10\cdot 0.301<10\log_{10}2<10\cdot 0.3011$$

$$1-3\cdot 0.3011<1-3\log_{10}2<1-3\cdot 0.301$$

より

$$\frac{10\cdot 0.301}{1-3\cdot 0.301}<a<\frac{10\cdot 0.3011}{1-3\cdot 0.3011}$$

となるが，

$$a=\frac{10}{3(1-3\log_{10}2)}-\frac{10}{3}$$

より

$$\frac{10}{3(1-3\cdot 0.301)}-\frac{10}{3}<a<\frac{10}{3(1-3\cdot 0.3011)}-\frac{10}{3}$$

と考えてもよい。

3

$$\frac{\alpha}{\beta}+\frac{\overline{\alpha}}{\overline{\beta}}=2 \iff \frac{\alpha}{\beta}+\overline{\left(\frac{\alpha}{\beta}\right)}=2 \iff \left(\frac{\alpha}{\beta}\text{の実部}\right)=1 \qquad \cdots\cdots①$$

より，t を 0 以外の実数として

$$\frac{\alpha}{\beta}=1+ti \iff \frac{\alpha-\beta}{\beta}=ti$$

とおけるから，0，α，β の表す3点をそれぞれO，A，Bとすると

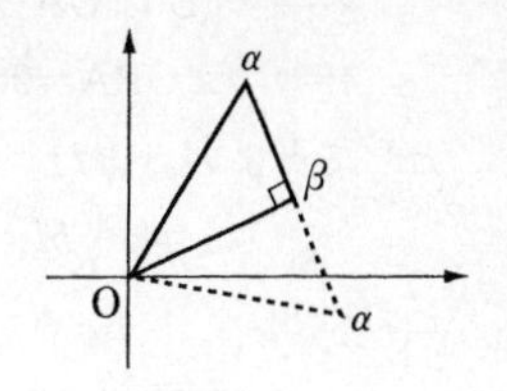

$$① \iff 「\frac{\alpha-\beta}{\beta}\text{が純虚数}」$$

$$\iff \angle \mathrm{OBA}=90^\circ$$

よって，

$\angle \mathrm{B}=90^\circ$ の直角三角形　……(答)

解説

与式から①を導くのは難しくないだろうが，問題はそれを三角形OABの形状にどう結びつけるかである。

$\beta=2$ のとき　$\alpha=2+2ti$

$\beta=i$ のとき　$\alpha=-t+i$

のように β にいくつの具体的な値を代入して，それから(答)を推定するのもひとつの手がかりであるが，一般に複素数平面上の4点 $\mathrm{A}(\alpha)$，$\mathrm{B}(\beta)$，$\mathrm{C}(\gamma)$，$\mathrm{P}(z)$ に対して

$$「\frac{z-\gamma}{\beta-\alpha}\text{が純虚数}」 \iff 「\overrightarrow{\mathrm{AB}}\text{ と }\overrightarrow{\mathrm{CP}}\text{ のなす角が}90^\circ」$$

$$\iff 「\mathrm{P}\text{ は }\mathrm{C}\text{ を通り }\overrightarrow{\mathrm{AB}}\text{ に垂直な直線上にある}」$$

ことは知っているはずであり，これを使うと上のような解答になる。

与式をそのまま変形して

$$\alpha\overline{\beta}+\overline{\alpha}\beta=2\beta\overline{\beta} \iff \left(\beta-\frac{\alpha}{2}\right)\left(\overline{\beta}-\frac{\overline{\alpha}}{2}\right)=\frac{1}{4}\alpha\overline{\alpha}$$

$$\iff \left|\beta-\frac{\alpha}{2}\right|^2=\frac{1}{4}|\alpha|^2$$

$$\iff \left|\beta-\frac{\alpha}{2}\right|=\frac{|\alpha|}{2}$$

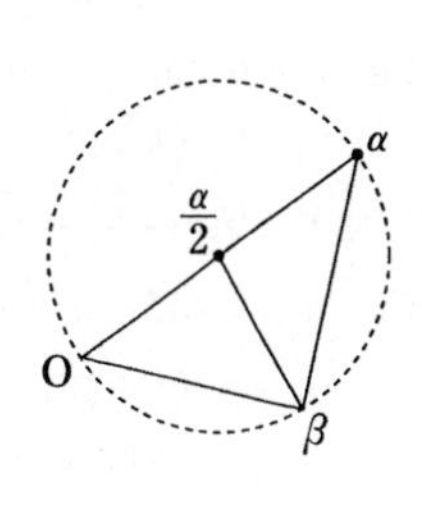

より

「β は中心 $\dfrac{\alpha}{2}$，半径 $\dfrac{|\alpha|}{2}$ の円周上にある」

$\Longleftrightarrow$ 「B は OA を直径とする円周上にある」

$\Longleftrightarrow$ $\angle \mathrm{OBA}=90^\circ$

としてもよい。また

$$\alpha=a+bi,\ \beta=c+di \quad (a,\ b,\ c,\ d \text{ は実数})$$

とおくと

$$(\text{与式}) \iff (a+bi)(c-di)+(a-bi)(c+di)=2(c+di)(c-di)$$
$$\iff ac+bd=c^2+d^2$$

となり，この式を

$$c(a-c)+d(b-d)=0 \iff \overrightarrow{\mathrm{OB}}\cdot\overrightarrow{\mathrm{AB}}=0$$

または

$$\left(c-\frac{a}{2}\right)^2+\left(d-\frac{b}{2}\right)^2=\frac{1}{4}(a^2+b^2)$$

とできれば，同じような論理で結論に至ることができる。

4

$$a^3-b^3=65 \iff (a-b)(a^2+ab+b^2)=65$$

より，$a-b$，a^2+ab+b^2 は $65=5\cdot13$ の約数であり

$$a^2+ab+b^2=\left(a+\frac{b}{2}\right)^2+\frac{3}{4}b^2\geqq 0$$

だから

$$(a-b,\ a^2+ab+b^2)=(1,\ 65),\ (5,\ 13),\ (13,\ 5),\ (65,\ 1)$$

(i)　$a-b=1$，$a^2+ab+b^2=65$ のとき，a を消去すると

$$(b+1)^2+b(b+1)+b^2=65 \iff 3(b^2+b)=64$$

左辺は 3 の倍数であるから，これを満たす整数 b は存在しない。

(ii)　$a-b=5$，$a^2+ab+b^2=13$ のとき

$$(b+5)^2+b(b+5)+b^2=13 \iff 3(b+1)(b+4)=0$$

より，$b=-1,\ -4$

(iii)　$a-b=13$，$a^2+ab+b^2=5$ のとき

$$(b+13)^2+b(b+13)+b^2=5 \iff 3(b^2+13b)=-164$$

より，(i)と同様に不適。

(iv)　$a-b=65$，$a^2+ab+b^2=1$ のとき

$$(b+65)^2+b(b+65)+b^2=1 \iff 3(b^2+65b+1408)=0$$

この b の2次方程式の解は虚数なので不適。
以上より

$$(a,\ b)=(4,\ -1),\ (1,\ -4) \qquad \cdots\cdots(答)$$

解説

整数解を求める問題では，方程式を

(式)×(式)＝(定数)

と変形して（式）の部分の値がそれぞれ右辺の値の約数であるとしてすべての場合を尽くして考えるのが，もっとも基本的な方針である。本問はその方針にしたがって

「$a-b$，a^2+ab+b^2 は積が65の整数」

とすれば，あとは a，b の連立方程式を解くだけの単純な問題である。単に65の約数を考えると $\pm1, \pm5, \pm13, \pm65$ の8通りの場合があるので，$a^2+ab+b^2\geqq0$ を示して場合分けを少なくしている。(i), (iii) の場合に上の解答では変形により整数解をもたないことを示しているが，それぞれ具体的に解いて

$$3b^2+3b-64=0 \iff b=-\frac{-3\pm\sqrt{777}}{6}$$

$$3b^2+39b+164=0 \iff b=-\frac{-39\pm\sqrt{-447}}{6}$$

より不適としてもよい。

5

3数を x，y，z $(1\leqq x<y<z\leqq n)$ とすると，3数の取り出し方は全部で ${}_n\mathrm{C}_3$ 通りある。この3数が等差数列となるとき，公差を d として

$$y=x+d,\ z=x+2d$$

と表せるから

$$1\leqq x<x+d<x+2d\leqq n$$

$$\iff x\geqq1,\ d>0,\ x+2d\leqq n \qquad \cdots\cdots①$$

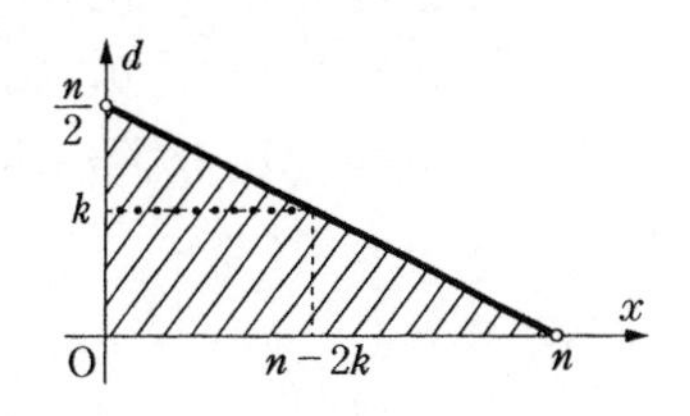

よって，①を満たす整数 x，d の組の個数を求めればよい。これは図の斜線部（境界は軸上を除く）に含まれる格子点の個数に等しく，そのうち

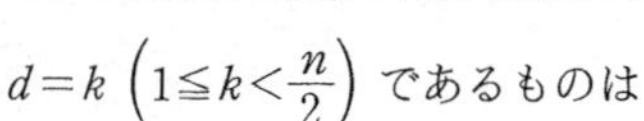

$d=k\left(1\leqq k<\dfrac{n}{2}\right)$ であるものは

$$x=1,\ 2,\ \cdots\cdots,\ n-2k \text{ より } n-2k \text{ 個}$$

よって，3数が等差数列となる取り出し方は，n が偶数のとき

$$(n-2)+(n-4)+\cdots\cdots+4+2=\frac{1}{2}\cdot\frac{n-2}{2}\{(n-2)+2\}=\frac{1}{4}n(n-2)\ \text{通り}$$

nが奇数のとき

$$(n-2)+(n-4)+\cdots\cdots+3+1=\frac{1}{2}\cdot\frac{n-1}{2}\{(n-2)+1\}=\frac{1}{4}(n-1)^2\ \text{通り}$$

だから，求める確率は

$$\begin{cases} n\text{が偶数のとき}\quad \dfrac{\frac{1}{4}n(n-2)}{{}_n\mathrm{C}_3}=\dfrac{3}{2(n-1)} \\ n\text{が奇数のとき}\quad \dfrac{\frac{1}{4}(n-1)^2}{{}_n\mathrm{C}_3}=\dfrac{3(n-1)}{2n(n-2)} \end{cases}\qquad\cdots\cdots\text{(答)}$$

解説

3数の取り出し方${}_n\mathrm{C}_3$通りのうち3数が等差数列となる取り出し方（N通り）を求めて，$\dfrac{N}{{}_n\mathrm{C}_3}$を計算するだけで，確率の問題としては非常に基本的な問題である。厄介なのはNをどのようにして求めるかであり，どの方針を用いても単純ではない。

3数x，y，zがこの順に等差数列となるための条件は

$$1\leqq x<y<z\leqq n,\ 2y=x+z \qquad\cdots\cdots②$$

とできるが，これを満たすx，y，zの組の個数は直接には求めづらい（下記別解参照)。解答は公差をdとして

$$(x,\ y,\ z)=(x,\ x+d,\ x+2d)$$

より，x，y，zの組の代わりにx，dの組の個数をdの値で分類して求めている。例えば，nが偶数のとき等差数列となる組（x，y，z）は

$d=1$：$(1,\ 2,\ 3)$，$(2,\ 3,\ 4)$，$\cdots\cdots\cdots\cdots\cdots\cdots$，$(n-2,\ n-1,\ n)$

$d=2$：$(1,\ 3,\ 5)$，$(2,\ 4,\ 6)$，$\cdots\cdots\cdots\cdots$，$(n-4,\ n-2,\ n)$

$d=3$：$(1,\ 4,\ 7)$，$(2,\ 5,\ 8)$，$\cdots\cdots$，$(n-6,\ n-3,\ n)$

$\vdots$

$d=\frac{n}{2}-1$：$\left(1,\ \frac{n}{2},\ n-1\right)$，$\left(2,\ \frac{n}{2}+1,\ n\right)$

より

$$(n-2)+(n-4)+(n-6)+\cdots\cdots+2\ \text{通り}$$

のようにdを表に出したりxd平面を考えたりせずに求めることもできるが，xd平面の格子点の個数として考えるのがもっともわかりやすい。

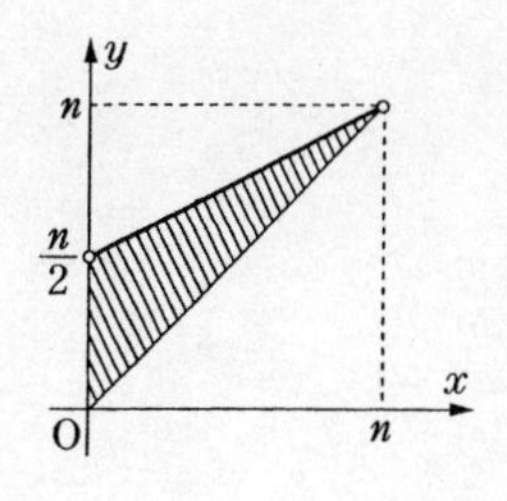

z を消去して

$$1 \leqq x < y < 2y - x \leqq n$$

$$\iff \quad x \geqq 1,\ x < y \leqq \frac{1}{2}(x+n)$$

としたりすると，右図斜線部に含まれる格子点の個数を求めることになってしまう。

②を満たす組（x，y，z）の個数は次のように考えると直接に求められる。

別解

x，y，z がこの順に等差数列をなすとき，$x+z=2y$ より x，z の偶奇は一致する。逆に偶奇が一致する x，z（$x<z$）に対して $y=\frac{x+z}{2}$ とすると $x<y<z$ を満たす y が定まるので

$1 \leqq x < z \leqq n$ かつ「x と z の偶奇が一致する」

ような2数の組（x，z）の個数 N を求めればよい。

n が偶数のとき，$1 \sim n$ の中に偶数，奇数はそれぞれ $\frac{n}{2}$ 個ずつあるので，

$$N = {}_{\frac{n}{2}}\mathrm{C}_2 + {}_{\frac{n}{2}}\mathrm{C}_2 = 2 \cdot \frac{1}{2} \cdot \frac{n}{2}\left(\frac{n}{2}-1\right) = \frac{1}{4}n(n-2)$$

n が奇数のとき，$1 \sim n$ の中に偶数は $\frac{n-1}{2}$ 個，奇数は $\frac{n+1}{2}$ 個あるので

$$N = {}_{\frac{n-1}{2}}\mathrm{C}_2 + {}_{\frac{n+1}{2}}\mathrm{C}_2 = \frac{1}{2} \cdot \frac{n-1}{2}\left(\frac{n-1}{2}-1\right) + \frac{1}{2} \cdot \frac{n+1}{2}\left(\frac{n+1}{2}-1\right)$$

$$= \frac{1}{4}(n-1)^2$$

（以下略）

2004
年

解答・解説

1

$$f(\theta)=\cos 4\theta-4\sin^2\theta$$
$$=(2\cos^2 2\theta-1)-4\cdot\frac{1-\cos 2\theta}{2}$$
$$=2\cos^2 2\theta+2\cos 2\theta-3$$
$$=2\left(\cos 2\theta+\frac{1}{2}\right)^2-\frac{7}{2}$$

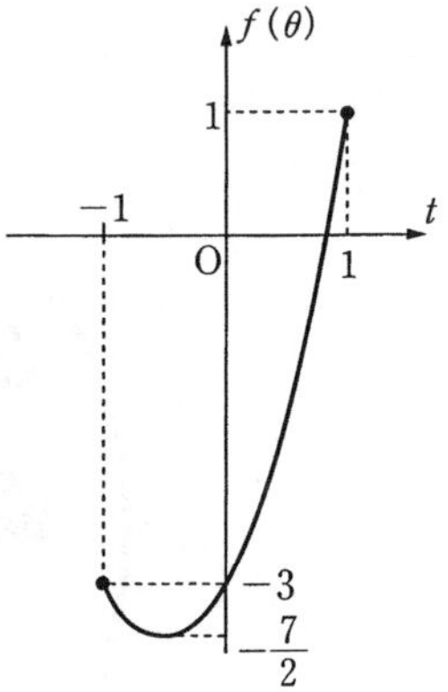

$\cos 2\theta=t$ とおくと

$$0^\circ\leqq\theta\leqq 90^\circ \iff 0^\circ\leqq 2\theta\leqq 180^\circ$$

より $-1\leqq t\leqq 1$ であり

$$f(\theta)=2\left(t+\frac{1}{2}\right)^2-\frac{7}{2}$$

よって，$f(\theta)$ は $t=1$ のとき最大，$t=-\dfrac{1}{2}$ のとき最小

となり

最大値1，最小値$-\dfrac{7}{2}$　……(答)

解説

三角関数の最大・最小は適当な置き換えによって1次関数，2次関数などの問題に帰着させるのが最も基本的な考え方であり，本問も $\cos 4\theta$，$\sin^2\theta$ を $\cos 2\theta$ で表せば2次関数の値域を求めるだけの問題である。そのときに θ の範囲から t の変域 $-1\leqq t\leqq 1$ を出すことに注意しておかなければならないが，これもこの種の問題では必須の事項であり，迷うことはないはずである。実際，本問は2004年度の問題の中では最も簡単な問題であり，まず確実に完答してほしい。

2

$y=f(x)$ のグラフと2直線 $x=-1$，$y=-2$ で囲まれた部分（図の太線部分）の面積は斜線部の長方形の面積より大きいから

$$\int_{-1}^{1}\{f(x)-(-2)\}\,dx\geqq 3$$

$$\therefore\quad \int_{-1}^{1}f(x)\,dx+4\geqq 3$$

$\therefore \quad \int_{-1}^{1} f(x)\,dx \geqq -1$

解説

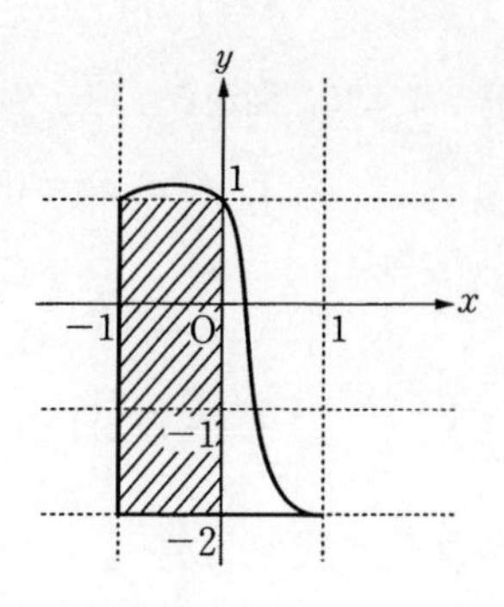

問題中の「下図」が数学的にどのような条件を表しているかを読みとることが第一のポイントである。問題文より$f(x)$ のグラフが3点$(-1,\ 1)$，$(0,\ 1)$，$(1,\ -2)$を通ることは決まっているが，図の中で座標が明記されていない点に関しては値が未定と考えるべきであり，そう考えると$f(x)$ のグラフが下の各図のようになっていてもよいだろう。これらのグラフにすべて共通する特徴としては

$-1<x<0$ のとき　$f(x)>1$

$0\leqq x\leqq 1$　のとき　$f(x)$ は減少関数

の2つをとり出すことができ，それを簡単にまとめると

「$f(x)$のグラフは斜線部の長方形より上にある」

これを使うと上のような解答になる。

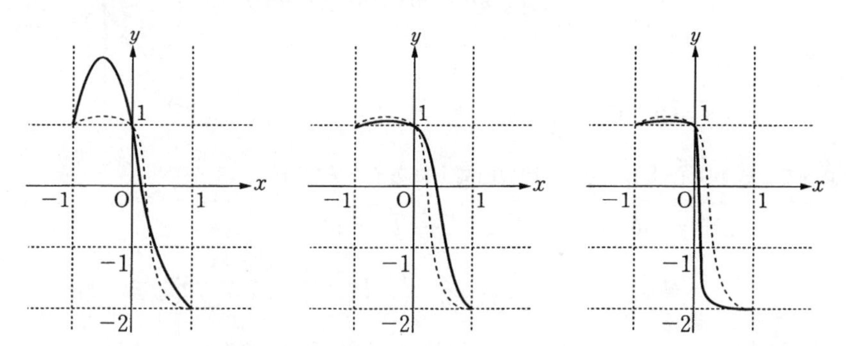

上図斜線部の面積3の長方形に着目しないで$f(x)$ の定積分の値そのものを評価する次のような解答も考えられるが，その場合でもやはり面積の大小に帰着させることがポイントである。

別解

$$I=\int_{-1}^{1} f(x)\,dx$$

とおき，$y=f(x)\ (-1\leqq x\leqq 1)$ のグラフとx軸との交点のx座標を α とすると，

$$I=\int_{-1}^{\alpha} f(x)\,dx+\int_{\alpha}^{1} f(x)\,dx$$

$$=\int_{-1}^{\alpha} f(x)\,dx-\int_{\alpha}^{1}\{-f(x)\}\,dx$$

ここで，図から

$$\int_{-1}^{\alpha} f(x)\,dx=(\text{図の斜線部分の面積})$$
$$>(\text{辺の長さ 1 の正方形の面積})$$
$$=1$$

$$\int_{\alpha}^{1}\{-f(x)\}\,dx=(\text{図の網かけ部分の面積})$$
$$<(\text{縦 2 横 1 の長方形の面積})$$
$$=2$$

となり，$I>1-2=-1$

よって，$I\geqq -1$ が成り立つ。

3

点Pが∠AOBの2等分線上にあるとき，実数 t を用いて

$$\overrightarrow{\mathrm{OP}}=t\left(\frac{\vec{a}}{|\vec{a}|}+\frac{\vec{b}}{|\vec{b}|}\right)=\frac{t}{3}\vec{a}+\frac{t}{5}\vec{b} \quad \cdots\cdots ①$$

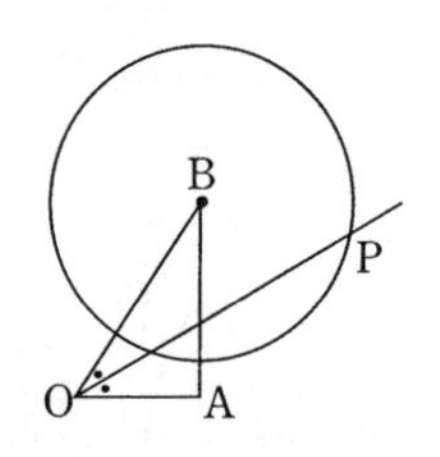

と表せるから

$$\overrightarrow{\mathrm{BP}}=\overrightarrow{\mathrm{OP}}-\overrightarrow{\mathrm{OB}}=\frac{t}{3}\vec{a}+\frac{t-5}{5}\vec{b}$$

よって，Pが中心部B，半径$\sqrt{10}$の円周上にあるためには

$$|\overrightarrow{\mathrm{BP}}|=\sqrt{10} \iff \left|\frac{t}{3}\vec{a}+\frac{t-5}{5}\vec{b}\right|^2=10$$

$$\iff \frac{t^2}{9}|\vec{a}|^2+2\cdot\frac{t}{3}\cdot\frac{t-5}{5}\vec{a}\cdot\vec{b}+\frac{(t-5)^2}{25}|\vec{b}|^2=10$$

ここで，$|\vec{a}|=3$，$|\vec{b}|=5$，$\vec{a}\cdot\vec{b}=|\vec{a}||\vec{b}|\cos(\angle\mathrm{AOB})=9$ だから

$$t^2+2\cdot\frac{t(t-5)}{15}\cdot 9+(t-5)^2=10 \iff \frac{16}{5}t^2-16t+15=0$$
$$\iff (4t-5)(4t-15)=0$$
$$\iff t=\frac{5}{4},\ \frac{15}{4}$$

よって，Pの位置ベクトルは t の値を ① に代入して

$$\frac{5}{12}\vec{a}+\frac{1}{4}\vec{b},\ \frac{5}{4}\vec{a}+\frac{3}{4}\vec{b} \quad \cdots\cdots(\text{答})$$

解説

Pの条件は

(ア)　$\angle$AOBの2等分線上にある

(イ)　中心B，半径$\sqrt{10}$の円周上にある

の2つであるから，$\overrightarrow{OP}=x\vec{a}+y\vec{b}$ とおいて(ア)，(イ)よりx，yの関係式を2つ導きそれを解くというのが一般的な方針である。

(イ)については $|\overrightarrow{BP}|^2$ を

$$|\overrightarrow{BP}|^2=\overrightarrow{BP}\cdot\overrightarrow{BP}=\{x\vec{a}+(y-1)\vec{b}\}\cdot\{x\vec{a}+(y-1)\vec{b}\}$$
$$=x^2|\vec{a}|^2+2x(y-1)\vec{a}\cdot\vec{b}+(y-1)^2|\vec{b}|^2$$

と内積を用いて展開するのが当然であろう。

(ア)についても一般に

「OM＝ON のとき，$\overrightarrow{OM}+\overrightarrow{ON}$ は$\angle$MONの2等分線の方向のベクトルである」

ことは周知の事実だから，$\overrightarrow{OA}$，$\overrightarrow{OB}$ 方向の単位ベクトルが$\dfrac{\vec{a}}{|\vec{a}|}$，$\dfrac{\vec{b}}{|\vec{b}|}$であることを用いると

「$\dfrac{\vec{a}}{|\vec{a}|}+\dfrac{\vec{b}}{|\vec{b}|}$ と $\overrightarrow{OP}$ が同じ向きのベクトル」

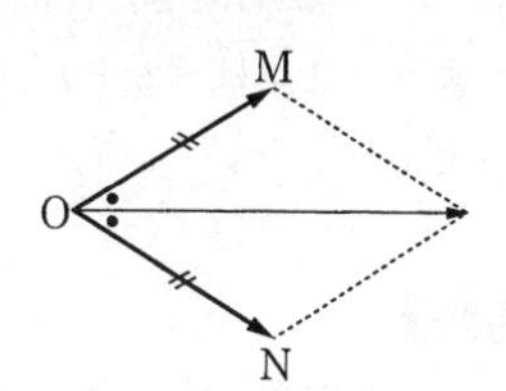

となり，①のような式にできる。もちろん，$\overrightarrow{OA}$，$\overrightarrow{OB}$ 方向で大きさが等しいベクトルでありさえすれば，単位ベクトル（大きさ1）である必要はないので，①は

$$\overrightarrow{OP}=t\left(\vec{a}+\frac{3}{5}\vec{b}\right),\ \overrightarrow{OP}=t(5\vec{a}+3\vec{b})$$

などでもかまわない。

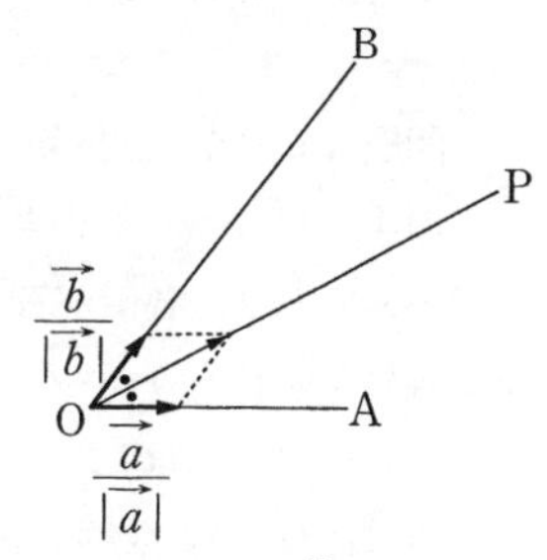

また，「角の二等分線の定理」を用いると，$\angle$AOBの二等分線と線分ABの交点をDとするとき

AD：BD＝OA：OB＝3：5

だから

$$\overrightarrow{OD}=\frac{5\overrightarrow{OA}+3\overrightarrow{OB}}{3+5}=\frac{5}{8}\vec{a}+\frac{3}{8}\vec{b}$$

よって

$$\overrightarrow{OP}=t\overrightarrow{OD}=\frac{5}{8}t\vec{a}+\frac{3}{8}t\vec{b}$$

とおいても同様にできる。

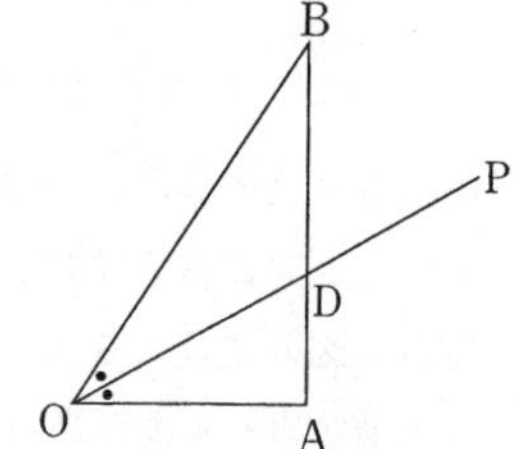

4

α，β，c^2を3頂点とする三角形の重心を表す複素数は $\dfrac{\alpha+\beta+c^2}{3}$ だから，これが0であるためには

$$\alpha+\beta+c^2=0 \quad \cdots\cdots ①$$

ここで，α，β は

$$x^2+(3-2c)x+c^2+5=0 \quad \cdots\cdots ②$$

の2解だから，解と係数の関係より $\alpha+\beta=-(3-2c)$，したがって

$$-(3-2c)+c^2=0 \iff (c-1)(c+3)=0$$
$$\iff c=1,\ -3 \quad \cdots\cdots ③$$

(i) $c=1$ のとき

$$② \iff x^2+x+6=0 \iff x=\frac{-1\pm\sqrt{23}\,i}{2}$$

より，3点は $\dfrac{-1+\sqrt{23}\,i}{2}$，$\dfrac{-1-\sqrt{23}\,i}{2}$，1となり題意を満たす。

(ii) $c=-3$ のとき　$② \iff x^2+9x+14=0 \iff (x+2)(x+7)=0$

より，3点は-2, -7，9で一直線上にあるので題意を満たさない。

以上より

$$c=1 \quad \cdots\cdots \text{(答)}$$

解説

重心が0である条件が①であることは明らかであり，解と係数の関係を用いると $c=1,\ -3$ まではすぐに出せるだろう（出してほしい）。

問題はこれが「必要条件」であり，このままで答と断定できないことである。実際，上のように $c=-3$ のときは3点が一直線（実軸）上に並び三角形ができないので不適であり，各値が答となり得る（十分条件）かどうかを別に確かめておかないといけない。

$c=-3$ のときのように②が実数解をもてば不適であるから，三角形ができるためには②が虚数解をもつ，したがって②の判別式を D として

$$D=(3-2c)^2-4(c^2+5)<0 \iff c>-\frac{11}{12} \quad \cdots\cdots ④$$

が必要であり，③，④より正解 $c=1$ が得られる。しかし，厳密には③かつ④だけでは次頁右下図のように3点が一直線上に並ぶ可能性があり条件を満たす（次頁右上図のようになる）とは断定できないので，やはり $c=1$ が条件を満たすことを確かめる必要がある。

初めから必要十分条件として解答するためには，③，④かつ

「α，β，c^2が右下図のようにならない」

すなわち，

「2点α，βの中点がc^2でない」$\iff \dfrac{\alpha+\beta}{2} \neq c^2$

$\iff -\dfrac{3-2c}{2} \neq -c^2$

を付け加えて考えればよい。

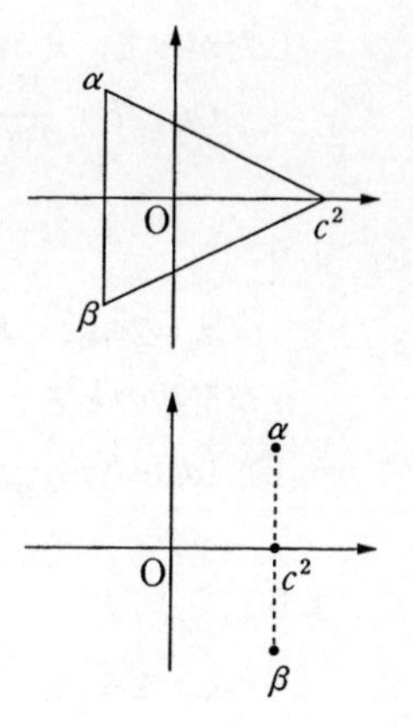

5

(1)　mを整数とすると

$$(2m)^2=4m^2,\quad (2m+1)^2=4(m^2+m)+1$$

だから，偶数の2乗は4で割り切れ，奇数の2乗は4で割ると1余る。よって，(＊)の左辺を4で割った余りは

(i)　a，bともに偶数のとき　　0

(ii)　a，bの一方だけ偶数のとき　1

(iii)　a，bともに奇数のとき　　2

一方，$n \geqq 2$のとき(＊)の右辺を4で割った余りは0だから，(＊)が成立するためには(i)，すなわち，a，bともに偶数でなければならない。

(2)　(i)　$n=0$のとき　　(＊)$\iff a^2+b^2=1$

これを満たす0以上の整数a，bは　　$(a,\ b)=(1,\ 0)$，$(0,\ 1)$

(ii)　$n=1$のとき　　(＊)$\iff a^2+b^2=2$

これを満たす0以上の整数a，bは　　$(a,\ b)=(1,\ 1)$

(iii)　$n \geqq 2$のとき，(1)より(＊)を満たすa，bは

$a=2a'$，$b=2b'$　(a'，b'は0以上の整数)

とおけて

$$(＊) \iff 4a'^2+4b'^2=2^n \iff a'^2+b'^2=2^{n-2}$$

よって，(＊)を改めて$(＊)_n$とし，$(＊)_n$の解を$(a_n,\ b_n)$とおくと一般に$(＊)_n$の解は$(＊)_{n-2}$の解をそれぞれ2倍したものとして

$$a_n=2a_{n-2},\quad b_n=2b_{n-2}$$

で求められる。

したがって，n が偶数のとき

$$(a_0,\ b_0) \xrightarrow[2倍]{} (a_2,\ b_2) \xrightarrow[2倍]{} (a_4,\ b_4) \xrightarrow[2倍]{} \cdots\cdots$$
$$\cdots\cdots \xrightarrow[2倍]{} (a_{n-2},\ b_{n-2}) \xrightarrow[2倍]{} (a_n,\ b_n)$$

より，

$$a_n = 2^{\frac{n}{2}} a_0,\quad b_n = 2^{\frac{n}{2}} b_0$$

n が奇数のとき

$$(a_1,\ b_1) \xrightarrow[2倍]{} (a_3,\ b_3) \xrightarrow[2倍]{} (a_5,\ b_5) \xrightarrow[2倍]{} \cdots\cdots$$
$$\cdots\cdots \xrightarrow[2倍]{} (a_{n-2},\ b_{n-2}) \xrightarrow[2倍]{} (a_n,\ b_n)$$

より

$$a_n = 2^{\frac{n-1}{2}} a_1,\quad b_n = 2^{\frac{n-1}{2}} b_1$$

以上(i)～(iii)より

$$\begin{cases} n\text{ が偶数のとき}\quad (a,\ b) = (2^{\frac{n}{2}},\ 0),\ (0,\ 2^{\frac{n}{2}}) \\ n\text{ が奇数のとき}\quad (a,\ b) = (2^{\frac{n-1}{2}},\ 2^{\frac{n-1}{2}}) \end{cases}$$

……**(答)**

解説

京大では頻出の整数についての論証問題であるが，苦手な人の多い分野であるので **2** に次いでできが悪かったようである。確かに2004年度の問題の中では難しい方に入るが決して難問ではなく，特に平方数が現れていてその偶奇が問題になっているときに「平方剰余の性質」

- 平方数を3で割ったときの余りは　0と1だけ
- 平方数を4で割ったときの余りは　0と1だけ
- 平方数を5で割ったときの余りは　0と1と4だけ

は京大志望者にとってはほぼ必須といってよい知識であり，まずこれを思い出して使ってみてほしい。そうすれば(1)については4で割ったときの余りを考えればよいということで完答するのは難しくない。

(2)は(1)が大きなヒントになっており，n のときの解をそれぞれ2で割ると $n-2$ のときの解になる，逆に言えば $n-2$ のときの解を2倍すると n のときの解が得られるということである。これを繰り返し用いると，$n=0$, 1のときの解をそれぞれ2倍していくと一般の n についての解が得られ，上のような解答になる。(1)は $n \geqq 2$ の場合にのみ使えるので，いずれにしても $n=0$, 1のときは別にキチンとやっておく必要がある。

2003
年

解答・解説

1

$$\frac{23}{111}=0.207207\cdots\cdots$$

より

$$a_1=a_4=a_7=\cdots\cdots\cdots=2$$

$$a_2=a_5=a_8=\cdots\cdots\cdots=0$$

$$a_3=a_6=a_9=\cdots\cdots\cdots=7$$

だから，$S_n=\sum_{k=1}^{n}\frac{a_k}{3^k}$ とおき，mを正の整数とすると

(i)　$n=3m$ と表せるとき

$$S_n=S_{3m}=\frac{a_1}{3}+\frac{a_2}{3^2}+\frac{a_3}{3^3}+\cdots\cdots+\frac{a_{3m-1}}{3^{3m-1}}+\frac{a_{3m}}{3^{3m}}$$

$$=2\left(\frac{1}{3}+\frac{1}{3^4}+\cdots\cdots+\frac{1}{3^{3m-2}}\right)+7\left(\frac{1}{3^3}+\frac{1}{3^6}+\cdots\cdots+\frac{1}{3^{3m}}\right)$$

$$=2\cdot\frac{1}{3}\cdot\frac{1-\left(\frac{1}{3^3}\right)^m}{1-\frac{1}{3^3}}+7\cdot\frac{1}{3^3}\cdot\frac{1-\left(\frac{1}{3^3}\right)^m}{1-\frac{1}{3^3}}$$

$$=\frac{25}{26}\left(1-\frac{1}{3^{3m}}\right)$$

$$=\frac{25}{26}\left(1-\frac{1}{3^n}\right)\qquad(\because\quad n=3m)$$

(ii)　$n=3m-1$ と表せるとき

$$S_n=S_{3m-1}=S_{3m}-\frac{a_{3m}}{3^{3m}}$$

$$=\frac{25}{26}\left(1-\frac{1}{3^{3m}}\right)-\frac{7}{3^{3m}}\qquad(\because\quad \text{(i)},\ a_{3m}=7)$$

$$=\frac{1}{26}\left(25-\frac{23}{3^{3m-2}}\right)$$

$$=\frac{1}{26}\left(25-\frac{23}{3^{n-1}}\right) \quad (\because \quad n=3m-1)$$

(iii)　$n=3m-2$ と表せるとき

$$S_n=S_{3m-2}=S_{3m-1}-\frac{a_{3m-1}}{3^{3m-1}}$$

$$=\frac{1}{26}\left(25-\frac{23}{3^{3m-2}}\right) \quad (\because \quad \text{(ii)},\ a_{3m-1}=0)$$

$$=\frac{1}{26}\left(25-\frac{23}{3^{n}}\right) \quad (\because \quad n=3m-2)$$

以上より

$$S_n=\begin{cases} \dfrac{1}{26}\left(25-\dfrac{23}{3^n}\right) & (n=1,\ 4,\ 7,\ \cdots\cdots) \\ \dfrac{1}{26}\left(25-\dfrac{23}{3^{n-1}}\right) & (n=2,\ 5,\ 8,\ \cdots\cdots) \\ \dfrac{25}{26}\left(1-\dfrac{1}{3^n}\right) & (n=3,\ 6,\ 9,\ \cdots\cdots) \end{cases}$$

……**(答)**

解説

右のように具体的に割り算を実行すれば

```
      0.2072……
111)23
    222
     800
     777
      230
      222
       800
```

$$\frac{23}{111}=0.\dot{2}0\dot{7}=0.207207\cdots\cdots$$

と2，0，7が循環する循環小数となるから，数列 $\{a_k\}$ は2，0，7を繰り返す周期3の数列である。したがって，S_n を求めるときに n が3の倍数であるかどうか，すなわち $n=3m$，$3m-1$，$3m-2$ で場合分けをするのは当然である。ここで，$n=3m$，$3m+1$，$3m+2$ と場合分けしてもよいが，そのときには

$$S_{3m+1}=S_{3m}+\frac{a_{3m+1}}{3^{3m+1}}=S_{3m}+\frac{2}{3^{3m+1}}, \qquad S_{3m+2}=S_{3m+1}+\frac{a_{3m+2}}{3^{3m+2}}=S_{3m+1}$$

の関係を使うことになる。いずれにしてもこれらの3つの場合を別々に計算するのではなく，計算しやすい S_{3m} を求めた後で，それを用いて残り2つの場合を求めると計算の手間が大幅に省ける。

(ii)，(iii)のいずれの場合にも，$S_{3m-1}=\dfrac{1}{26}\left(25-\dfrac{23}{3^{3m-2}}\right)$ であるのは同じであるが，最後に n に戻すときに違いがあることに注意しよう。

2

(1)　C と l が相異なる2点で交わるための条件は

$$x^2+x=kx+k-1 \iff x^2-(k-1)x-(k-1)=0 \qquad \cdots\cdots①$$

が異なる2実数解をもつことであるから，判別式 D を考えて

$$D=(k-1)^2+4(k-1)>0 \iff (k-1)(k+3)>0$$

$$\iff k<-3,\ 1<k \qquad \cdots\cdots\text{(答)}$$

(2)　①の2解を α，β $(\alpha<\beta)$ とすると，これらが P，Q の x 座標としてよいから

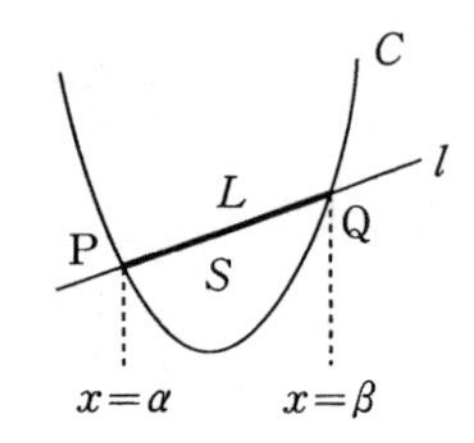

$$\mathrm{P}(\alpha,\ k\alpha+k-1),\ \mathrm{Q}(\beta,\ k\beta+k-1)$$

$$\therefore\ L=\sqrt{(\alpha-\beta)^2+\{(k\alpha+k-1)-(k\beta+k-1)\}^2}$$

$$=\sqrt{(\alpha-\beta)^2(k^2+1)}$$

$$=(\beta-\alpha)\sqrt{k^2+1} \qquad (\because\ \beta-\alpha>0)$$

また

$$S=\int_\alpha^\beta\{(kx+k-1)-(x^2+x)\}\,dx$$

$$=-\int_\alpha^\beta(x-\alpha)(x-\beta)\,dx$$

$$=\frac{1}{6}(\beta-\alpha)^3$$

だから

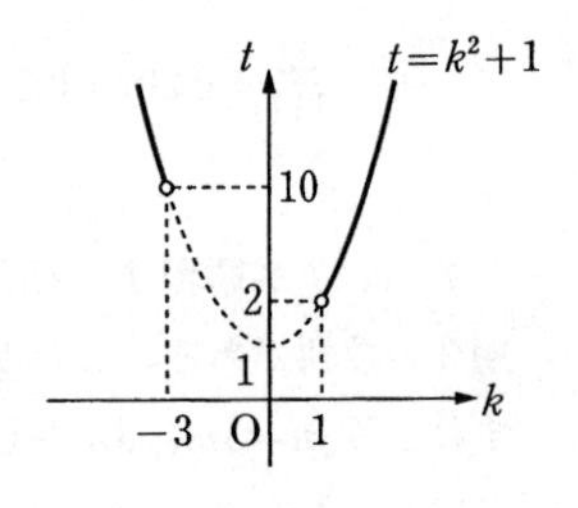

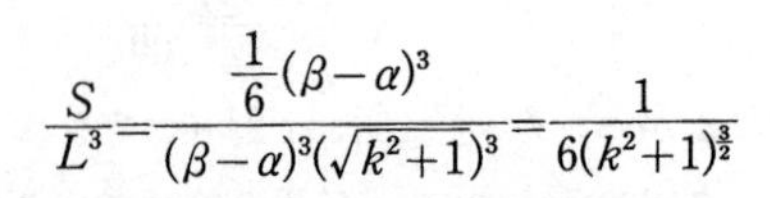

$$\frac{S}{L^3}=\frac{\frac{1}{6}(\beta-\alpha)^3}{(\beta-\alpha)^3(\sqrt{k^2+1})^3}=\frac{1}{6(k^2+1)^{\frac{3}{2}}}$$

ここで，(1) の答より $k^2+1>2$ だから

$$0<\frac{1}{k^2+1}<\frac{1}{2}$$

$$\therefore\ 0<\frac{1}{(k^2+1)^{\frac{3}{2}}}<\frac{1}{(\sqrt{2})^3}=\frac{\sqrt{2}}{4}$$

$$\therefore\ 0<\frac{S}{L^3}<\frac{\sqrt{2}}{24} \qquad \cdots\cdots\text{(答)}$$

解説

2003年度の5問の中では最も簡単な問題で確実に完答してほしい問題である。

(1)は2次方程式が異なる2実数解をもつ条件として判別式を考えるだけの問題であり，(2)も交点P，Qの座標をkの式で求めようとしたり

$$S=\left[-\frac{1}{3}x^3+\frac{k-1}{2}x^2+(k-1)x\right]_\alpha^\beta$$

$$=-\frac{1}{3}(\beta^3-\alpha^3)+\frac{k-1}{2}(\beta^2-\alpha^2)+(k-1)(\beta-\alpha)$$

として解と係数の関係

$$\alpha+\beta=k-1,\quad \alpha\beta=-(k-1)$$

を用いたりしようとすると計算が面倒になってしまうが，α，βのままで扱うと上のように$\dfrac{S}{L^3}$が簡単にkの式で表せてしまう。もしうっかりして，①を

$x=\dfrac{k-1\pm\sqrt{(k-1)(k-3)}}{2}$と解いてしまっても，P，Qの座標を$k$だけで表してしまわないで

$$\alpha=\frac{k-1-\sqrt{(k-1)(k-3)}}{2},\quad \beta=\frac{k-1+\sqrt{(k-1)(k-3)}}{2}$$

とおいて

$$L=\sqrt{(\beta-\alpha)^2(k^2+1)}=\sqrt{(k-1)(k+3)(k^2+1)}$$

とし，Sも

$$S=\int_{\frac{k-1-\sqrt{(k-1)(k+3)}}{2}}^{\frac{k-1+\sqrt{(k-1)(k+3)}}{2}}\{-x^2+(k-1)x+k-1\}\,dx$$

を計算するのではなく

$$S=\int_\alpha^\beta(-1)(x-\alpha)(x-\beta)\,dx=\frac{1}{6}(\beta-\alpha)^3=\frac{1}{6}\{\sqrt{(k-1)(k+3)}\}^3$$

と公式を使えるようになっていてほしい。

最後の値域を求める部分で

$$k<-3,\quad 1<k\ \text{のとき},\quad k^2+1>2$$

であることを間違える人はほとんどいないだろうが，これから$\dfrac{1}{k^2+1}>\dfrac{1}{2}$とか$\dfrac{1}{k^2+1}<\dfrac{1}{2}$と誤ることは少なくないと思われる。

$$k^2+1>2\ \text{のとき},\quad \underset{\sim\sim}{0}<\frac{1}{k^2+1}<\frac{1}{2}$$

であることはよく理解しておいてほしい。

3

$\overrightarrow{OA}=\vec{a}$，$\overrightarrow{OB}=\vec{b}$，$\overrightarrow{OC}=\vec{c}$ とすると，(i)より

$$\vec{a}\cdot(\vec{c}-\vec{b})=0,\quad \vec{b}\cdot(\vec{c}-\vec{a})=0,\quad \vec{c}\cdot(\vec{b}-\vec{a})=0$$

$$\therefore\quad \vec{a}\cdot\vec{b}=\vec{b}\cdot\vec{c}=\vec{c}\cdot\vec{a} \quad\cdots\cdots ①$$

(ii)より

$$\triangle OAB=\triangle OBC=\triangle OCA$$

$$\iff \frac{1}{2}\sqrt{|\vec{a}|^2|\vec{b}|^2-(\vec{a}\cdot\vec{b})^2}=\frac{1}{2}\sqrt{|\vec{b}|^2|\vec{c}|^2-(\vec{b}\cdot\vec{c})^2}=\frac{1}{2}\sqrt{|\vec{c}|^2|\vec{a}|^2-(\vec{c}\cdot\vec{a})^2}$$

だから，①と合わせると

$$|\vec{a}||\vec{b}|=|\vec{b}||\vec{c}|=|\vec{c}||\vec{a}|$$

$|\vec{a}||\vec{b}||\vec{c}|\neq 0$ だから

$$|\vec{a}|=|\vec{b}|=|\vec{c}| \qquad \therefore\quad OA=OB=OC$$

A，Bを始点として同様に考えると

$$AO=AB=AC,\quad BO=BA=BC$$

となるから，四面体OABCの4面はすべて正三角形，よって四面体OABCは正四面体である。

解説

このような図形問題では，まず条件を定式化することである。(i)はベクトルの垂直条件だから，内積を用いて

$$\overrightarrow{OA}\perp\overrightarrow{BC} \iff \overrightarrow{OA}\cdot\overrightarrow{BC}=0 \iff \vec{a}\cdot(\vec{c}-\vec{b})=0 \iff \vec{a}\cdot\vec{c}=\vec{a}\cdot\vec{b}$$

とすることは当然であろう。(ii)は三角形の面積の条件でベクトルを用いるのだからと考えて

$$(\text{公式})：\triangle OAB=\frac{1}{2}\sqrt{|\overrightarrow{OA}|^2|\overrightarrow{OB}|^2-(\overrightarrow{OA}\cdot\overrightarrow{OB})^2}$$

が思い出せれば上のようになる。それと①を組み合わせると，$|\vec{a}|=|\vec{b}|=|\vec{c}|$ まではほとんど直ちにできるはずである。残りの辺については，もとの条件(i)，(ii)がどの頂点に関しても同等（対称）であることから，ベクトル $\overrightarrow{AO}$，$\overrightarrow{AB}$，$\overrightarrow{AC}$ に対して同様に考えると

$$|\overrightarrow{AO}|=|\overrightarrow{AB}|=|\overrightarrow{AC}|$$

が導けるというようにするのが最も簡単である。もちろん，$|\vec{a}|=|\vec{b}|=|\vec{c}|$ が出た段階で始点を変更せずに，$\vec{a}$，$\vec{b}$，$\vec{c}$ のままで次のようにしてもよい。

$$|\vec{a}|=|\vec{b}|=|\vec{c}|=a,\qquad \angle AOB=\theta$$

とおくと

$$\overrightarrow{a}\cdot\overrightarrow{b}=\overrightarrow{b}\cdot\overrightarrow{c}=\overrightarrow{c}\cdot\overrightarrow{a}=a^2\cos\theta$$

だから

$$|\overrightarrow{AB}|^2=|\overrightarrow{BC}|^2=|\overrightarrow{CA}|^2=2a^2-2a^2\cos\theta$$

よって

$$\begin{aligned}\triangle OAB=\triangle ABC &\iff \frac{1}{2}a^2\sin\theta=\frac{1}{2}(2a^2-2a^2\cos\theta)\sin 60^\circ\\ &\iff \sin\theta=\sqrt{3}(1-\cos\theta)\\ &\iff \sin(\theta+60^\circ)=\frac{\sqrt{3}}{2}\\ &\iff \theta=60^\circ \quad (\because\ 0^\circ<\theta<180^\circ)\end{aligned}$$

となるから

$$|\overrightarrow{OA}|=|\overrightarrow{OB}|=|\overrightarrow{OC}|=|\overrightarrow{AB}|=|\overrightarrow{BC}|=|\overrightarrow{CA}|=a$$

本問では条件(i)にベクトルが現れているので，ベクトルを用いるのが最も自然であるが，立体図形の問題として幾何的に解くこともできる。

別解

Oから直線ABに垂線OHを下ろすと，

$$OH\perp AB,\ OC\perp AB \quad より \quad \triangle OCH\perp AB$$

よって，$CH\perp AB$ となるので，

$$\begin{aligned}\triangle OAB=\triangle ABC &\iff \frac{1}{2}OH\cdot AB=\frac{1}{2}CH\cdot AB\\ &\iff OH=CH\end{aligned}$$

$$\therefore\quad OA=\sqrt{OH^2+AH^2}=\sqrt{CH^2+AH^2}=AC$$

他の辺についても同様なので

$$OA=OB=OC=AB=BC=CA$$

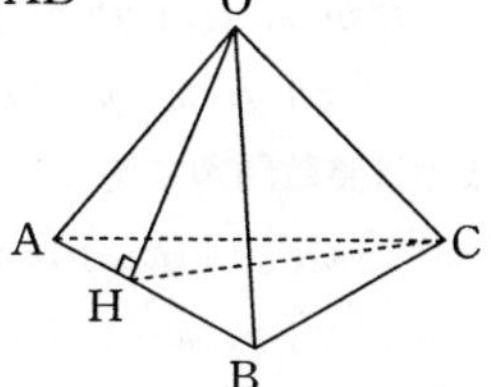

4

仮定より，x^2-y^2 は $2p$ の倍数だから，n を整数として

$$x^2-y^2=2pn \iff (x+y)(x-y)=2pn \qquad \cdots\cdots①$$

とおける。①の右辺は2の倍数だから，$x-y$，$x+y$ のいずれかが2の倍数であるが

$$(x+y)-(x-y)=2y \quad (2の倍数)$$

より，$x+y$，$x-y$ の偶奇は一致しているので

「$x+y$，$x-y$ ともに2の倍数」　……②

また，①の右辺は素数 p の倍数でもあるので

「$x+y$，$x-y$ のいずれかは p の倍数」　……③

であり，p は2と異なる素数であるので，②，③より

「$x+y$, $x-y$ のいずれかが $2p$ の倍数」

である。

(i) $x+y$ が $2p$ の倍数のとき，$0 \leqq x \leqq p$, $0 \leqq y \leqq p$ より

$$0 \leqq x+y \leqq 2p$$

であるので，$x+y=0$ または $x+y=2p$ となり

$x+y=0$ のとき　$x=y=0$

$x+y=2p$ のとき　$x=y=p$

(ii) $x-y$ が $2p$ の倍数のとき，$-p \leqq x-y \leqq p$ だから

$x-y=0$　$\therefore$ $x=y$

以上より，いずれの場合にも $x=y$ である。

解説

京大では頻出ともいえる整数についての論証問題であり，レベルも標準的なものなので，整数問題についてある程度学習している人であれば，完答まではいかなくても部分点は確実にとってほしい問題である。

1) 「a, b を m で割った余りが等しい」 $\Longleftrightarrow$ 「$a-b$ が m の倍数」……(＊)

だから，仮定より　$x^2-y^2=2pn$

2) 「積 ab が素数 p の倍数」 $\Longleftrightarrow$ 「a, b いずれかが p の倍数」

だから，$(x+y)(x-y)=2pn$ より

「$x+y$, $x-y$ のいずれかは 2 の倍数であり p の倍数」

までは整数問題で特によく使われる論理であるので，ほぼ一本道で来てほしい。

3) $(x+y)-(x-y)=$(2 の倍数) だから，再び (＊) を用いて

「$x+y$, $x-y$ のいずれかは 2 の倍数」 $\Longleftrightarrow$ ②

の部分はちょっと気づきにくいかもしれないが，これがわかれば

4) ②, ③ より「$x+y$, $x-y$ のいずれかが $2p$ の倍数」

となり，これと x, y の範囲 $0 \leqq x \leqq p$, $0 \leqq y \leqq p$ を合わせてすべての場合をつくせばよい。

3) の部分では $x+y$, $x-y$ の偶奇のかわりに

$x^2-y^2=$(偶数) より　x, y の偶奇が一致する（ともに偶数かともに奇数）

としてもよい。

偶奇を考えずに③だけに着目しても少し場合が多くなるだけで，次のようにできる。

別解

$x+y$, $x-y$ のいずれかは p の倍数であり

(i)　$x+y$ が p の倍数のとき，$0 \leqq x+y \leqq 2p$ より

$x+y=0,\ p,\ 2p$

$x+y=0,\ 2p$ のときは上と同様

$x+y=p$ のとき，

$x^2-y^2=x^2-(p-x)^2=2px-p^2=$(奇数)

となり，①に矛盾する。

(ii)　$x-y$ が p の倍数のとき，$-p \leqq x-y \leqq p$ より

$x-y=0,\ \pm p$

$x-y=0$　のとき $x=y$

$x-y=\pm p$ のとき $x^2-y^2=(y\pm p)^2-y^2=\pm 2py+p^2=$(奇数)

となり，①に矛盾する。

よって，いずれの場合にも $x=y$

5

4チームをA，B，C，Dとする。4チームのリーグ戦では全部で6試合を行うので，1位のチームの勝ち数は3または2である。

(i)　1位のチームの勝ち数が3のとき，他のチームは3勝できないので，1位のチームは1チームだけである。

例えばAが3勝0敗で1位になるのは，右のようになる(空白の部分の勝敗は任意）ときで，その確率は $\left(\frac{1}{2}\right)^3 \cdot 1^3$

が＼に	A	B	C	D	
A	＼	○	○	○	(1位)
B	×	＼			
C	×		＼		
D	×			＼	

したがって，どのチームが1位になるかを考えて

$${}_4C_1\left(\frac{1}{2}\right)^3 \cdot 1^3=\frac{1}{2}$$

(ii)　1位のチームの勝ち数が2のとき，1位のチームは3チームまたは2チームである。

ア）3チームのとき，この3チームの選び方が ${}_4C_3=4$ 通りある。

例えばA，B，Cが1位のとき，A，B，Cは2勝1敗，Dは全敗だから，AがBに勝つか負けるか（？の部分）で，他の勝敗は1通りに決まる。よって，1位が3チームの確率は

が＼に	A	B	C	D	
A	＼	?		○	(1位)
B		＼		○	(1位)
C			＼	○	(1位)
D	×	×	×	＼	

$${}_4C_3 \cdot 2\left(\frac{1}{2}\right)^6=\frac{1}{8}$$

イ）２チームのときの確率は，以上の場合の余事象と考えて

$$1-\left(\frac{1}{2}+\frac{1}{8}\right)=\frac{3}{8}$$

以上より，求める期待値は

$$1\cdot\frac{1}{2}+3\cdot\frac{1}{8}+2\cdot\frac{3}{8}=\frac{13}{8}$$ ……(答)

解説

４チームのリーグ戦（総当たり戦）では各チームとも３試合ずつ，全部で ${}_4C_2=6$ 試合を行う。したがって，確率は条件を満たす勝敗の起こり方（総数 2^6 通り のうちの何通りか）に $\left(\frac{1}{2}\right)^6$ をかけて得られる。例えばA，B，C３チームが個別に２勝１敗となる確率はそれぞれ ${}_3C_1\left(\frac{1}{2}\right)^3$ であるが，３チームとも同時に２勝１敗となる確率は $\left\{{}_3C_1\left(\frac{1}{2}\right)^3\right\}^3$ ではなくて，上のように６試合の勝敗の起こり方は２通りと考えて，$2\left(\frac{1}{2}\right)^6=\frac{1}{32}$ としなければいけない。

６試合を行うので４チームの勝ち数，負け数それぞれの和も６となる。したがって，１位のチームの勝ち数が１となることは，勝ち数の和が最大でも４にしかならないので起こり得ず，２または３となる。それらの起こり方が何通りあるかについては，解答のように勝敗表を書いてみるのが最もわかりやすいだろう。もちろん，このときに対角線の右上と左下は○×が逆になるだけなので，右上の６個の枠内だけ考えればよいことは当然である。

上の解答では，１位のチーム数が２のとき（(ii)のイ)）の確率を余事象で計算しているが，次のように直接求めてもよい。

A，Bだけ勝ち数２で１位になるとすると（勝ち数の和が６であることから）C，Dは勝ち数１である。AがBに勝つとするとBはC，Dに勝つから勝敗表は右のようになり，後はAがCに勝つか負けるかを決めると残りは１通りに決まる。BがAに勝つ場合も同様にして２通りあり，１位の２チームの決め方は ${}_4C_2$ 通りだから，１位のチーム数が２の確率は

＼	A	B	C	D
A	＼	○		
B	×	＼	○	○
C		×	＼	
D		×		＼

$${}_4C_2\cdot2\cdot2\left(\frac{1}{2}\right)^6=\frac{3}{8}$$

2002
年

解答・解説

1

$$(n-1)^2a_n=S_n \qquad (n \geqq 1)$$

より

$$\begin{array}{rl} & n^2a_{n+1}=S_{n+1} \\ -) & (n-1)^2a_n=S_n \\ \hline & n^2a_{n+1}-(n-1)^2a_n=a_{n+1} \end{array} \iff (n^2-1)a_{n+1}=(n-1)^2a_n \qquad \cdots\cdots①$$

よって，$n \geqq 2$ のとき

$$(n+1)a_{n+1}=(n-1)a_n \iff n(n+1)a_{n+1}=(n-1)na_n \qquad \cdots\cdots②$$

となるから

$$(n-1)na_n=1\cdot 2\cdot a_2$$

これと $a_2=1$ より

$$a_n=\frac{2}{n(n-1)} \qquad (n \geqq 2)$$

$a_1=0$ と合わせて

$$a_n=\begin{cases} 0 & (n=1) \\ \dfrac{2}{n(n-1)} & (n \geqq 2) \end{cases} \qquad \cdots\cdots(答)$$

解説

a_n と S_n の混在した式では $S_n-S_{n-1}=a_n\,(n \geqq 2)$ または $S_{n+1}-S_n=a_{n+1}$ を用いて，a_n の漸化式を導きそれを解いて一般項 a_n が求められる。ここでもその原則にしたがって，a_n の漸化式①を導きそれを解こうとするが，①から

$$(n+1)a_{n+1}=(n-1)a_n \qquad \cdots\cdots Ⓐ$$

を出すときに両辺を $n-1$ で割ることになるので $n-1 \neq 0$，したがって，それから導かれる②も $n \geqq 2$ のときに限り成り立つことに注意しよう。

$(n-1)na_n=x_n$ と考えると，②は $x_{n+1}=x_n\ (n \geqq 2)$ となるので

$$x_n=x_{n-1}=\cdots\cdots=x_4=x_3=x_2$$

よって

$$x_n=x_2 \iff (n-1)na_n=1\cdot 2\cdot a_2 \qquad (n \geqq 2)$$

となり，a_n の一般項は $n=1$ と $n \geqq 2$ の場合分けが必要である。

Ⓐ を解くには上のように両辺に n をかけて ② の形にするのが最も簡単であるが，これに気づけなかった場合には次のようにしてもよい。

$$Ⓐ \iff a_{n+1}=\frac{n-1}{n+1}a_n$$

だから，これを繰り返し用いると

$$a_n=\frac{n-2}{n}a_{n-1}=\frac{n-2}{n}\cdot\frac{n-3}{n-1}a_{n-2}=\cdots\cdots\cdots\cdots$$

$$=\frac{n-2}{n}\cdot\frac{n-3}{n-1}\cdot\frac{n-4}{n-2}\cdot\cdots\cdots\cdot\frac{3}{5}\cdot\frac{2}{4}\cdot\frac{1}{3}a_2$$

$$=\frac{2\cdot1}{n(n-1)}a_2$$

いずれにしても，Ⓐ も ②も $n \geqq 2$ のときだけ使えるので，a_n は a_2 で表すところまではできるが，a_1までおろせないことに注意が必要である。

a_n と S_n の混在した式では，$S_n-S_{n-1}=a_n$ $(n \geqq 2)$ を逆に a_n を消去するのに用いて S_n の漸化式を導く方針もあるが，本問では

$$(n-1)^2(S_n-S_{n-1})=S_n \iff n(n-2)S_n=(n-1)^2S_{n-1}$$

$$\iff \frac{n}{n-1}S_n=\frac{n-1}{n-2}S_{n-1} \qquad (n \geqq 3)$$

より

$$\frac{n}{n-1}S_n=\frac{2}{1}S_2 \iff S_n=\frac{2(n-1)}{n}S_2$$

として S_n を出してからさらに $S_n-S_{n-1}=a_n$ で a_n を求めることになるので，あまり得策とはいえない。

2

P，Q，R，S が同一平面上にあるとき

$$\overrightarrow{PS}=\alpha\overrightarrow{PQ}+\beta\overrightarrow{PR}$$

と表せて，

$$\overrightarrow{OP}=p\overrightarrow{OA},\ \overrightarrow{OQ}=q\overrightarrow{OB},\ \overrightarrow{OR}=r\overrightarrow{OC},\ \overrightarrow{OS}=s\overrightarrow{OD}$$

だから，

$$s\overrightarrow{OD}-p\overrightarrow{OA}=\alpha(q\overrightarrow{OB}-p\overrightarrow{OA})+\beta(r\overrightarrow{OC}-p\overrightarrow{OA}) \qquad \cdots\cdots①$$

また，

$$\overrightarrow{OA}+\overrightarrow{OC}=\overrightarrow{OB}+\overrightarrow{OD} \iff \overrightarrow{OD}=\overrightarrow{OA}-\overrightarrow{OB}+\overrightarrow{OC} \quad \cdots\cdots ②$$

だから，②を①に代入すると

$$(s-p)\overrightarrow{OA}-s\overrightarrow{OB}+s\overrightarrow{OC}=-p(\alpha+\beta)\overrightarrow{OA}+q\alpha\overrightarrow{OB}+r\beta\overrightarrow{OC}$$

$\overrightarrow{OA}$，$\overrightarrow{OB}$，$\overrightarrow{OC}$は1次独立だから

$$s-p=-p(\alpha+\beta),\ -s=q\alpha,\ s=r\beta$$

この3式からα，βを消去すると

$$s-p=-p\left(-\frac{s}{q}+\frac{s}{r}\right) \iff \frac{1}{p}-\frac{1}{s}=\frac{1}{q}-\frac{1}{r}$$

$$\iff \frac{1}{p}+\frac{1}{r}=\frac{1}{q}+\frac{1}{s}$$

解説

4点P，Q，R，Sが同一平面上にある条件は

(ア)　「$\overrightarrow{PS}=\alpha\overrightarrow{PQ}+\beta\overrightarrow{PR}$　となるα，βが存在する」

(イ)　「$\overrightarrow{OS}=\alpha\overrightarrow{OP}+\beta\overrightarrow{OQ}+\gamma\overrightarrow{OR}$，$\alpha+\beta+\gamma=1$
　　となるα，β，γが存在する」

などで，ここでは(ア)を用いているが，もちろん(イ)を用いても同様にできる。

空間ベクトルでは3つの同一平面上にない（1次独立な）ベクトルで表せていると係数比較ができる。①は$\overrightarrow{OA}$，$\overrightarrow{OB}$，$\overrightarrow{OC}$，$\overrightarrow{OD}$の4つが現れているので，条件式②を用いて1つを消去すれば3つの1次独立なベクトルだけの式となり，係数比較からp，q，r，sの結論の式を導くと考えればほぼ一本道で結論に到達できる。

3

$f(x)=0$ が整数$x=m$を解にもつとすると

$$m^4+am^3+bm^2+cm+1=0 \iff m(m^3+am^2+bm+c)=-1$$

a，b，cも整数だから，mは-1の約数となるので　$m=\pm1$

したがって，$f(x)=0$ の2つの整数解は±1のいずれかであるが，1と-1を解としてもつと仮定すると，$f(x)$の定数項が1であることより

$$f(x)=(x-1)(x+1)(x^2+px-1) \quad (p\text{は実数}) \quad \cdots\cdots ①$$

と因数分解できて，残りの2解は

$$x^2+px-1=0 \iff x=\frac{-p\pm\sqrt{p^2+4}}{4}$$

より実数となるので，虚数であるという仮定に矛盾する。

よって，$f(x)=0$ の整数解はともに1，またはともに -1 のいずれかである。

(i)　整数解が2つとも1のとき，①と同様にして

$$f(x)=(x-1)^2(x^2+px+1) \qquad (p\text{ は実数})$$

と因数分解できて，

$$f(x)=x^4+(p-2)x^3+(2-2p)x^2+(p-2)x+1$$

となるから

$$a=p-2,\ b=2-2p,\ c=p-2$$

よって，p も整数であり，$x^2+px+1=0$ が虚数解をもつので

$$p^2-4<0 \qquad \therefore\ p=0,\ \pm 1$$

(ii)　整数解が2つとも -1 のとき，(i)と同様にして

$$f(x)=(x+1)^2(x^2+px+1)$$
$$=x^4+(p+2)x^3+(2+2p)x^2+(p+2)x+1$$

より

$$a=p+2,\ b=2+2p,\ c=p+2$$

であり，$x^2+px+1=0$ が虚数解をもつので

$$p^2-4<0 \qquad \therefore\ p=0,\ \pm 1$$

以上(i)，(ii)より

$$(a,\ b,\ c)=(-2,\ 2,\ -2),\ (-1,\ 0,\ -1),\ (-3,\ 4,\ -3),$$
$$(2,\ 2,\ 2),\ (1,\ 0,\ 1),\ (3,\ 4,\ 3)$$
……(答)

解説

整数係数 n 次方程式 $ax^n+bx^{n-1}+\cdots\cdots+cx+d=0$ が有理数 $x=\alpha$ を解にもつとき，α が

$$\alpha=\frac{(d\text{の約数})}{(a\text{の約数})}$$

の形で表せることはよく知られているはずである。これから，$f(x)=0$ の有理数解は $\dfrac{\pm 1}{\pm 1}$，したがって ± 1 以外の有理数解をもてないので，2つの整数解は

(i)　1と1　(ii)　-1と-1　(iii)　1と-1

の3つの場合のいずれかとなる。次にそれぞれの場合について因数分解された式との係数比較から a，b，c の値を求めればよい。いずれの場合にも，p は係数比較するまでは整数とは断定できないことに注意しておこう。

整数解が ± 1 のいずれかであることに気がつかない場合には，実数係数の方程式

の虚数解が必ずその共役とともに2つずつペアで現れることを用いて次のようにしてもよい。ここでも，u，v は少なくとも途中までは実数としかいえないので注意を要する。

別解

題意より4解を m，n，$u \pm vi$（m，n は整数，u，v は実数で $v \neq 0$）とおけて

$$f(x)=(x-m)(x-n)(x-u-vi)(x-u+vi)$$

と因数分解できるから，両辺の係数を比べると

$$\begin{cases} -m-n-2u=a \\ mn+u^2+v^2+2u(m+n)=b \\ -2mnu-(m+n)(u^2+v^2)=c \\ mn(u^2+v^2)=1 \end{cases}$$

$$\iff \begin{cases} 2u=-a-m-n & \cdots\cdots① \\ u^2+v^2=b-mn-2u(m+n) & \cdots\cdots② \\ c=-2mnu-(m+n)(u^2+v^2) & \cdots\cdots③ \\ mn(u^2+v^2)=1 & \cdots\cdots④ \end{cases}$$

① より $2u$ が整数だから，② と合わせて u^2+v^2 も整数，よって ④ より

$$u^2+v^2=1,\ mn=1 \qquad \therefore\ m=n=\pm 1$$

また，$u^2+v^2=1$ と $v \neq 0$ より $u^2<1$ であり，$2u$ が整数だから

$$u=0,\ \pm\frac{1}{2}$$

これらの値を ①，②，③ に代入すると

$$a=-2u-m-n,\ b=2u(m+n)+2,\ c=-2u-m-n$$

より

$$(a,\ b,\ c)=(-2,\ 2,\ -2),\ (-1,\ 0,\ -1),\ (-3,\ 4,\ -3),$$
$$(2,\ 2,\ 2),\ (1,\ 0,\ 1),\ (3,\ 4,\ 3) \quad \cdots\cdots（答）$$

4

$$\cos 3\theta^\circ-\cos 2\theta^\circ+3\cos\theta^\circ-1=a$$
$$\iff (4\cos^3\theta^\circ-3\cos\theta^\circ)-(2\cos^2\theta^\circ-1)+3\cos\theta^\circ-1=a$$
$$\iff 4\cos^3\theta^\circ-2\cos^2\theta^\circ=a$$

より，$\cos\theta^\circ=x$ とおくと

$$4x^3-2x^2=a$$

$0 \leqq \theta < 360$ より，この方程式の実数解1つに対して与式の解 θ が

(ア)　$-1<x<1$　　ならば　2個

(イ)　$x=\pm 1$　　ならば　1個

(ウ)　$x<-1,\ 1<x$　ならば　0個

存在するから，$f(x)=4x^3-2x^2$ として $y=f(x)$ のグラフと直線 $y=a$ の(ア)，(イ)での共有点の個数を考えればよい。

$$f(x)=12x^2-4x$$
$$=4x(3x-1)$$

x	-1		0		$\frac{1}{3}$		1
$f'(x)$		$+$	0	$-$	0	$+$	
$f(x)$	-6	↗	0	↘	$-\frac{2}{27}$	↗	2

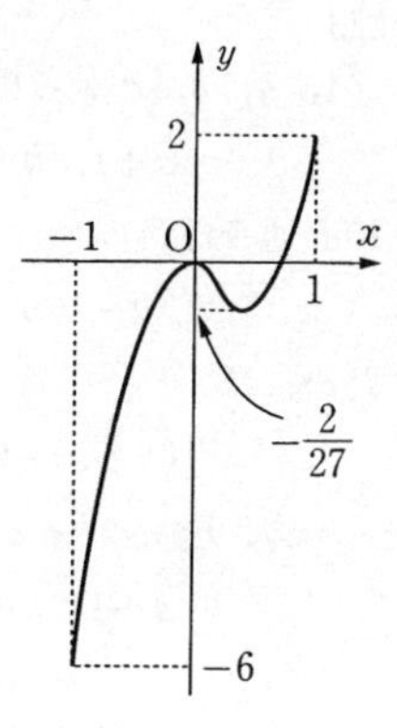

$y=f(x)\ (-1 \leqq x \leqq 1)$ のグラフは図のようになるから，(ア)，(イ)の範囲の共有点の個数は

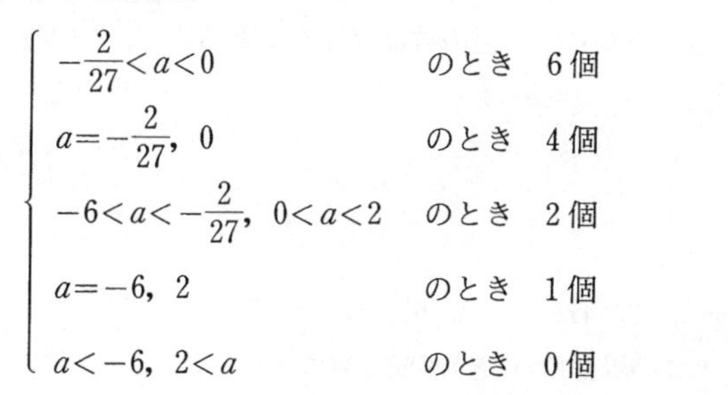

a	…	-6	…	$-\frac{2}{27}$	…	0	…	2	…
(ア)	0	0	1	2	3	2	1	0	0
(イ)	0	1	0	0	0	0	0	1	0

よって，求める個数は

$$\begin{cases} -\dfrac{2}{27}<a<0 & \text{のとき　6個} \\ a=-\dfrac{2}{27},\ 0 & \text{のとき　4個} \\ -6<a<-\dfrac{2}{27},\ 0<a<2 & \text{のとき　2個} \\ a=-6,\ 2 & \text{のとき　1個} \\ a<-6,\ 2<a & \text{のとき　0個} \end{cases}$$

……(答)

解説

三角方程式は適当なおきかえや変形によって2次や3次のいわゆる整方程式にもちこむのが原則である。本問でも2倍角，3倍角の公式

$$\cos 2\theta = 2\cos^2\theta - 1$$
$$\cos 3\theta = 4\cos^3\theta - 3\cos\theta$$

を用いると，与式は $\cos\theta^\circ$ についての3次方程式 $4x^3-2x^2=a$ に帰着できる。

後はこの方程式の実数解の個数を $y=4x^3-2x^2$ のグラフと直線 $y=a$ の共有点の個数から考えるという定形的な問題となるが，このとき求めたいのが x の個数

ではなくて θ の個数であり，上のように x の値に応じて θ の個数が異なることに注意しよう。

したがって，単に実数解 x の個数を求めるのではなく

(ア)　$-1<x<1$

(イ)　$x=\pm 1$

それぞれの条件を満たす x の個数が必要となる。

5

1，a，b，c から相異なる2数をとってできる和は

$$a+1,\ b+1,\ c+1,\ a+b,\ a+c,\ b+c \qquad \cdots\cdots ①$$

の6通りだから

「$a+1$ から $b+c$ までのすべての整数が表せる」　……(＊)

ためには

$$(b+c)-(a+1)+1 \leqq 6 \iff b+c-a \leqq 6 \qquad \cdots\cdots ②$$

一方，$1<a<b<c$ より

$$a+1<b+1<c+1$$

$$b+1<a+b<a+c<b+c$$

だから，①の6数の小さい方から2番目の数は $b+1$ であるので，(＊)より

$$b+1=a+2 \iff b=a+1 \qquad \cdots\cdots ③$$

②，③より

$$c \leqq 5 \qquad \cdots\cdots ④$$

③，④と $1<a<b<c$ より

$$(a,\ b,\ c)=(2,\ 3,\ 4),\ (2,\ 3,\ 5),\ (3,\ 4,\ 5)$$

となり，この3組のいずれの場合にも(＊)が成り立つので

$$(a,\ b,\ c)=(2,\ 3,\ 4),\ (2,\ 3,\ 5),\ (3,\ 4,\ 5) \qquad \cdots\cdots(答)$$

解説

整数解の問題は何らかの方法で変数の範囲を有限な範囲に限定するのが最も一般的な考え方である。本問では2数の和が高々6通りしかないので，$a+1$ から $b+c$ までの自然数の個数は6個以下でありそこから②が導かれる。これと③より c の有限な範囲④が求められ，後は整数 c のとり得る値 $c=4$，5（$c \leqq 3$ のときがあり得ないことはすぐにわかる）について，すべての場合を確かめてみればよい。

④を導くときに，①の6数の大小から出てくる③を用いているが，$a<b$ より $a+1 \leqq b$ として，これと②から

$$(a+1)+c-a \leqq 6 \iff c \leqq 5$$

とすれば6数の大小を調べなくてもよい。また，上のように6数の大小は $c+1$ と $a+b$ だけが不明なので，その大小で場合分けして次のようにしてもよい。この場合には②は不要である。

別解

i）$a+b<c+1$ のとき　$a+1<b+1<a+b<c+1<a+c<b+c$

（＊）よりこれらは連続する整数であるので

$$a+2=b+1,\ b+2=a+b,\ a+b+1=c+1 \quad \therefore\ a=2,\ b=3,\ c=5$$

ii）$a+b=c+1$ のとき　$a+1<b+1<a+b=c+1$ より同様にして

$$a+2=b+1,\ b+2=a+b,\ a+b=c+1 \quad \therefore\ a=2,\ b=3,\ c=4$$

iii）$a+b>c+1$ のとき　$a+1<b+1<c+1<a+b$ より同様にして

$$a+2=b+1,\ b+2=c+1,\ c+2=a+b \quad \therefore\ a=3,\ b=4,\ c=5$$

2001年

解答・解説

1

虚軸上の複素数は　$x=ti$（t は実数）とおけるから，これが与式の解であるためには

$$(ti)^4-(ti)^3+(ti)^2-(a+2)ti-a-3=0$$
$$\Longleftrightarrow\quad (t^4-t^2-a-3)+t(t^2-a-2)i=0$$

a，t は実数だから

$$\begin{cases} t^4-t^2-a-3=0 & \cdots\cdots① \\ t(t^2-a-2)=0 & \cdots\cdots② \end{cases}$$

②より

$$t=0 \text{ または } t^2-a-2=0$$

（i）　$t=0$ のとき，① より　$a=-3$

（ii）　$t^2-a-2=0$ のとき，$a=t^2-2$　……③

③を①に代入すると

$$t^4-2t^2-1=0 \quad\Longleftrightarrow\quad t^2=1+\sqrt{2} \quad (\because\quad t^2\geqq 0)$$
$$\Longleftrightarrow\quad t=\pm\sqrt{1+\sqrt{2}}$$

これを③に代入すると

$$a=(1+\sqrt{2})-2=-1+\sqrt{2}$$

以上より

$$a=-3,\ -1+\sqrt{2}$$　……(答)

解説

虚軸上の複素数は実部が 0 であるから，$x=ti$（t は実数）とおける。ついでに注意しておくと，ここで「純虚数」とあれば実部が 0 の虚数なので，$x=ti$（t は実数で $t\neq 0$）となり，$x=0$ は除外されるが，この問題では $x=0$ の場合も考えなければいけない。

$x=ti$ を与式に代入し

「A，B が実数のとき　$A+Bi=0 \implies A=B=0$」

を用いると，①，②が導かれるから，本問は

「①，②を同時に満たす実数 t が存在する」

$\Longleftrightarrow$「t の方程式①，②が実数の共通解をもつ」

ような a の値を求める問題に帰着される。

共通解の問題は式の形に応じて文字消去や次数下げなどの方針があるが，ここでは a の消去が簡単にできるので，それから t を求めて a に戻るという上の解答のようになる。このときに，t が実数であることを忘れて $t^2=1\pm\sqrt{2}$ とし，$a=-1-\sqrt{2}$ も答に含めることのないように注意しよう。t(もしくは t^2) を消去すると

$$(a+2)^2-(a+2)-a-3=0 \iff a^2+2a-1=0 \iff a=-1\pm\sqrt{2}$$

となるが，この場合も同じ誤りが起こりやすい。これは実数 t が存在するための必要条件であって，十分かどうかは t を具体的に求めるか

$$t^2=a+2 \text{ より } \quad a+2\geqq 0 \iff a\geqq -2$$

として，a の条件を別に考えておかないといけない。

2

$$\overrightarrow{P_1P_m}\cdot\vec{v} \qquad (m=1,\ 2,\ 3,\ 4)$$

が最大となる P_m を P_k とすると

$$\overrightarrow{P_1P_m}\cdot\vec{v}\leqq\overrightarrow{P_1P_k}\cdot\vec{v} \iff (\overrightarrow{P_1P_m}-\overrightarrow{P_1P_k})\cdot\vec{v}\leqq 0$$

$$\iff \overrightarrow{P_kP_m}\cdot\vec{v}\leqq 0$$

$m\neq k$ のとき $\overrightarrow{P_kP_m}\cdot\vec{v}\neq 0$ だから

$$\overrightarrow{P_kP_m}\cdot\vec{v}<0$$

よって，題意を満たす P_k が存在する。

別解

xy 平面上で，$\vec{v}$ に垂直な直線を $\vec{v}$ 方向に平行移動していき，P_1～P_4 の中で最後に通過する点を P_k(図では P_3) とする。このような点はひとつしか存在しない。もし2つ以上存在したとすると，P_k を通り $\vec{v}$ に垂直な直線 l 上に P_k 以外の点 P_m $(m\neq k)$ が存在するので

$$l\,/\!/\,\overrightarrow{P_kP_m} \text{ より } \overrightarrow{P_kP_m}\cdot\vec{v}=0$$

となり，仮定に反するからである。

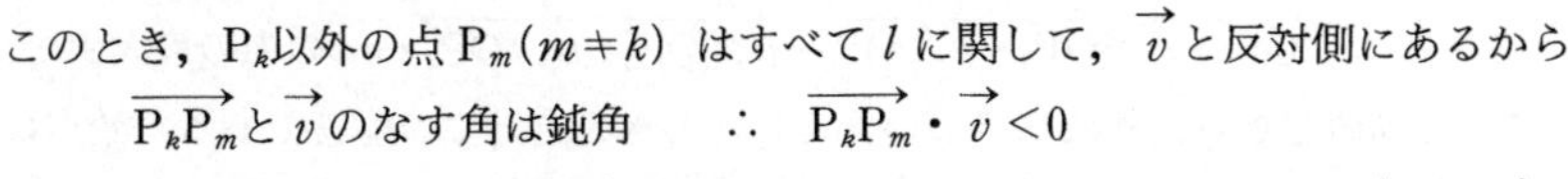

このとき，P_k 以外の点 P_m $(m\neq k)$ はすべて l に関して，$\vec{v}$ と反対側にあるから

$$\overrightarrow{P_kP_m} \text{ と } \vec{v} \text{ のなす角は鈍角} \qquad \therefore\ \overrightarrow{P_kP_m}\cdot\vec{v}<0$$

よって，題意を満たす P_k が存在する。　　　　　　**(おわり)**

解説

この問題は

「…を満たすすべての○に対して□となる△が存在する……」

という，京大では頻出ともいえる出題形式の論証問題である。このような問題では，まず題意を正確に把握することが，当然ではあるが最も重要なことである。

1)　平面上に任意の4点P_1～P_4とベクトル$\vec{v}$がある。
　　(正確には，無条件の「任意」ではなく $\overrightarrow{P_kP_m}\cdot\vec{v}\neq 0$ などの条件がある)

2)　あるP_kを決める。

3)　このP_kは他のすべてのP_mに対して $\overrightarrow{P_kP_m}\cdot\vec{v}<0$ となる。

ということが自分で整理できればよいのであるが，実際の受験生諸君にはなかなか難しいようで，

「P_kに対して $\overrightarrow{P_kP_m}\cdot\vec{v}<0$ となる$\vec{v}$が存在する」(題意とは逆の問題)

「$\vec{v}$に対して $\overrightarrow{P_kP_m}\cdot\vec{v}<0$ となるP_kとP_mが存在する」

など解釈を勝手に変えてしまっているのが多い。これではできたつもりでもほとんど0点である。

題意が正確に把握できたら，次はそれを咬みくだいてわかりやすい条件，示しやすい命題に置きかえる。

$\overrightarrow{P_kP_m}\cdot\vec{v}<0 \iff$ 「$\overrightarrow{P_kP_m}$と$\vec{v}$のなす角が鈍角」

だから

3) $\iff$「P_kから他の点に向かうベクトルと$\vec{v}$のなす角がすべて鈍角」

したがって，

「P_kから他の点に向かうベクトルと$\vec{v}$のなす角がすべて鈍角になるようなP_kが存在する」

というように論理を進められれば，**別解**の方針での解答が得られる。このような解答は適当にP_1～P_4と$\vec{v}$を決めて具体的に図を書いて考えてみると見つけやすいだろう。

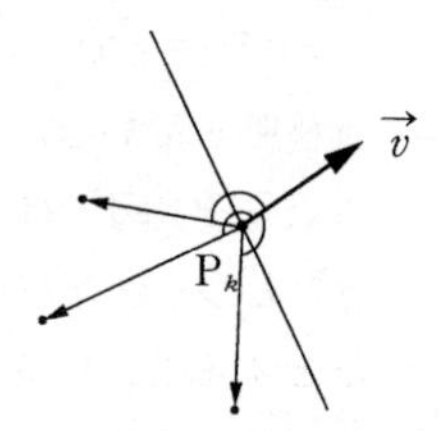

本解は結論の式を変形し

$\overrightarrow{P_kP_m}\cdot\vec{v}<0 \iff \overrightarrow{OP_m}\cdot\vec{v}<\overrightarrow{OP_k}\cdot\vec{v}$　(Oは原点)

とすると，これがP_k以外のすべてのP_mで成り立つことは

「$\overrightarrow{OP_k}\cdot\vec{v}$が$\overrightarrow{OP_1}\cdot\vec{v}$，$\overrightarrow{OP_2}\cdot\vec{v}$，$\overrightarrow{OP_3}\cdot\vec{v}$，$\overrightarrow{OP_4}\cdot\vec{v}$ の中の最大値である」

ことと同値だから，それに気づいたとしたときの方針での解答である(始点は実際にはOでなくて平面上の点であればどこにあってもよいので，OのかわりにP_1としている)。

いずれにしても，「P_kが存在することを示せ」という問題では，P_kの存在をどのように示すか，採点者にP_kの決め方を明確に理解させられるように書かないと大幅な減点となる。

3

$$n^9-n^3=n^3(n^3-1)(n^3+1)$$

nは整数kを用いて

$$3k,\quad 3k+1,\quad 3k+2$$

のいずれかの形で表すことができ

$n=3k$　　のとき　$n^3=27k^3$

$n=3k+1$ のとき　$n^3-1=(3k+1)^3-1=9(3k^3+3k^2+k)$

$n=3k+2$ のとき　$n^3+1=(3k+2)^3+1=9(3k^2+6k^2+4k+1)$

よって，任意のnに対して　n^3，n^3-1，n^3+1　のいずれかが9の倍数となるから

n^9-n^3は9の倍数　　　　　　　　　　　　　　　　（おわり）

解説

nの式 $f(n)$が素数pの倍数かどうかを調べるためには，n自身をpで割った余りで場合分けして

$$n=pk+r\ (k\text{は整数},\ r=0,\ 1,\ 2,\ \cdots\cdots,\ p-1)$$

として考えるのが原則である。ここでは，n^9-n^3 が$9=3^2$の倍数であることを示すのだから，

$$n=9k,\quad 9k+1,\quad 9k+2,\ \cdots\cdots,\ 9k+8 \qquad \cdots\cdots Ⓐ$$

または

$$n=3k,\quad 3k+1,\quad 3k+2 \qquad \cdots\cdots Ⓑ$$

と場合分けして，各場合について確かめればよい。Ⓐ，Ⓑのどちらの方針でも正答できるが，当然Ⓑの方が場合が少くて簡単である。

4

$S-a_k=b_k$ $(k=1,\ 2,\ \cdots\cdots,\ n)$ とおくと，$a_k=S-b_k$　　　　……①

$$-1<S-a_k<1,\quad a_1\leqq a_2\leqq\cdots\cdots\leqq a_n \qquad \cdots\cdots②$$

だから

$$-1<b_n\leqq b_{n-1}\leqq\cdots\cdots\leqq b_2\leqq b_1<1 \qquad \cdots\cdots③$$

また，①を $S=a_1+a_2+\cdots\cdots+a_n$ に代入して

$$S=(S-b_1)+(S-b_2)+\cdots\cdots+(S-b_n)$$

$$\therefore\quad S=\frac{b_1+b_2+\cdots\cdots+b_n}{n-1} \qquad \cdots\cdots④$$

①，④より

$$a_1+2=\frac{b_1+b_2+\cdots\cdots+b_n}{n-1}-b_1+2$$

$$=\frac{b_2+\cdots\cdots+b_n-(n-2)b_1+2n-2}{n-1}$$

$$=\frac{(b_2+1)+\cdots\cdots+(b_n+1)+(n-2)(1-b_1)+1}{n-1}$$

$$>0 \qquad (\because\ ③より\quad b_k+1>0,\ 1-b_1>0)$$

$$2-a_n=2-\frac{b_1+b_2+\cdots\cdots+b_n}{n-1}+b_n$$

$$=\frac{2n-2-b_1-b_2-\cdots-b_{n-1}+(n-2)b_n}{n-1}$$

$$=\frac{(1-b_1)+(1-b_2)+\cdots\cdots+(1-b_{n-1})+(n-2)(b_n+1)+1}{n-1}$$

$$>0 \qquad (\because\ ③より\quad 1-b_k>0,\ b_n+1>0)$$

だから

$$-2<a_1,\ a_n<2$$

これと②より

$$-2<a_k<2 \qquad \therefore\ |a_k|<2$$

（おわり）

解説

$$\begin{cases} S=a_1+a_2+\cdots\cdots+a_n \\ a_1\leqq a_2\leqq\cdots\cdots\leqq a_n \\ -1<S-a_k<1\ (k=1,2,\cdots\cdots,n) \end{cases} \Longrightarrow\ -2<a_k<2\ (k=1,2,\cdots\cdots n)$$

を証明する問題であるが，nが含まれているからといっても数学的帰納法は使いづらく，2001年度の問題の中では一番の難問である。ポイントは結論を示すときに使える条件が

$$-1<S-a_k<1\ (k=1,\ 2,\ \cdots\cdots,\ n)$$

と$S-a_k$の形で与えられていることである。したがって，この条件を使いやすくするためには，a_kのかわりに$S-a_k$を変数にした方がよいのではと考えて

$$S-a_k=b_k\ (k=1,\ 2,\ \cdots\cdots,\ n)$$

とおいて，a_k を消去してすべてを b_k で表してみる。 $a_k=S-b_k$ より

$$S=a_1+a_2+\cdots\cdots+a_n \iff S=(S-b_1)+(S-b_2)+\cdots\cdots+(S-b_n)$$

$$\iff S=\frac{b_1+b_2+\cdots\cdots+b_n}{n-1}$$

$$a_1\leqq a_2\leqq\cdots\cdots\leqq a_n \iff S-b_1\leqq S-b_2\leqq\cdots\cdots\leqq S-b_n$$

$$\iff b_1\geqq b_2\geqq\cdots\cdots\geqq b_n$$

$$-1<S-a_k<1 \iff -1<b_k<1$$

$$-2<a_k<2 \iff -2<S-b_k<2$$

$$\iff -2<\frac{b_1+b_2+\cdots+b_n}{n-1}-b_k<2$$

$$\iff -2<\frac{b_1+b_2+\cdots\cdots-(n-2)b_k+\cdots\cdots+b_n}{n-1}<2$$

だから，この問題は

$$\begin{cases}-1<b_k<1\ (k=1,\ 2,\ \cdots,\ n)\\ b_1\geqq b_2\geqq\cdots\geqq b_n\end{cases}$$

$$\Longrightarrow\ -2<\frac{b_1+b_2+\cdots\cdots-(n-2)b_k+\cdots\cdots+b_n}{n-1}<2$$

となる。ここまでくれば

$$-1<b_k<1 \iff -(n-2)<-(n-2)b_k<n-2$$

より

$$-(n-2)-(n-1)<b_1+b_2+\cdots\cdots-(n-2)b_k+\cdots\cdots+b_n<(n-2)+(n-1)$$

$$\cdots\cdots(*)$$

から，結論は直ちに導かれる。

上の解答では　$-2<a_k<2$ $(k=1,\ 2,\ \cdots,\ n)$ を示すかわりに

$$a_1\leqq a_2\leqq\cdots\cdots\leqq a_n$$

であることを考慮して

$$-2<a_1,\ a_n<2$$

だけを示しているが，本質は同じである。

また，この問題の仮定と結論の

$$S=a_1+a_2+\cdots\cdots+a_n,\quad -1<S-a_k<1,\quad -2<a_k<2$$

の部分はすべて $a_1, a_2, \cdots\cdots, a_n$ に関して同等な条件であるから，適当に入れかえて

$$a_1\leqq a_2\leqq\cdots\cdots\leqq a_n$$

と大小順にすることができる。逆に言えばこの条件は不要な条件であり

$$S=a_1+a_2+\cdots\cdots+a_n,\quad -1<S-a_k<1\ (k=1,\ 2,\ \cdots\cdots,\ n)$$

だけで結論が示される。実際，(＊)の部分では $a_1\leqq a_2\leqq\cdots\cdots\leqq a_n$ に対応する条件 $b_1\geqq b_2\geqq\cdots\cdots\geqq b_n$ は使っていない。

5

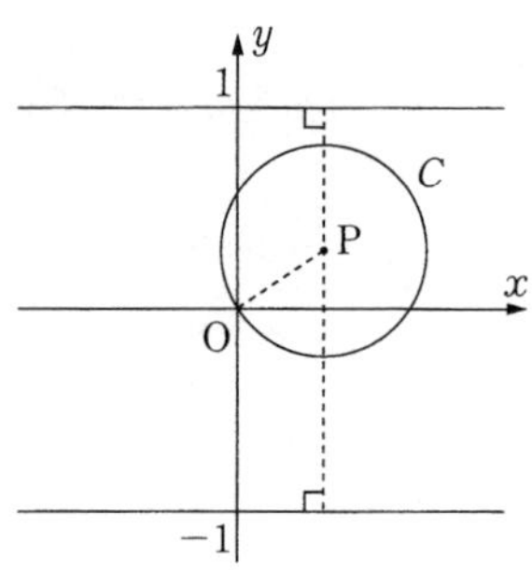

P$(a,\ b)$ とおくと，円 C はOを通ることから，その半径は $\mathrm{OP}=\sqrt{a^2+b^2}$

C が D に含まれるための条件は

$$\begin{cases}\text{P が } D \text{ に含まれる}\\ \text{P と 2 直線 } y=\pm1 \text{ の距離が半径以上}\end{cases}$$

であるから

$$\begin{cases}-1<b<1\\ |b\mp1|\geqq\sqrt{a^2+b^2}\end{cases}\iff\begin{cases}-1<b<1\\ b^2\mp2b+1\geqq a^2+b^2\end{cases}$$

$$\iff\begin{cases}-1<b<1\\ \dfrac{1}{2}(a^2-1)\leqq b\leqq\dfrac{1}{2}(1-a^2)\end{cases}$$

よって，Pの存在範囲は

図の斜線部（境界を含む）

となるから，その面積は

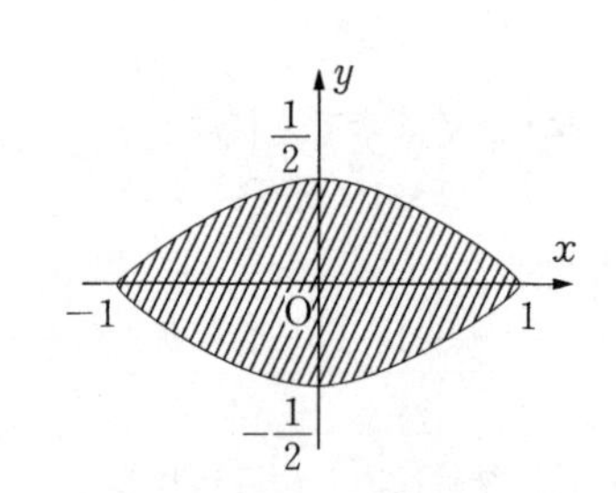

$$2\int_{-1}^{1}\frac{1}{2}(1-x^2)\,dx=\left[x-\frac{1}{3}x^3\right]_{-1}^{1}$$

$$=\frac{4}{3}\qquad\cdots\cdots(\text{答})$$

解説

ごく標準的な図形の問題である。ある条件を満たす円の中心の存在範囲を求めたいのだから，中心を $(a,\ b)$ とおいて条件をすべて $a,\ b$ の式で表すという方針はすぐにわかるはずである。まず円が原点Oを通ることから，半径が $\mathrm{OP}=\sqrt{a^2+b^2}$ とわかり

「円 C が領域 D に含まれる」 $\iff$ 「C が D の境界の外に出ない」

$\iff$ 「C が D の境界の2直線 $y=\pm1$ と交わらない」

と考えれば，円と直線が交わらない条件

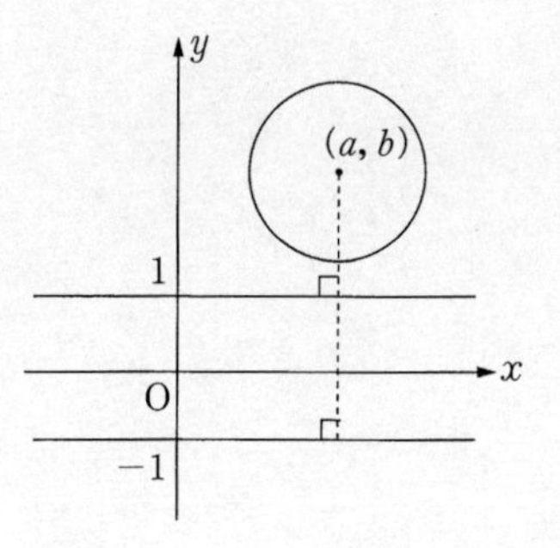

(円の中心と直線の距離)≧(円の半径)

にも気がつくだろう。あとはこの条件

$$|b\pm1|\geqq\sqrt{a^2+b^2} \qquad \cdots\cdots(*)$$

を領域として図示できるように同値変形すればよい。

この問題は，結果的には（∗）だけで正解が得られるが，厳密には，（∗）は C と2直線 $y=\pm1$ が交わらないための条件であるので，もしかすると右図のような状況も含まれているかもしれない。実際には，C は原点を通っているのでこんなことは起こり得ないのであるが，なるべく

$$-1<b<1$$

は忘れない方がよいだろう。

2000
年

解答・解説

1

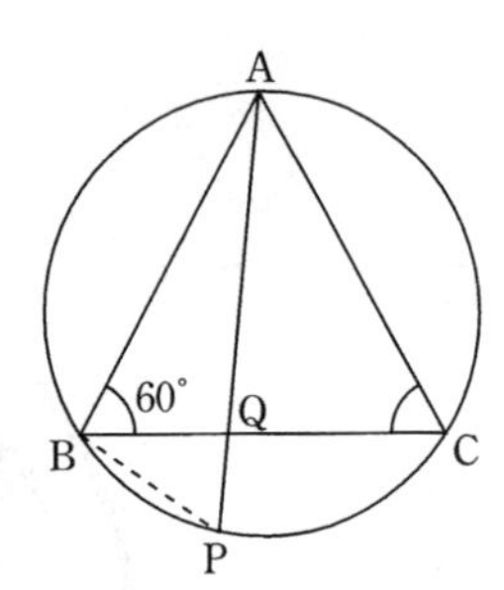

正三角形の１辺の長さを a とし，AP と BC の交点を Q とすると，(ロ) より

$$\overrightarrow{AQ}=(1-p)\overrightarrow{AB}+p\overrightarrow{AC} \quad \cdots\cdots①$$

であり，$BQ=pa$ であるから，余弦定理により

$$\begin{aligned} AQ^2&=AB^2+BQ^2-2AB\cdot BQ\cos\angle ABQ \\ &=a^2+(pa)^2-2a\cdot pa\cos 60^\circ \\ &=(1-p+p^2)a^2 \quad \cdots\cdots② \end{aligned}$$

一方，$\angle APB=\angle ACB=\angle ABQ$ より $\triangle ABQ \backsim \triangle APB$ であるから

$$AP : AB=AB : AQ \iff AP\cdot AQ=AB^2$$

$$\therefore \quad \frac{AP}{AQ}=\frac{AB^2}{AQ^2}=\frac{1}{1-p+p^2} \quad (\because \ ②)$$

これと ① より

$$\overrightarrow{AP}=\frac{AP}{AQ}\overrightarrow{AQ}=\frac{1-p}{1-p+p^2}\overrightarrow{AB}+\frac{p}{1-p+p^2}\overrightarrow{AC} \quad \cdots\cdots(\textbf{答})$$

解説　条件 (ロ) より

$$\overrightarrow{AP}=k\overrightarrow{AQ}=k\{(1-p)\overrightarrow{AB}+p\overrightarrow{AC}\}$$

と表せることはすぐにわかるから，k の値すなわち AP : AQ の値を求めることが目標である。一般に，平面図形の問題では大きく

(ア)幾何的に考える（図形の性質，幾何の定理を用いる）

(イ)座標を設定する（座標軸を導入し，点の座標，図形の方程式で計算する）

(ウ)ベクトルを用いる（基本ベクトルで表す，内積を使う）

(エ)複素数平面を重ねる（回転が問題になるときに有効，本問ではあまり適切ではない）

という４つの方針が考えられる。問題によって得手・不得手，適・不適があるので解答を書き始める前にどの方針が適切か，どの方針だとできそうかをまず考える。この問題では，円に内接する三角形（四角形）の辺の長さの比がわかればよいと考えると三角形の相似や方べきの定理に気づくこともできるのではないだろうか。上の解答では円周角の定理から三角形の相似を示しているが，方べきの定理から

$$\text{AQ}\cdot\text{QP}=\text{BQ}\cdot\text{CQ} \text{ より } \text{QP}=\frac{\text{BQ}\cdot\text{CQ}}{\text{AQ}}=\frac{p(1-p)}{\sqrt{1-p+p^2}}a$$

としてAPの長さを求めてもよい。勿論ベクトルが表に現れている問題だから(ウ)の方針を用いるのが自然とも思えるが，その場合には円の中心が△ABCの重心であることに気づいて次のようにすればよい。

別解　△ABCの重心をGとすると，GP＝AG より

$$|\overrightarrow{\text{AP}}-\overrightarrow{\text{AG}}|=|\overrightarrow{\text{AG}}| \iff (k\overrightarrow{\text{AQ}}-\overrightarrow{\text{AG}})\cdot(k\overrightarrow{\text{AQ}}-\overrightarrow{\text{AG}})=\overrightarrow{\text{AG}}\cdot\overrightarrow{\text{AG}}$$
$$\iff k^2|\overrightarrow{\text{AQ}}|^2-2k\overrightarrow{\text{AQ}}\cdot\overrightarrow{\text{AG}}=0$$

$k\neq 0$，$|\overrightarrow{\text{AB}}|=|\overrightarrow{\text{AC}}|=a$，$\overrightarrow{\text{AB}}\cdot\overrightarrow{\text{AC}}=\frac{1}{2}a^2$ だから

$$k=\frac{2\overrightarrow{\text{AQ}}\cdot\overrightarrow{\text{AG}}}{|\overrightarrow{\text{AQ}}|^2}=\frac{2\{(1-p)\overrightarrow{\text{AB}}+p\overrightarrow{\text{AC}}\}\cdot\frac{1}{3}(\overrightarrow{\text{AB}}+\overrightarrow{\text{AC}})}{\{(1-p)\overrightarrow{\text{AB}}+p\overrightarrow{\text{AC}}\}\cdot\{(1-p)\overrightarrow{\text{AB}}+p\overrightarrow{\text{AC}}\}}$$

$$=\frac{a^2}{(1-p+p^2)a^2}$$

(イ)の方針でも，例えば円の半径を r として

$$\text{A}(-r,\ 0),\ \text{B}\left(\frac{r}{2},\ -\frac{\sqrt{3}}{2}r\right),\ \text{C}\left(\frac{r}{2},\ \frac{\sqrt{3}}{2}r\right),$$

$$\text{Q}\left(\frac{r}{2},\ (1-p)\left(-\frac{\sqrt{3}}{2}r\right)+p\cdot\frac{\sqrt{3}}{2}r\right)$$

となる座標を設定し直線AQと円 $x^2+y^2=r^2$ との交点としてPの座標を求めることはできるが，相当な計算になりそうだということは予想できるはずであり，また予想できてほしい。そこで別の方針はと考えて(ア)または(ウ)に方針転換することになる。

2

仮定より

$$x_{k-1}-2x_k+x_{k+1}>0 \iff x_{k-1}-x_k>x_k-x_{k+1}$$

が $k=2,\ 3,\ \cdots,\ n-1$ について成り立つので

$$x_1-x_2>x_2-x_3>\cdots>x_{n-1}-x_n \quad \cdots\cdots①$$

i）$x_1-x_2\leqq 0$ のとき，①より

$$0\geqq x_1-x_2,\ 0>x_2-x_3,\ \cdots,\ 0>x_{n-1}-x_n$$

よって

$$x_1\leqq x_2<x_3<\cdots<x_{n-1}<x_n$$

となるので，$x_1=m$ であり，$x_l=m$ となる l は1だけかまたは1と2のふたつである。

ii) $x_{n-1}-x_n \geqq 0$ のとき，① より

$$x_1-x_2>0,\ x_2-x_3>0,\ \cdots\cdots,\ x_{n-1}-x_n \geqq 0$$

よって

$$x_1>x_2>x_3>\cdots\cdots>x_{n-1} \geqq x_n$$

となるので，$x_l=m$ となる l は n または $n-1$ である。

iii) $x_1-x_2>0$ かつ $x_{n-1}-x_n<0$ のとき，① より数列

$$x_1-x_2,\ x_2-x_3,\ \cdots\cdots,\ x_{n-1}-x_n$$

はどこかで正から負に符号が変わる。すなわち

$$x_{k-1}-x_k \geqq 0 > x_k-x_{k+1} \quad (2 \leqq k \leqq n-1)$$

となる k が存在するから

$$x_1-x_2>0,\ x_2-x_3>0,\ \cdots\cdots,\ x_{k-1}-x_k \geqq 0$$

$$0>x_k-x_{k+1},\ \cdots\cdots,\ 0>x_{n-1}-x_n$$

$$\therefore\ x_1>x_2>x_3>\cdots>x_{k-1} \geqq x_k,\ x_k<x_{k+1}<\cdots<x_{n-1}<x_n$$

よって，$x_l=m$ となる l は $k-1$ または k である。

以上，i)～iii) ですべての場合が尽くされているから，いずれの場合にも

$x_l=m$ となる l の個数は1または2である。

解説

$x_1, x_2, \cdots, x_n$ の最小値を求めるには x_k と x_l の大小，したがって x_k-x_l の正負が必要になる。そう考えれば仮定の式を

$$x_{k-1}-x_k>x_k-x_{k+1}$$

のように x_{k-1} と x_k の差，x_k と x_{k+1} の差が現れるように変形するのが自然であろう。

$$x_{k-1}-2x_k+x_{k+1}>0 \iff x_k-x_{k-1}<x_{k+1}-x_k$$

と変形して，① の替わりに

$$x_2-x_1<x_3-x_2<\cdots<x_n-x_{n-1}$$

を導いても以下同様にできる。

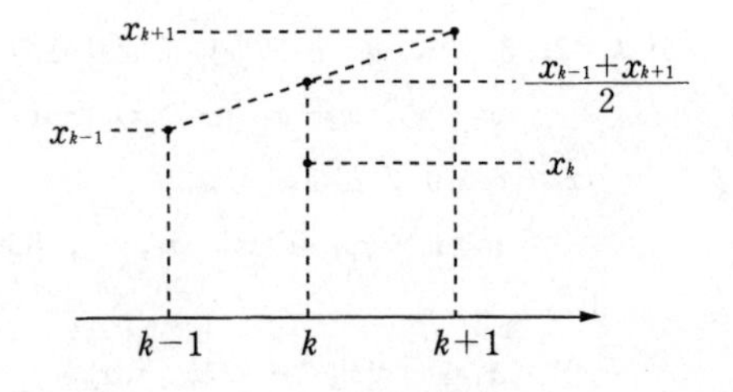

仮定は

$$x_{k-1}+x_{k+1}>2x_k$$

$$\iff \frac{x_{k-1}+x_{k+1}}{2}>x_k$$

と変形すると

「x_k が x_{k-1} と x_{k+1} の平均よりも小さい」

よって，右図のように x_k を高さとしてプロットするとその点を結んだ折れ線は下に凸となるので，最小値になる数は

x_1-x_2，x_2-x_3，…，

$x_{n-1}-x_n$

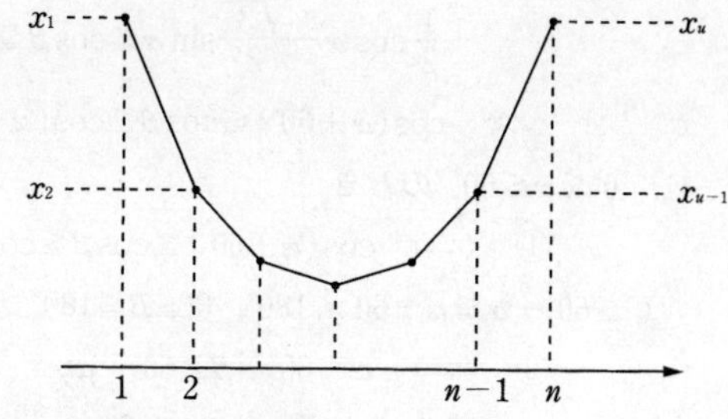

の符号で決まる。そのために，(i)〜(iii) の場合分けが必要となる。

自然数 n を含んだ命題の証明であるので数学的帰納法もその方針のひとつとして思いつくかもしれない。数学的帰納法でもできないことはないが，x_k-x_{k+1} の符号を調べなければならないことは同様であり本質的には上の解答と変わらないので，数学的帰納法を用いるメリットはあまりない。

3

(1)　$\vec{c}=(x,\ y,\ z)$ とおくと

$$\begin{cases}\cos\alpha=\vec{a}\cdot\vec{c}\\ \cos\beta=\vec{b}\cdot\vec{c}\end{cases}\iff\begin{cases}\cos\alpha=x\\ \cos\beta=\dfrac{1}{2}x+\dfrac{\sqrt{3}}{2}y\end{cases}$$

$$\therefore\quad x=\cos\alpha,\quad y=\frac{2\cos\beta-\cos\alpha}{\sqrt{3}}$$

$|\vec{c}|=1$ だから

$$\cos^2\alpha+\left(\frac{2\cos\beta-\cos\alpha}{\sqrt{3}}\right)^2+z^2=1$$

$$\iff\quad \cos^2\alpha-\cos\alpha\cos\beta+\cos^2\beta=\frac{3}{4}(1-z^2)$$

$\dfrac{3}{4}(1-z^2)\leqq\dfrac{3}{4}$ だから

$$\cos^2\alpha-\cos\alpha\cos\beta+\cos^2\beta\leqq\frac{3}{4}\qquad\cdots\cdots(*)$$

(おわり)

(2)　(*)　$\iff$　$4\cos^2\beta-4\cos\alpha\cos\beta+4\cos^2\alpha-3\leqq0$

これを $\cos\beta$ の2次不等式とみて解くと

$$\frac{2\cos\alpha-\sqrt{12\sin^2\alpha}}{4}\leqq\cos\beta\leqq\frac{2\cos\alpha+\sqrt{12\sin^2\alpha}}{4}$$

$0^\circ \leqq \alpha \leqq 180^\circ$ より $\sin\alpha \geqq 0$ だから

$$\frac{1}{2}\cos\alpha-\frac{\sqrt{3}}{2}\sin\alpha \leqq \cos\beta \leqq \frac{1}{2}\cos\alpha+\frac{\sqrt{3}}{2}\sin\alpha$$

$$\iff \cos(\alpha+60^\circ) \leqq \cos\beta \leqq \cos(\alpha-60^\circ) \quad \cdots\cdots①$$

(i)　$0^\circ \leqq \alpha \leqq 60^\circ$ のとき

$$① \iff \cos(\alpha+60^\circ) \leqq \cos\beta \leqq \cos(60^\circ-\alpha) \quad \cdots\cdots②$$

$0^\circ \leqq 60^\circ-\alpha \leqq \alpha+60^\circ < 180^\circ$，$0^\circ \leqq \beta \leqq 180^\circ$ だから

$$② \iff \alpha+60^\circ \geqq \beta \geqq 60^\circ-\alpha$$

(ii)　$60^\circ \leqq \alpha \leqq 120^\circ$ のとき，$0^\circ \leqq \alpha-60^\circ < \alpha+60^\circ \leqq 180^\circ$，$0^\circ \leqq \beta \leqq 180^\circ$ だから

$$① \iff \alpha+60^\circ \geqq \beta \geqq \alpha-60^\circ$$

(iii)　$120^\circ \leqq \alpha \leqq 180^\circ$ のとき

$$① \iff \cos(360^\circ-\alpha-60^\circ) \leqq \cos\beta \leqq \cos(\alpha-60^\circ) \quad \cdots\cdots③$$

$0^\circ < \alpha-60^\circ \leqq 360^\circ-\alpha-60^\circ \leqq 180^\circ$，$0^\circ \leqq \beta \leqq 180^\circ$ だから

$$③ \iff 360^\circ-\alpha-60^\circ \geqq \beta \geqq \alpha-60^\circ$$

以上をまとめて図示すると

図の斜線部（境界を含む）

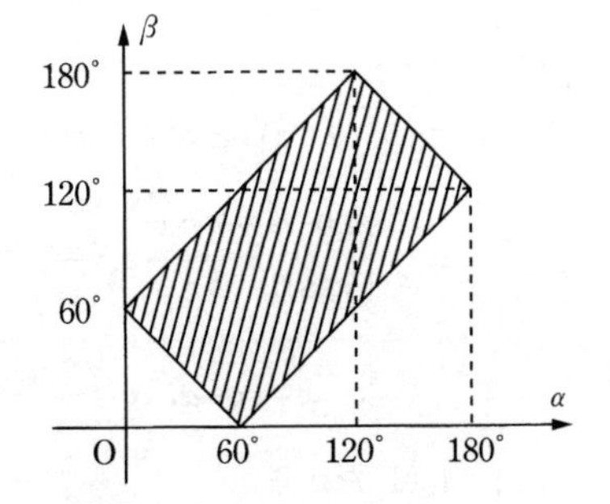

解説

(1) は $\overrightarrow{c}=(x,\ y,\ z)$ とおいて，x，y，z の関係から（＊）を示すのが普通である。

$$\cos\alpha=x,\ \cos\beta=\frac{1}{2}x+\frac{\sqrt{3}}{2}y$$

を x，y について解かずに直接に

$$\cos^2\alpha-\cos\alpha\cos\beta+\cos^2\alpha=x^2-x\left(\frac{1}{2}x+\frac{\sqrt{3}}{2}y\right)+\left(\frac{1}{2}x+\frac{\sqrt{3}}{2}y\right)^2$$

$$=\frac{3}{4}(x^2+y^2)$$

と代入してから $x^2+y^2+z^2=1$ を使ってもよい。ベクトルのままで

$$\cos\alpha=\overrightarrow{a}\cdot\overrightarrow{c},\ \cos\beta=\overrightarrow{b}\cdot\overrightarrow{c}$$

から（＊）を導こうとするのは困難で，よい方針とはいえない。

(2) はこの問題文からして (1) とは直接に関係のない問題と考えた方がよい。α，β が空間の単位ベクトルのなす角であるということは考えずに，（＊）を α，β の不等式として解こうとする。こんな不等式が解けるというのはちょっと予想がつかないかも知れないが，実際にやってみるとうまく解けてしまう。こういうつもりでもなければなかなか答までは到達できないようである。（＊）の変形は倍角，和・積の公

式を用いて

$$(*)\iff 2(1+\cos 2\alpha)-2\{\cos(\alpha+\beta)+\cos(\alpha-\beta)\}+2(1+\cos 2\beta)\leqq 3$$

$$\iff 4\cos(\alpha+\beta)\cos(\alpha-\beta)-2\cos(\alpha+\beta)-2\cos(\alpha-\beta)+1\leqq 0$$

$$\iff \{2\cos(\alpha+\beta)-1\}\{2\cos(\alpha-\beta)-1\}\leqq 0$$

$$\iff \begin{cases}\cos(\alpha+\beta)\geqq\dfrac{1}{2}\\ \cos(\alpha-\beta)\leqq\dfrac{1}{2}\end{cases} \text{または} \begin{cases}\cos(\alpha+\beta)\leqq\dfrac{1}{2}\\ \cos(\alpha-\beta)\geqq\dfrac{1}{2}\end{cases}$$

としてもよい。

①から直ちに

$$\alpha+60^\circ\geqq\beta\geqq\alpha-60^\circ$$

とすることはできない。$\alpha<60^\circ$ のとき $\alpha-60^\circ<0^\circ$ であり，$\alpha>120^\circ$ のとき $\alpha+60^\circ>180^\circ$ であるが，$0^\circ\leqq\beta\leqq180^\circ$ だからそのようなとき β は $\alpha-60^\circ$ にも $\alpha+60^\circ$ にも等しくなれないからである。一般に

$$0^\circ\leqq\theta_1\leqq\theta_2\leqq180^\circ,\ 0^\circ\leqq\beta\leqq180^\circ \text{ のとき}$$

$$\cos\theta_2\leqq\cos\beta\leqq\cos\theta_1 \iff \theta_1\leqq\beta\leqq\theta_2$$

であるから，(i)〜(iii) の場合分けが必要となり，それぞれ次のように考えられる。

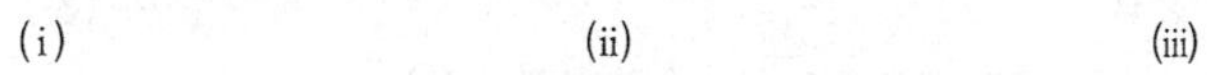

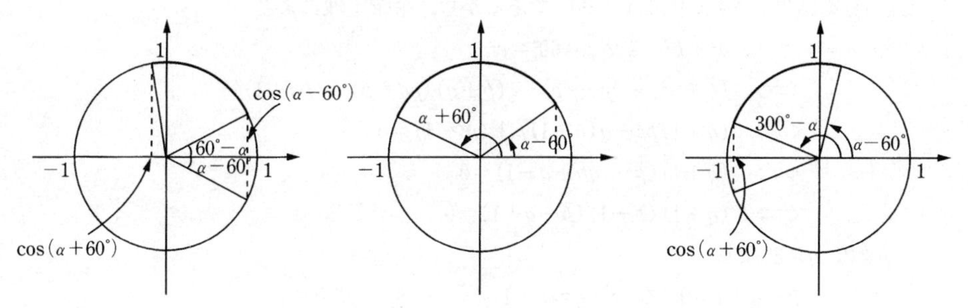

$\vec{a}$，$\vec{b}$，$\vec{c}$ はすべて単位ベクトルだから

$$\vec{a}\cdot\vec{c}=\cos\alpha\ (0^\circ\leqq\alpha\leqq180^\circ) \iff \text{「}\alpha \text{ は } \vec{a} \text{ と } \vec{c} \text{ のなす角」}$$

$$\vec{b}\cdot\vec{c}=\cos\beta\ (0^\circ\leqq\beta\leqq180^\circ) \iff \text{「}\beta \text{ は } \vec{b} \text{ と } \vec{c} \text{ のなす角」}$$

である。したがって，(＊) は図のような位置関係にある空間ベクトルのなす角 α，β の関係と考えることができる。これから，下図のように考えて，$\vec{b}$ と $\vec{c}$ のなす角 β は

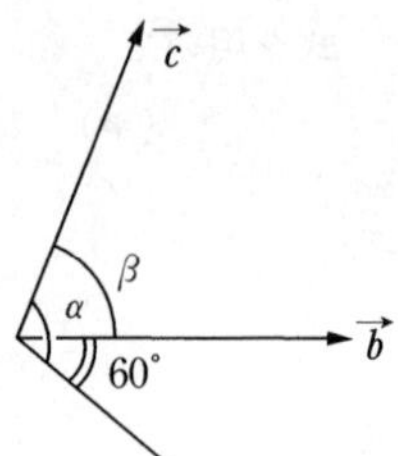

$0^\circ<\alpha<60^\circ$　のとき $60^\circ-\alpha \leqq \beta \leqq \alpha+60^\circ$

$60^\circ<\alpha<120^\circ$ のとき $\alpha-60^\circ \leqq \beta \leqq \alpha+60^\circ$

などとすることもできるが，$\vec{a}$ を中心軸として円すい状に動くベクトル $\vec{b}$ と $\vec{c}$ とのなす角の範囲を図から求めることになり，論理に少し曖昧なところがある。

$0^\circ<\alpha<60^\circ$ のとき

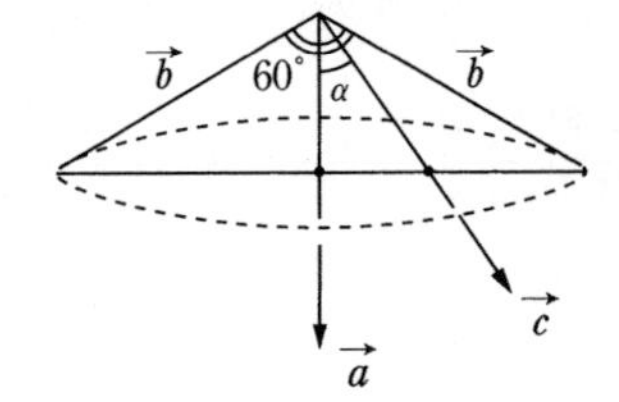

$60^\circ<\alpha<120^\circ$ のとき

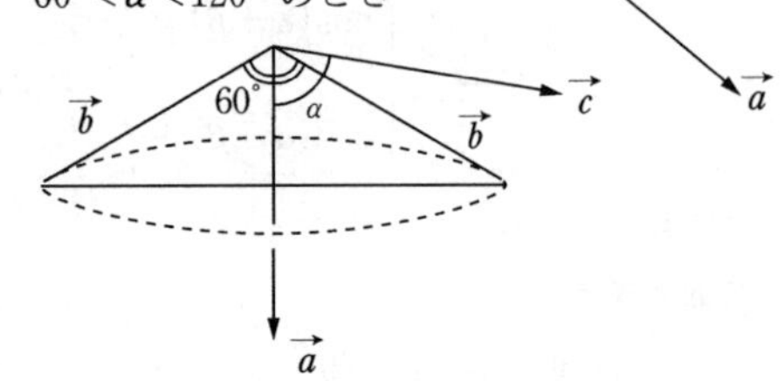

4

(1)　$p \geqq 2$，$q \geqq 2$ より

$$b-c=(pq+p)-(pq+1)=p-1>0$$

$$c-a=(pq+1)-(p+q)=(p-1)(q-1)>0$$

よって，$a<c<b$ であるから

$$\angle A<\angle C<\angle B$$

……(答)

(2)　(1)の結果と(ハ)より $\angle C=60^\circ$ であるから，余弦定理により

$$a^2+b^2-2ab\cos 60^\circ=c^2$$

$$\iff (p+q)^2+(pq+p)^2-(p+q)(pq+p)=(pq+1)^2$$

$$\iff (q+1)p^2-q(q+1)p+(q^2-1)=0$$

$$\iff (q+1)(p^2-qp+q-1)=0$$

$$\iff (q+1)(p-1)(p-q+1)=0$$

$p \geqq 2$，$q \geqq 2$ より

$$p-q+1=0 \iff q=p+1$$

$$\therefore\ a=2p+1,\ b=p(p+2),\ c=p(p+1)+1$$

ここで，$2p$，$p(p+1)$ は偶数だから，a，c とも奇数，したがって，2^n に等しいものは b と決まって

$$p(p+2)=2^n$$

p は2以上の 2^n の約数だから $p=2^k$（k は自然数）とおけて

$$2^k(2^k+2)=2^n \iff 2^k+2=2^{n-k}$$

$$\iff 2^{k-1}+1=2^{n-k-1}$$

$k \geqq 2$ とすると左辺は3以上の奇数となり右辺に等しくなれないから

$k=1$　(このとき $n=3$)

よって，$p=2$ となるから

$a=5,\ b=8,\ c=7$　……(答)

解説

(1) は3辺の長さが与えられた三角形の角の大小を求める問題であるから，辺の長さの大小を比べればよいということはすぐにわかるはずである。

(2) ではまず条件(ハ)から，$\angle C=60^\circ$ であるころを見抜かねばならない。実際，

$\angle B=60^\circ$ とすると $\angle A<\angle C<60^\circ$ より $\angle A+\angle C+\angle B<180^\circ$

$\angle A=60^\circ$ とすると $60^\circ<\angle C<\angle B$ より $\angle A+\angle C+\angle B>180^\circ$

となり三角形の内角の和が 180° であることに矛盾するからである。その次に，$\angle C$ について余弦定理を用いるのは，3辺の長さとひとつの角が既知の三角形で成り立つ関係としてはまず第一に考えられるものであり，京大では過去に次のような類題が出題されていることからも京大志望者としては当然気づいてほしい。

(類題)　三角形ABCにおいて，$\angle B=60^\circ$，Bの対辺の長さ b は整数，他の2辺の長さ a，c はいずれも素数である。このとき三角形ABCは正三角形であることを示せ。　(1990年京大前期)

余弦定理から導かれた式

$$p^2q-pq^2+p^2-pq+q^2-1=0$$

はこのままではわかりにくいかもしれないが，文字のたくさんある式はとりあえずひとつの文字の式として整理してみるという原則に従えば簡単に因数分解がわかる。後は残った条件(ロ)をどのように使うかだけであり，a，c とも奇数であるのは明らかだから，2^n に等しいのは b，したがって

$$p(p+2)=2^n$$

の自然数解 p，n を求めるという問題になる。これは p，$p+2$ がともに2以上の 2^n の約数であるとして上のように解くのが最も易い。

5

$$x^2-ax=2\int_0^1|t^2-at|\,dt \iff x^2-ax-2\int_0^1|t^2-at|\,dt=0$$

よって，$f(x)=x^2-ax-2\displaystyle\int_0^1|t^2-at|\,dt$ とおいて，$y=f(x)$ のグラフと x 軸の $0\leqq x\leqq 1$ での共有点の個数を考えればよい。

(i)　$a \leqq 0$ のとき，$0 \leqq t \leqq 1$ において $|t^2-at|=t^2-at$ だから

$$f(x)=x^2-ax-2\int_0^1 (t^2-at)\,dt$$
$$=x^2-ax-2\left[\frac{1}{3}t^3-\frac{a}{2}t^2\right]_0^1$$
$$=x^2-ax+a-\frac{2}{3}$$

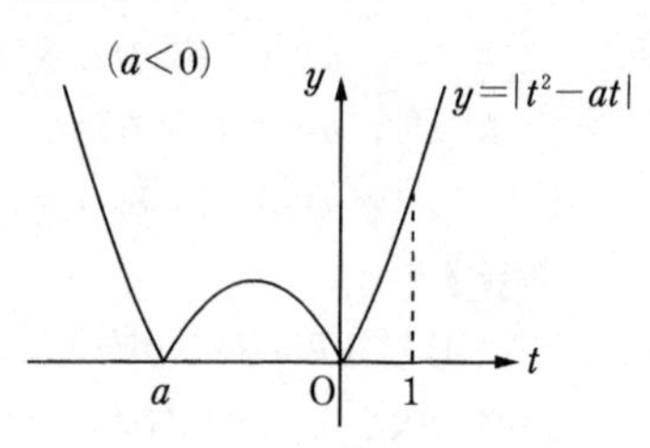

$y=f(x)$ のグラフは下に凸の放物線であり

$$f(0)=a-\frac{2}{3}<0,\ f(1)=\frac{1}{3}>0$$

となるので，$0 \leqq x \leqq 1$ における x 軸との共有点の個数は1個

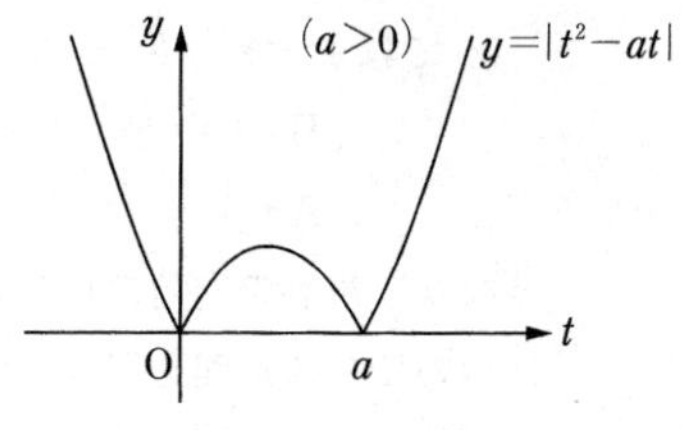

(ii)　$0<a<1$ のとき

$$|t^2-at|=\begin{cases} t^2-at & (t \leqq 0,\ a \leqq t) \\ -(t^2-at) & (0<t<a) \end{cases}$$

より

$$f(t)=x^2-ax-2\left\{\int_0^a (-t^2+at)\,dt+\int_a^1 (t^2-at)\,dt\right\}$$
$$=x^2-ax-2\left[-\frac{1}{3}t^3+\frac{a}{2}t^2\right]_0^a-2\left[\frac{1}{3}t^3-\frac{a}{2}t^2\right]_a^1$$
$$=x^2-ax-\frac{2}{3}a^3+a-\frac{2}{3}$$

このとき

$$f(0)=-\frac{1}{3}(2a^3-3a+2),\ f(1)=-\frac{2}{3}\left(a^3-\frac{1}{2}\right)$$

であり，$g(a)=2a^3-3a+2$ とおくと

$$g'(a)=6a^2-3$$
$$=6\left(a-\frac{1}{\sqrt{2}}\right)\left(a+\frac{1}{\sqrt{2}}\right)$$

a	0		$\frac{1}{\sqrt{2}}$		1
$g'(a)$		$-$	0	$+$	
$g(a)$	2	↘	$2-\sqrt{2}$	↗	1

だから，増減表より $g(a)>0$ よって

$f(0)<0$ である。したがって，$y=f(x)$ のグラフと x 軸の $0 \leqq x \leqq 1$ における共有点の個数は $f(1)$ の符号を考えて

$$\begin{cases} 0<a\leqq\dfrac{1}{\sqrt[3]{2}} \text{ のとき　1個} \\ \dfrac{1}{\sqrt[3]{2}}<a<1 \text{ のとき　0個} \end{cases}$$

(iii)　$a\geqq1$ のとき，$0\leqq t\leqq1$ において $|t^2-at|=-t^2+at$ だから

$$f(x)=x^2-ax-2\int_0^1(-t^2+at)\,dt$$

$$=x^2-ax-a+\frac{2}{3}$$

このとき

$$f(0)=-\left(a-\frac{2}{3}\right)<0$$

$$f(1)=-2\left(a-\frac{5}{6}\right)<0$$

だから，共有点の個数は　0個

以上(i)〜(iii)をまとめて

$$a\leqq\frac{1}{\sqrt[3]{2}} \text{ のとき　1個，} a>\frac{1}{\sqrt[3]{2}} \text{ のとき　0個}$$ ……(答)

解説

2次方程式の解の配置の問題であるから，$y=f(x)$ のグラフと x 軸の交わり方を考えればよい。そのためにまず右辺の定積分を計算する必要があり，定積分の中に絶対値が含まれているのでその絶対値をはずすために(i)〜(iii)の場合分けをしなければならない。

$y=f(x)$ のグラフと x 軸の $0\leqq x\leqq1$ での交わり方は境界の値 $f(0)$，$f(1)$ の符号によって異なるのでそれを調べる。上の解答では(i)〜(iii)の各場合について別々に調べているが，

$$f(0)=-2\int_0^1|t^2-at|\,dt$$

であり，

$$|t^2-at|\geqq0 \text{ より } \int_0^1|t^2-at|\,dt>0$$

$$\left(t^2-at>0 \text{ の部分があるので } \int_0^1|t^2-at|\,dt=0 \text{ とはならない}\right)$$

であるから，$f(0)<0$ だけは場合分けをしなくてもわかる。これと $y=f(x)$ のグラフが下に凸であることから，$0\leqq x\leqq1$ での x 軸との共有点の個数は

$$\begin{cases} f(1) \geqq 0 \text{ ならば } 1\text{個} \\ f(1) < 0 \text{ ならば } 0\text{個} \end{cases}$$

である。

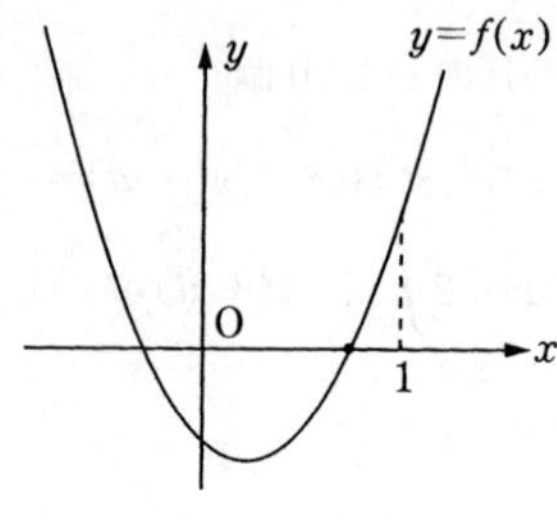

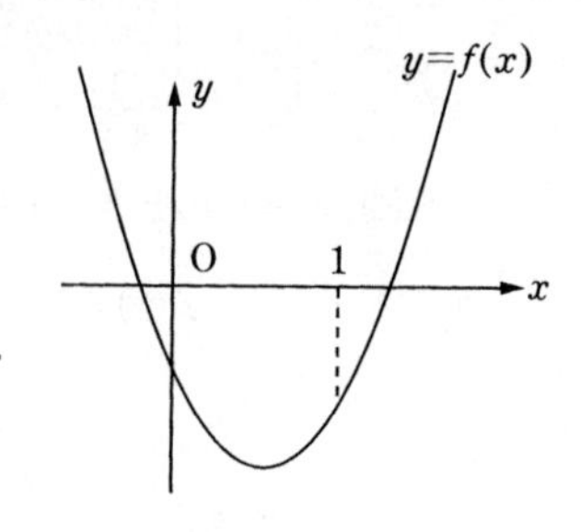

(注)　(ii)の場合の

$$f(0) = -\frac{1}{3}(2a^3 - 3a + 2)$$

の符号については，ちょっと気づきづらいと思われるが

$$f(0) = -\frac{1}{3}\{a^3 + (a-1)^2(a+2)\} < 0$$

と工夫することでも確かめられる。

1999
年

解答・解説

1

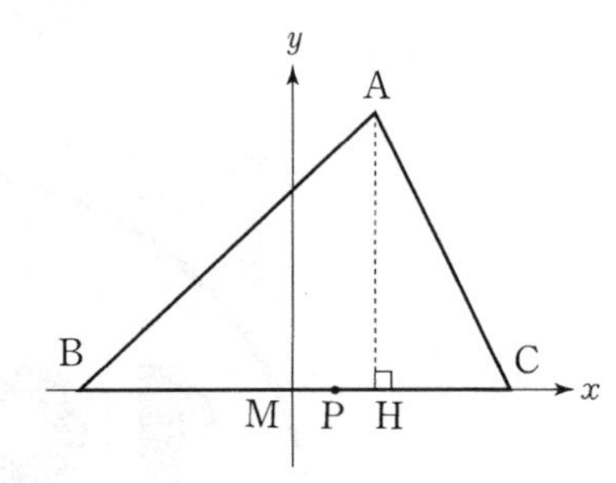

Mが原点となる図のような座標軸をとり

$A(a,\ b)$, $B(-c,\ 0)$, $C(c,\ 0)$

とする．ここで，B, Cに関する対称性より

$a \geqq 0$ としてもよい．

$P(t,\ 0)$ とおくと，Pが線分MH上にあることより

$$0 \leqq t \leqq a \qquad \cdots\cdots①$$

であるから

$$\begin{aligned} &AB^2+AC^2-(2AP^2+BP^2+CP^2) \\ &=(a+c)^2+b^2+(a-c)^2+b^2-\{2(a-t)^2+2b^2+(t+c)^2+(t-c)^2\} \\ &=4t(a-t) \\ &\geqq 0 \quad (\because\ ①) \end{aligned}$$

よって

$$AB^2+AC^2 \geqq 2AP^2+BP^2+CP^2$$

（おわり）

（注） 座標を設定して（左辺）−（右辺）$\geqq 0$ を示すのが最も簡単であるが，そのときになるべくわかり易い座標軸をとるのが原則であるので，Mを原点，B, Cを x 軸上にとるのがよい．座標を用いずに，三平方の定理で次のように幾何的に示すこともできる．

（別解） 上図のように辺BC上にB, M, P, H, Cの順に並んでいるとしてよい．

このとき，

$$\begin{aligned} &AB^2+AC^2-(2AP^2+BP^2+CP^2) \\ &=AH^2+BH^2+AH^2+CH^2-2(AH^2+PH^2)-(BH-PH)^2-(CH+PH)^2 \\ &=2PH(BH-CH-2PH) \\ &=2PH\{(BM+MH)-(CM-MH)-2(MH-MP)\} \\ &=4PH\cdot MP \qquad (\because\ BM=CM) \\ &\geqq 0 \end{aligned}$$

より

$$AB^2+AC^2 \geqq 2AP^2+BP^2+CP^2$$

2

P$(p,\ p^2)$，Q$(q,\ q^2)$ $(p<q)$ とし，R$(X,\ Y)$ とおくと

$$X=\frac{p+q}{2},\ Y=\frac{p^2+q^2}{2}$$

$$\therefore\ p+q=2X,\ pq=2X^2-Y\cdots\cdots①$$

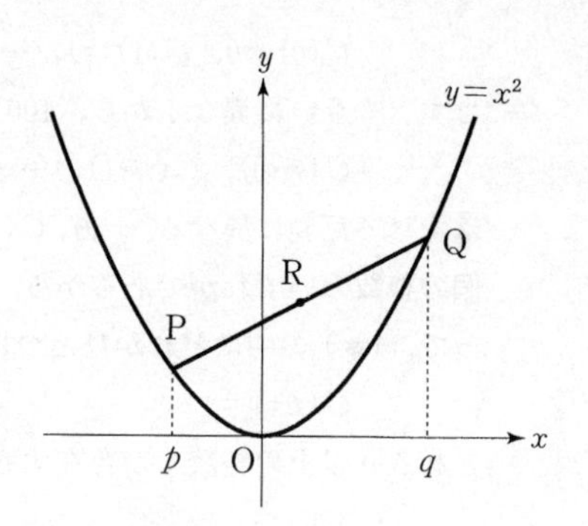

直線PQの方程式は

$$y-p^2=\frac{q^2-p^2}{q-p}(x-p) \iff y=(p+q)x-pq$$

だから，これと放物線 $y=x^2$ で囲まれた部分の面積は

$$\int_p^q\{(p+q)x-pq-x^2\}dx=\left[\frac{p+q}{2}x^2-pqx-\frac{1}{3}x^3\right]_p^q=\frac{1}{6}(q-p)^3$$

これが1に等しいから

$$\frac{1}{6}\{(p+q)^2-4pq\}^{\frac{3}{2}}=1 \iff \frac{1}{6}\{(2X)^2-4(2X^2-Y)\}^{\frac{3}{2}}=1 \quad (\because\ ①)$$

$$\iff \frac{8}{6}(Y-X^2)^{\frac{3}{2}}=1$$

$$\iff Y=X^2+\left(\frac{3}{4}\right)^{\frac{2}{3}}$$

よって，Rが描く図形の方程式は

$$y=x^2+\left(\frac{3}{4}\right)^{\frac{2}{3}}$$ ……(答)

(注)　中点Rの座標も面積も p，q で表せるので，それから p，q を消去して X，Y の関係式を求めればよい．点の座標をパラメーターを用いて表してから，パラメーターを消去して軌跡の方程式を求めるというよくある問題である．

3

(1)　$C(nx)=C(ny)$ のとき nx，ny の下2桁が等しい．したがって $nx-ny$ は下2桁が0である．よって，$nx-ny=n(x-y)$ は $100=2^2\cdot5^2$ の倍数となるが，n は2でも5でも割り切れないので $x-y$ が $2^2\cdot5^2$ で割り切れる．

よって，

$C(x)=C(y)$ **(おわり)**

(2) (1)より，x，y が0以上の整数のとき

$$C(x) \neq C(y) \implies C(nx) \neq C(ny)$$

である．

$$C(0)=0,\ C(1)=1,\ \cdots\cdots,\ C(99)=99$$

はすべて互いに異なるから，100個の値

$$C(n\cdot 0),\ C(n\cdot 1),\ \cdots\cdots,\ C(n\cdot 99) \quad \cdots\cdots(*)$$

はすべて互いに異なる．一方，$C(x)$ の定義より，(＊) の各値は0以上99以下の100個の整数のいずれかであるから，(＊) は0，1，……，99の全体に一致する．したがって，(＊) の中にどれかひとつは1に等しいから

$$C(nx)=1$$

となる0以上の整数 x が存在する．

(おわり)

(注)　$C(x)=(x$ を100で割った余り$)$

ということに気づけば

$C(x)=C(y) \iff$ 「x，y を100で割った余りが等しい」

$\iff$ 「$x-y$ が100で割り切れる」

と考えて上のようにできる．下2桁にこだわって，

「n が2, 5の倍数でないとき, n の下1桁は1, 3, 7, 9のいずれかだから, ……」

などとすると遠回りになる．

(2)の考え方はよく目にするものではないが,「部屋割り論法」,「鳩の巣原理」などと呼ばれるもので,

「$n+1$ 人以上が n 個の部屋に入ると必ず2人以上入る部屋ができる」

「n 人が1人ずつ入るには n 個以上の部屋が必要である」

というごく常識的な原理である．このような証明ではときどき使われる考え方である．

4

(1)　「複素数 z が単位円周上にある」 $\iff |z|=1$

$\iff |z|^2=1$

$\iff z\bar{z}=1$

$\iff \bar{z}=\dfrac{1}{z}$

(2)　$z_k(k=1,\ 2,\ 3,\ 4)$ が単位円周上にあるから，(1)より

$$\bar{z}_k=\frac{1}{z_k}\quad (k=1,\ 2,\ 3,\ 4)$$

このとき

$$\overline{w}=\overline{\left\{\frac{(z_1-z_3)(z_2-z_4)}{(z_1-z_4)(z_2-z_3)}\right\}}=\frac{(\bar{z}_1-\bar{z}_3)(\bar{z}_2-\bar{z}_4)}{(\bar{z}_1-\bar{z}_4)(\bar{z}_2-\bar{z}_3)}$$

$$=\frac{\left(\frac{1}{z_1}-\frac{1}{z_3}\right)\left(\frac{1}{z_2}-\frac{1}{z_4}\right)}{\left(\frac{1}{z_1}-\frac{1}{z_4}\right)\left(\frac{1}{z_2}-\frac{1}{z_3}\right)}=\frac{(z_3-z_1)(z_4-z_2)}{(z_4-z_1)(z_3-z_2)}=w$$

よって，w は実数である．

(おわり)

(3)　z_1，z_2，z_3 が単位円周上にあるから

$$\bar{z}_1=\frac{1}{z_1},\ \bar{z}_2=\frac{1}{z_2},\ \bar{z}_3=\frac{1}{z_3}$$

$$\therefore\quad \overline{w}=\frac{(\bar{z}_1-\bar{z}_3)(\bar{z}_2-\bar{z}_4)}{(\bar{z}_1-\bar{z}_4)(\bar{z}_2-\bar{z}_3)}=\frac{\left(\frac{1}{z_1}-\frac{1}{z_3}\right)\left(\frac{1}{z_2}-\bar{z}_4\right)}{\left(\frac{1}{z_1}-\bar{z}_4\right)\left(\frac{1}{z_2}-\frac{1}{z_3}\right)}=\frac{(z_3-z_1)(1-z_2\bar{z}_4)}{(1-z_1\bar{z}_4)(z_3-z_2)}$$

よって，w が実数であるとき

$$w=\overline{w}\iff\frac{(z_1-z_3)(z_2-z_4)}{(z_1-z_4)(z_2-z_3)}=\frac{(z_3-z_1)(1-z_2\bar{z}_4)}{(1-z_1\bar{z}_4)(z_3-z_2)}$$

$$\iff\frac{z_2-z_4}{z_1-z_4}=\frac{1-z_2\bar{z}_4}{1-z_1\bar{z}_4}\qquad(\because\ z_1\neq z_3,\ z_2\neq z_3)$$

$$\iff(z_2-z_4)(1-z_1\bar{z}_4)=(z_1-z_4)(1-z_2\bar{z}_4)$$

$$\iff z_2+z_1z_4\bar{z}_4-z_1-z_2z_4\bar{z}_4=0$$

$$\iff(z_1-z_2)(|z_4|^2-1)=0$$

$$\iff|z_4|^2=1\qquad(\because\ z_1\neq z_2)$$

$$\iff|z_4|=1$$

よって，z_4 は単位円周上にある．

(おわり)

(注)　$z_k=a_k+b_ki$（a_k，b_k は実数）などとおいて計算しようすると非常に面倒である．
複素数の絶対値や実数条件については

$$|z|^2=z\bar{z}$$

「z が実数」　$\iff$　$z=\bar{z}$

のように共役複素数を用いて計算するのが原則である．

5

(1)　2色で隣接した2側面と上面を題意をみたすように塗ることはできないから　$P_2=0$　……(答)

3色のとき

i）上面と下面は同色であるので塗り方は，3通り．

ii）側面を残り2色で塗り分けなければいないから2色を交互に塗っていくと考えて

$\begin{cases} n\text{が奇数のとき　0通り．} \\ n\text{が偶数のとき　2通り．} \end{cases}$

よって

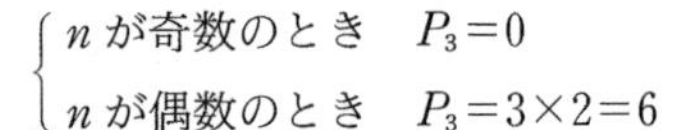

$\begin{cases} n\text{が奇数のとき}\quad P_3=0 \\ n\text{が偶数のとき}\quad P_3=3\times2=6 \end{cases}$　……(答)

(2)　$n=7$ のとき，(1)より2色，3色だけで塗ることはできないので4色すべてを使う塗り方を数えればよい．このとき，

i）上面と下面は同色を塗る

ii）7つの側面は残り3色で塗る

ことになり，i）の決め方が4通りである．ii）の塗り方はまず3色を7面に何回ずつ使うかを考えると，{3回，3回，1回}，{3回，2回，2回}のいずれかで次の3通りの塗り方になる．

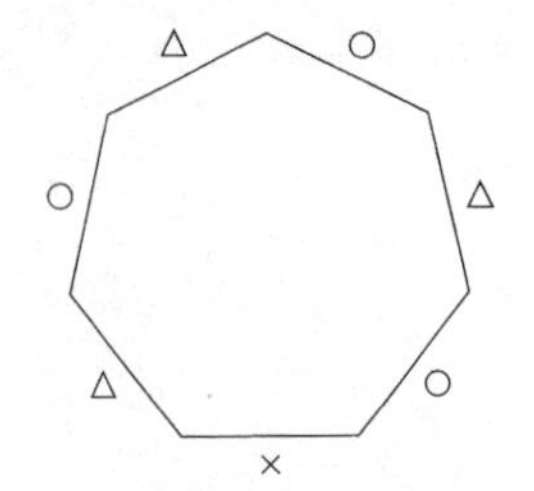

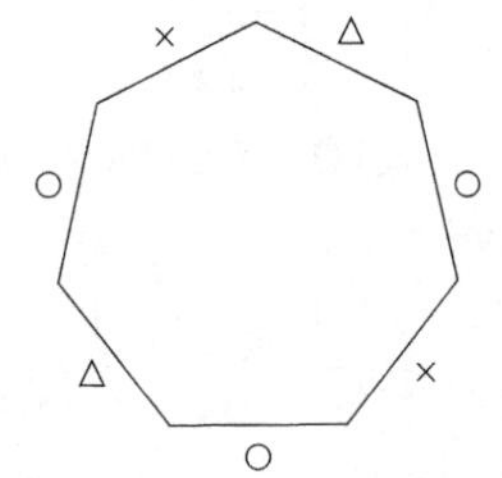

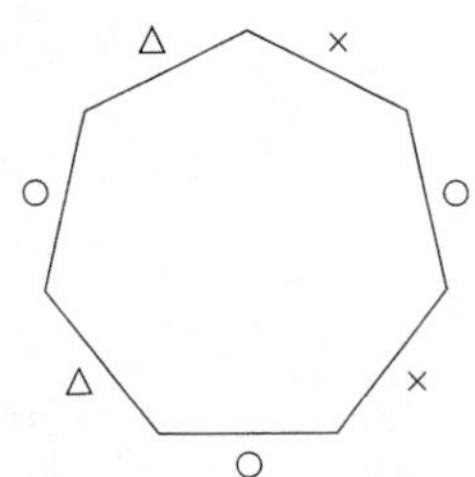

ここで塗る面の番号や，○，△，×が具体的にどの色であるかは決めていないので3色が決まったときの側面の塗り方は $3\times3!\times7$ 通り

よって

$P_4=4\times3\times3!\times7=504$　……(答)

(注)　(2)のii）の場合の数については次のように樹形図で並べ上げてもよい．

側面に使う3色を a，b，c，側面の番号を順に1～7とし，1，2の面を a，b で塗り始めるとすると

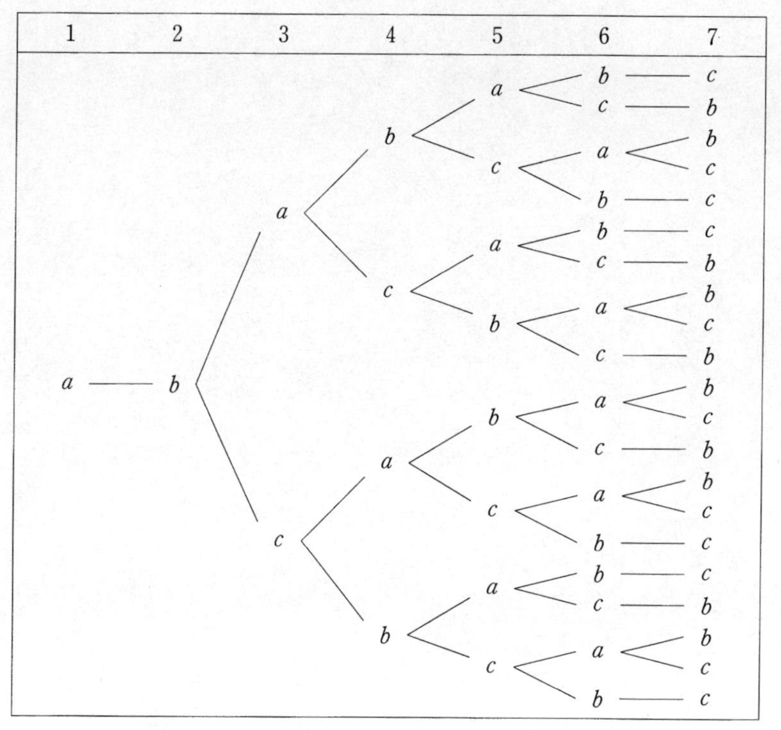

より 21 通りある．1，2 の面を

$a-c$，$b-a$，$b-c$，$c-a$，$c-b$

から塗り始める場合も同様だから

$P_4=4\times6\times21=504$

1998年

解答・解説

1

直角三角形の直角をはさむ2辺の長さを a，b，斜辺の長さを c とする．このとき

$$a+b+c+2r=2 \quad \cdots\cdots ①$$

$$a+b-c=2r \quad \cdots\cdots ②$$

が成り立つ．

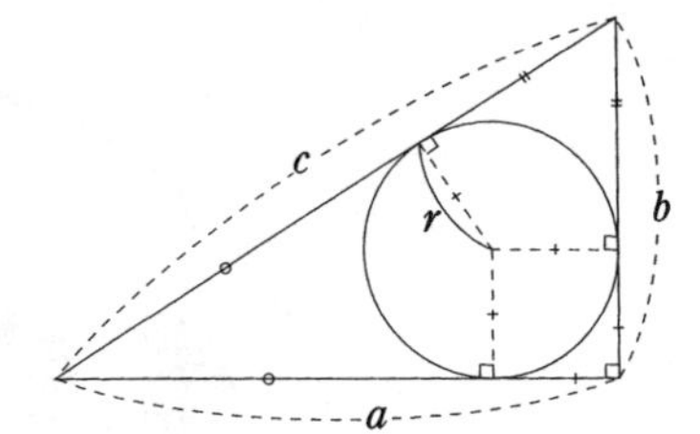

(1)　①，②から

$$2c+2r=2-2r$$

$$\iff \quad c=1-2r \quad \cdots\cdots(\text{答})$$

(2)　①，②から

$$a+b=1$$

であるから

$$a^2+b^2=c^2 \quad \iff \quad ab=\frac{1}{2}\{(a+b)^2-c^2\}$$

と(1)の結果から

$$a+b=1,\ ab=2r-2r^2$$

を得る．ゆえに，a，b は t の2次方程式

$$t^2-t+2r-2r^2=0$$

の解である．

a，b および $c=1-2r$ が正の数であることから

$$0<r \leqq \frac{2-\sqrt{2}}{4} \quad \cdots\cdots ③$$

である．

直角三角形の面積を S とすると

$$S=\frac{1}{2}ab$$

$$=r-r^2$$

であるから，③のもとで，S は

$$r=\frac{2-\sqrt{2}}{4},\ \left(a=b=\frac{1}{2},\ c=\frac{\sqrt{2}}{2}\right)$$

のとき最大となり，最大値は

$$\frac{1}{8}$$

……(答)

(注)　a，b についての相加平均と相乗平均の大小関係を用いて

$$\frac{1}{2}ab \leqq \frac{1}{2}\left(\frac{a+b}{2}\right)^2 = \frac{1}{8}$$

が成り立つから

$$S \leqq \frac{1}{8}$$

であり，等号成立は $a=b=\frac{1}{2}$，$c=\frac{\sqrt{2}}{2}$，$r=\frac{2-\sqrt{2}}{4}$ のときである．

2

(1)

$$|\overrightarrow{OA}|=|\overrightarrow{OB}|=|\overrightarrow{OC}|=1$$

$$\overrightarrow{OA}\cdot\overrightarrow{OB}=\overrightarrow{OB}\cdot\overrightarrow{OC}=\overrightarrow{OC}\cdot\overrightarrow{OA}=\frac{1}{2}$$

である．

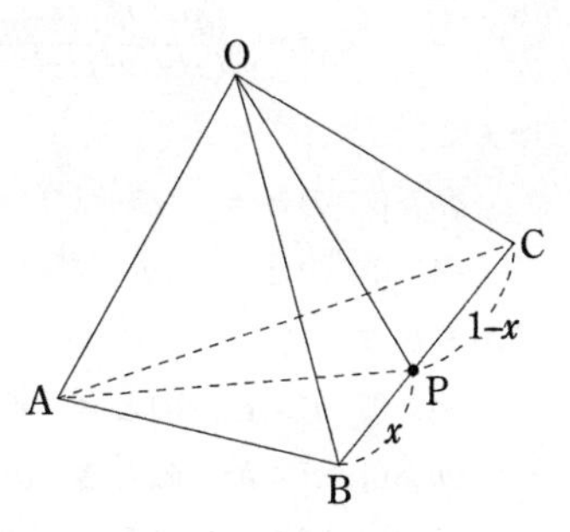

$\mathrm{BP}:\mathrm{PC}=x:1-x\quad(0<x<1)$　から

$$\overrightarrow{OP}=(1-x)\overrightarrow{OB}+x\overrightarrow{OC}$$

であり

$$\overrightarrow{OA}\cdot\overrightarrow{OP}=\overrightarrow{OA}\cdot\{(1-x)\overrightarrow{OB}+x\overrightarrow{OC}\}$$
$$=(1-x)\overrightarrow{OA}\cdot\overrightarrow{OB}+x\overrightarrow{OA}\cdot\overrightarrow{OC}$$
$$=\frac{1}{2}$$

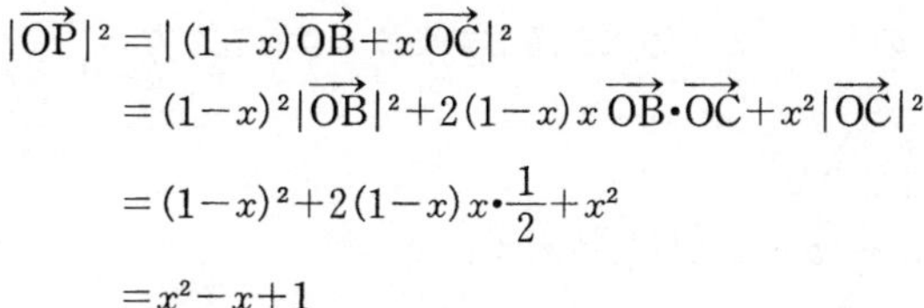

$$|\overrightarrow{OP}|^2=|(1-x)\overrightarrow{OB}+x\overrightarrow{OC}|^2$$
$$=(1-x)^2|\overrightarrow{OB}|^2+2(1-x)x\,\overrightarrow{OB}\cdot\overrightarrow{OC}+x^2|\overrightarrow{OC}|^2$$
$$=(1-x)^2+2(1-x)x\cdot\frac{1}{2}+x^2$$
$$=x^2-x+1$$

したがって，△OAP の面積を S とすると

$$S=\frac{1}{2}\sqrt{|\overrightarrow{OA}|^2|\overrightarrow{OP}|^2-(\overrightarrow{OA}\cdot\overrightarrow{OP})^2}$$
$$=\frac{1}{2}\sqrt{1\cdot(x^2-x+1)-\left(\frac{1}{2}\right)^2}$$
$$=\frac{1}{2}\sqrt{x^2-x+\frac{3}{4}}$$

……(答)

(2)　$S=\frac{1}{2}\sqrt{\left(x-\frac{1}{2}\right)^2+\frac{1}{2}}$，$0<x<1$

であるから，S は $x=\frac{1}{2}$（P が BC の中点）のとき最小となり，最小値は

$\frac{\sqrt{2}}{4}$ ……(答)

3

$$\frac{x-b}{x+a}-\frac{x-a}{x+b}>\frac{x+a}{x-b}-\frac{x+b}{x-a}$$

$$\iff \frac{a^2-b^2}{(x+a)(x+b)}>\frac{-a^2+b^2}{(x-a)(x-b)}$$

$$\iff \frac{(a^2-b^2)(2x^2+2ab)}{(x+a)(x+b)(x-a)(x-b)}>0$$

$$\iff \frac{(a^2-b^2)(x^2+ab)}{(x^2-a^2)(x^2-b^2)}>0$$

ゆえに

$ab>0$　のとき　$(a^2-b^2)(x^2-a^2)(x^2-b^2)>0$

$ab<0$　のとき　$(a^2-b^2)(x^2+ab)(x^2-a^2)(x^2-b^2)>0$

であるから

$ab>0$，$a^2>b^2$　のとき　$x^2<b^2$，$a^2<x^2$

$ab>0$，$a^2<b^2$　のとき　$a^2<x^2<b^2$

$ab<0$，$a^2>b^2$　のとき　$b^2<x^2<-ab$，$a^2<x^2$

$ab<0$，$a^2<b^2$　のとき　$x^2<a^2$，$-ab<x^2<b^2$

$ab<0$，$a^2=b^2$　のときこの不等式を満たす実数 x は存在しない．

したがって

$ab>0$，$|a|>|b|$　のとき

$x<-|a|$，$-|b|<x<|b|$，$|a|<x$

$ab>0$，$|a|<|b|$　のとき

$-|b|<x<-|a|$，$|a|<x<|b|$

$ab<0$，$|a|>|b|$　のとき

$x<-|a|$，$-\sqrt{-ab}<x<-|b|$，$|b|<x<\sqrt{-ab}$，$|a|<x$

$ab<0$，$|a|<|b|$　のとき

$-|b|<x<-\sqrt{-ab}$，$-|a|<x<|a|$，$-\sqrt{-ab}<x<|b|$

$ab<0$, $|a|=|b|$ のとき

解なし　……(答)

(注) $a \neq b$ であるから $ab>0$, $|a|=|b|$ とはならない.

4

直線ABの方程式は

$$y=(a+b)x-ab$$

であり，$a<x<b$ で $y=x^2$ は直線ABの下方にあるから

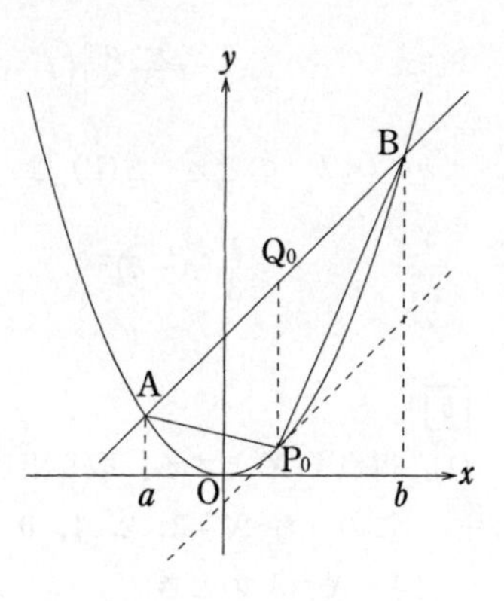

$$s=\int_a^b \{(a+b)x-ab-x^2\}dx$$

$$=\frac{1}{6}(b-a)^3$$

$S(\mathrm{P})$ は，PがABに平行な接線の接点であるとき最大となり，このとき

$$2t=a+b \iff t=\frac{a+b}{2}$$

であるから，$S(\mathrm{P})$ が最大となるときのPを P_0 とすると

$$\mathrm{P}_0\left(\frac{a+b}{2},\ \frac{(a+b)^2}{4}\right)$$

また，2直線 $x=\frac{a+b}{2}$，ABの交点を Q_0 とすると

$$\mathrm{Q}_0\left(\frac{a+b}{2},\ \frac{a^2+b^2}{2}\right)$$

ゆえに

$$S=\frac{1}{2}\cdot \mathrm{P}_0\mathrm{Q}_0\cdot(b-a)$$

$$=\frac{1}{2}\left\{\frac{a^2+b^2}{2}-\frac{(a+b)^2}{4}\right\}(b-a)$$

$$=\frac{1}{8}(b-a)^3$$

したがって

$$s:S=\frac{1}{6}(b-a)^3:\frac{1}{8}(b-a)^3$$

$$=4:3$$

……(答)

(注)　$\overrightarrow{PA}=(a-t,\ a^2-t^2)$，$\overrightarrow{PB}=(b-t,\ b^2-t^2)$ であるから

$$S(P)=\frac{1}{2}|(a-t)(b^2-t^2)-(b-t)(a^2-t^2)|$$

$$=\frac{b-a}{2}|t^2-(a+b)t+ab|$$

$$=\frac{b-a}{2}\left|\left(t-\frac{a+b}{2}\right)^2-\frac{(a-b)^2}{4}\right|$$

$a<t<b$　のとき　$S(P)$ は　$t=\dfrac{a+b}{2}$　で最大となり

$$S=\frac{1}{8}(b-a)^3$$

5

(1)　得点を X とする．取り出し方はすべてで ${}_9C_3=84$（通り）．

このうち $X=3,\ 2,\ 1,\ 0$ となる取り出し方は次のようになる．

i）　$X=3$ のとき

青，赤，白から1個ずつ異なる番号の玉を取り出す場合の数だけあり

$A(3)=3!=6$（通り）

ii）　$X=2$ のとき

2個の玉だけが“同色のものが他になく，かつ同番号のものも他にない”となることは，あり得ないから

$A(2)=0$（通り）

iii）　$X=1$ のとき

たとえば1個が青1番で，他の2個が青でも1番でもなく同色または同番号となるのは

赤2番と赤3番，白2番と白3番，赤2番と白2番，赤3番と白3番

のように4通りある．他の場合も同様であるから

$A(1)=3^2\cdot 4=36$（通り）

iv）　$X=0$ のとき

i），ii），iii) 以外の場合であるから

$A(0)=84-(6+0+36)=42$（通り）

したがって

$A(0)=42,\quad A(1)=36,\quad A(2)=0,\quad A(3)=6$　　　……**(答)**

(2) (1)の結果から，$X=0,\ 1,\ 2,\ 3$ となる確率はそれぞれ

$$\frac{42}{84},\ \frac{36}{84},\ 0,\ \frac{6}{84}$$

であるから，求める期待値は

$$0\cdot\frac{42}{84}+1\cdot\frac{36}{84}+2\cdot0+3\cdot\frac{6}{84}=\frac{9}{14}$$ ……**(答)**